高等职业教育系列教材

PLC应用技术实训教程

主　编　梁　硕

副主编　范　乐　周炜明　李　仁

参　编　赵　冉　张　丽　李名莉

机械工业出版社

本书以市场占有率较高的西门子 S7-300 系列 PLC 为样机，本着提高实践动手能力的培养目标，通过合理的理论内容安排和实训项目选取，详细介绍了 PLC 应用技术。

本书以“理论够用，重在实践”为宗旨，突出应用能力的培养，理论知识方面以必需、够用为度，力求通俗易懂。全书深入浅出地讲授了西门子 S7-300 系列 PLC 的基本结构、工作原理、指令系统、STEP 7 编程软件的使用、程序设计方法、通信技术、PLC 选型等内容。实践方面以 20 个实训项目为主要载体，详细介绍项目实施过程，力求让学生不仅能够在学习过程中收获实训成功的喜悦，更能加深对理论知识的理解，促进应用能力的提升。

本书强调通过实践操作，在线仿真的方式进行学习。建议读者一边看书，一边根据实训的要求和步骤在编程软件和仿真软件上做仿真实验，这样就能快速掌握相关知识，提高实践能力。

本书可以作为高职、中职、技工学校机电类相关专业的教材，也可以供工程技术人员自学使用。

本书配有电子课件、PLC 源程序等资源，需要的教师可登录机工教育网 www.cmpedu.com 免费注册后下载，或联系编辑获取（微信：15910938545，电话：010-88379739）。

图书在版编目（CIP）数据

PLC 应用技术实训教程 / 梁硕主编. —北京：机械工业出版社，2021.4

高等职业教育系列教材

ISBN 978-7-111-67441-2

Ⅰ. ①P… Ⅱ. ①梁… Ⅲ. ①PLC 技术-高等职业教育-教材

Ⅳ. ①TM571.61

中国版本图书馆 CIP 数据核字（2021）第 024360 号

机械工业出版社（北京市百万庄大街 22 号　邮政编码 100037）

策划编辑：曹帅鹏　　责任编辑：曹帅鹏　车　忱

责任校对：张艳霞　　责任印制：常天培

北京捷迅佳彩印刷有限公司印刷

2021 年 4 月 • 第 1 版 • 第 1 次印刷

184mm×260mm • 12.75 印张 • 314 千字

0001－1000 册

标准书号：ISBN 978-7-111-67441-2

定价：49.00 元

电话服务

客服电话：010-88361066

010-88379833

010-68326294

网络服务

机　工　官　网：www.cmpbook.com

机　工　官　博：weibo.com/cmp1952

金　　书　　网：www.golden-book.com

机工教育服务网：www.cmpedu.com

前　言

在国内，西门子 S7-300 PLC 是应用较为广泛的 PLC 之一。与西门子 S7-200 PLC 相比，S7-300 PLC 系统实现起来更为复杂，硬件功能更强大，程序的结构性更强。很多初学者都觉得 S7-300 PLC 入门困难，不容易自学。对于职业院校的学生来讲，这种情况更为突出。再加上目前在职业院校使用的教材中，普遍存在理论内容偏多，实践性内容不足等问题，这些都会减弱学生对该门课程的学习兴趣。

为了培养学生对该门课程的学习兴趣，引导学生在实验、实践中体会学习的乐趣，帮助学生养成“做中学”的良好习惯，本书在编写过程中，坚持以科学性、实践性为原则，以“理论够用，重在实践”为宗旨，突出应用能力的培养，理论知识方面以必需、够用为度，力求通俗易懂，深入浅出。实践方面以实训项目为主要载体，详细介绍项目实施过程，力求让学生不仅能够在学习过程中收获实训成功的喜悦，更能加深对理论知识的理解，促进应用能力的提升。

全书涵盖了 S7-300 PLC 应用技术主要的知识点，包括软件安装、硬件组态、指令应用、程序结构、程序设计方法、网络通信、PID 控制、故障排查等内容。编者针对所有知识点精心设计了典型的实训项目，每一步的实施过程尽可能描述详细，让读者在零基础的情况下也能按照步骤顺利实施，并最终能够成功地在线仿真。这样，可以让读者在做中学，学中做，理论与实践相辅相成，互相促进。建议读者在了解相关理论后，重点练习书中的实训项目，按书中的叙述生成项目、组态硬件、编写程序并做仿真实验，STEP 7 中的仿真功能强大，基本上能够实现所有功能的在线仿真，是学习 S7-300 PLC 的理想工具。读者可以在完成实训项目的操作后，按照每一章课后练习题的要求做进一步的操作和练习，以巩固所学的知识。

全书共分为 7 章，第 1 章介绍了西门子 S7-300 PLC 的基本硬件组成、STEP 7 编程软件的安装和应用；第 2 章介绍了 S7-300 PLC 的指令系统并详细介绍实训项目实施过程；第 3 章介绍了 S7-300 PLC 的程序结构和实训项目的实施过程；第 4 章介绍了顺序控制设计法和 S7-GRAPH 的应用；第 5 章介绍了西门子 S7-300 PLC 网络通信与调试；第 6 章介绍了西门子 S7-300 PLC 的 PID 控制；第 7 章介绍了西门子 S7-300 PLC 的选型与可靠性设计。

本书的特点是：

1）突出实践实训特色，着重培养“做中学”。

2）精心设计实训案例，每个实训都有详细的实施过程。

3）适当增加常用网络通信功能的介绍和应用。

本书由河南工业职业技术学院梁硕担任主编，编写第 3、5 章并完成最后统稿工作；河南工业职业技术学院范乐、周炜明、李仁担任副主编，分别编写第 1、2、4 章；河南工业职业技术学院赵冉编写第 6 章；河南工业职业技术学院张丽编写第 7 章；河南工业职业技术学院李名莉负责附录的整理工作。

本书是机械工业出版社组织出版的“高等职业教育系列教材”之一。编写过程中参考了西门子公司的数据手册以及参考文献所列著作，编者在此一并表示感谢。由于编者学识有限，书中错漏之处在所难免，恳请读者批评指正。

编　者

二维码资源索引

序　号	资 源 名 称	页　码
1	1-1　电源模块	3
2	1-2　CPU 模块	3
3	1-3　信号模块	3
4	1-4　功能模块	4
5	1-5　接口模块	4
6	1-6　硬件系统安装	5
7	1-7　STEP 7 软件安装	8
8	1-8　SIMATIC 管理器	15
9	2-1　实训项目	26
10	2-2　SP 脉冲定时器仿真	30
11	2-3　S_ODT 定时器仿真	33
12	2-4　S_CUD 计数器仿真	38
13	2-5　比较指令讲解	46
14	3-1　无参功能实训	63
15	3-2　日期时间中断 FC12	77
16	3-3　日期时间中断 OB10 和 OB1	77
17	3-4　延时中断程序	78
18	3-5　延时中断仿真	79
19	3-6　循环中断组织块	80
20	3-7　硬件中断组织块	81
21	4-1　交通灯-硬件配置	99
22	4-2　交通灯-符号表	99
23	4-3　交通灯-FB 建立	99
24	4-4　交通灯-FB 编辑	99
25	4-5　交通灯-在 OB1 中调用 FB1	102
26	4-6　交通灯-仿真	103
27	5-1　MPI 通信-硬件工作站	106
28	5-2　MPI 通信-构建 MPI 网络	108
29	5-3　主从 DP 通信-网络组态 1	116
30	5-4　主从 DP 通信-网络组态 2	124
31	5-5　远程 IO 通信-网络组态 1	129
32	5-6　远程 IO 通信-网络组态 2	131

目　录

第1章 初识西门子S7-300 PLC

西门子 PLC 在国内具有较高的市场占有率。其中，S7-300 PLC 属于中小型、通用型的PLC，适用于自动化工程中的各种应用场景。本章将从 S7-300 PLC 的特点、编程方式、通信方式、模块种类、STEP 7 编程软件的应用等方面逐一介绍。

【本章学习目标】

① 了解 S7-300 PLC 与 S7-200 系列 PLC 的异同；

② 掌握 S7-300 PLC 的结构组成；

③ 学会使用 STEP 7 新建项目及硬件组态。

1.1 S7-300 PLC 的基础知识

1.1.1 S7-300 PLC 的特点

S7-300 系列在西门子家族里的地位如图 1-1 所示。它适用于中端的离散自动化系统。

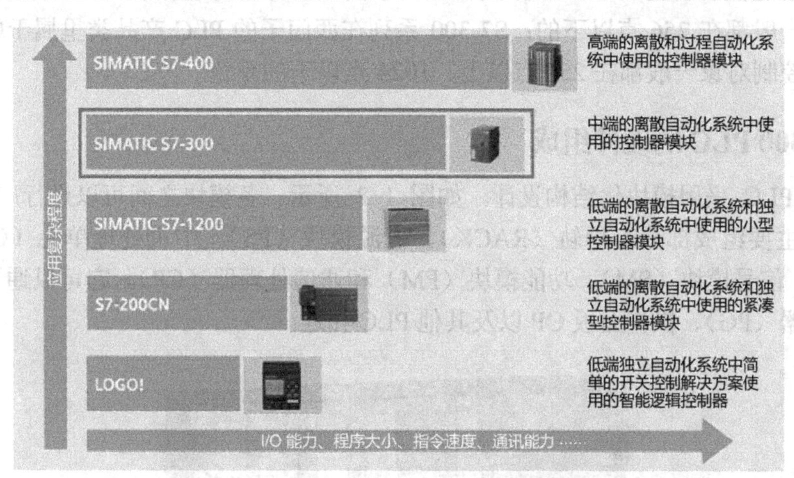

图 1-1 SIMATIC S7-300 系列在西门子家族中的地位

与西门子 S7-200 PLC 相比，S7-300 PLC 在硬件方面具有以下特点：

1）S7-300 PLC 模块化程度高。S7-200 系列 PLC 是整体式的，CPU 模块、I/O 模块和电源模块都在一个模块内，称为 CPU 模块；而 S7-300 PLC 的电源、I/O、CPU 都是单独模块，可以单独拆卸组装。但是这么说容易让人误解 S7-200 系列不能扩展，实际上 S7-200 系列也可以扩展，只不过 S7-200 的 CPU 模块一般都集成了常用功能，一些小型系统不需要另外定制模块，其实 S7-200 系列 PLC 也有信号、通信、位控等模块。

2）S7-200 系列 PLC 只有一个机架，称为导轨。为了便于分散控制，S7-300 系列可以有多个机架，包括中央机架和扩展机架，机架以及机架上各个模块的组成需要在软件里反映出来，即硬件组态。

3）S7-200 系列的同一机架上的模块之间是通过模块正上方的数据接头联系的；而 S7-300 系列则是通过在底部的 U 型总线连接器连接的。

4）S7-300 系列的 I/O 输入是接在前连接器上的，前连接器再接在信号模块上，这样更换信号模块时不用重新接线；而 S7-200 PLC 的 I/O 信号直接接在信号模块上。

5）S7-300 系列 2DP 的部分 CPU 带有 PROFIBUS 接口。

硬件的区别，一句话：西门子 PLC 系统越大智能化越高，越方便维护。

软件方面的区别：

1）S7-200 系列用的是 STEP 7-Micro/WIN40 sp6 软件，300 使用的是 STEP 7 软件。

2）S7-200 系列的编程语言有三种——语句表（STL）、梯形图（LAD）、功能块图（FBD）。S7-300 系列除了这三种外，还有结构化控制语言（SCL）和图形语言（S7-GRAPH），其中 SCL 是一种高级语言。

3）S7-300 软件最大的特点就是提供了一些数据块来对应每一个功能块（Function Block-FB），称之为 Instance。

4）S7-300 不能随意自定义 Organization Block、sub-routine 和 Interrupt routine，因为它们是系统定义的系统功能和系统功能块。

软件的区别，一句话总结：编程理念不一样。

应用场景方面的区别：S7-200 系列在西门子的 PLC 产品类里属于小型 PLC 系统，适合的控制对象一般都在 256 点以下的；S7-300 系列在西门子的 PLC 产品类里属于中型 PLC 系统，适合的控制对象一般都在 256 点以上、1024 点以下的系统。

1.1.2 S7-300 PLC 的硬件组成

S7-300 PLC 采用模块化结构设计，如图 1-2 所示。各模块之间可以进行广泛的组合和扩展，它的主要组成部分有导轨（RACK）、电源模块（PS）、中央处理单元（CPU）、接口模块（IM）、信号模块（SM）、功能模块（FM）和通信处理器（CP）。它可以通过 MPI 网络接口与编程器（PG）、操作面板 OP 以及其他 PLC 相连。

图 1-2 西门子 S7-300 PLC 外观

1. 机架

机架（RACK）是安装 S7-300 PLC 各类模块的导轨，长度有 160mm、482mm、530mm、830mm、2000mm 五种，可根据实际需要选择（如图 1-3 所示）。电源模块、CPU 以及其他各类模块都可以很方便地安装在导轨上。除了 CPU 模块外，每个模块都带有总线连接器，安装时先将总线连接器安装在 CPU 模块上并固定在导轨上，然后依次将各模块装入，通过背板总线将各模块在物理上和电气上连接起来。其中，安装 CPU 的机架称为主机架或者 0 号机架。0 号机架的 1 号槽（也就是机架最左侧）安装电源模块，2 号槽安装中央处理单元，3 号槽安装接口模块，4～11 号槽可自由分配信号模块、功能模块和通信模块。（机架的槽位是相对概念，并不存在物理槽位）。

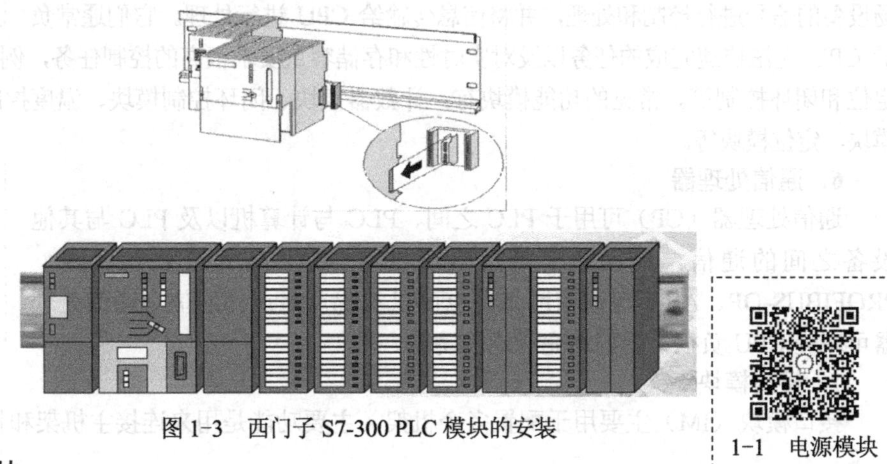

图 1-3 西门子 S7-300 PLC 模块的安装

1-1 电源模块

2．电源模块

电源模块（PS）用于将 AC 220V 电源转换为 DC 24V 电源，供 CPU 模块和 I/O 模块使用。电源模块的额定输出电流有 2A、5A 和 10A 三种。如果出现电源过载情况，模块上的 LED 会闪烁。

3．CPU 单元

CPU 用于存储和处理用户程序。不同型号的 CPU 有不同的性能，有的 CPU 集成了一定量的 I/O 点，并集成了 MPI 或者 PROFIBUS-DP 等通信接口。CUP 前面板上有状态故障指示灯、模式选择开关、24V 电源端子和微存储卡插槽，如图 1-4 所示。

1-2 CPU 模块

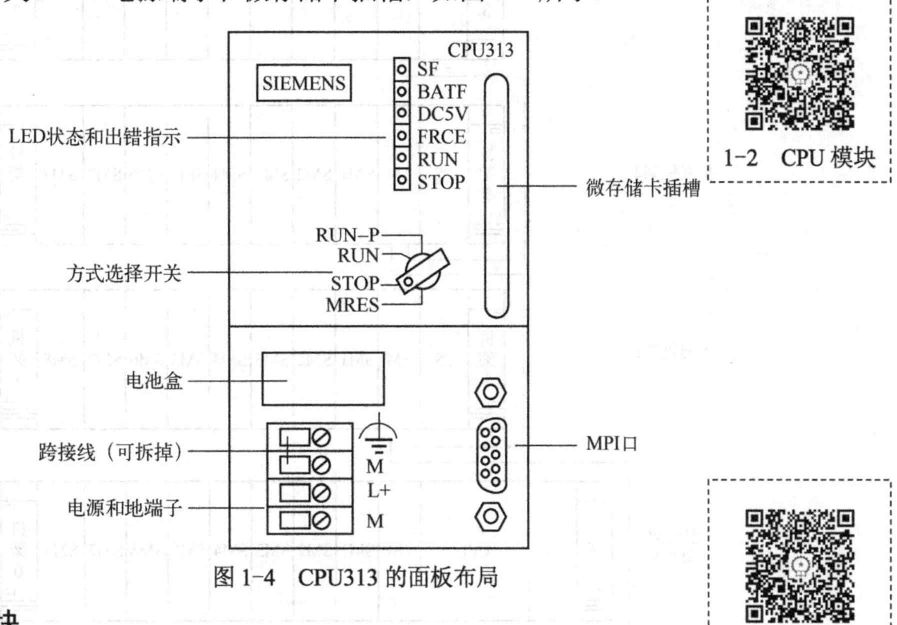

图 1-4 CPU313 的面板布局

4．信号模块

信号模块指的是数字量 I/O 模块（简称 DI/DO）和模拟量输入输出

1-3 信号模块

（简称 AI/AO）的总称，它们的功能是使不同的过程信号与 PLC 内部信号电平相匹配。

1-4　功能模块

5．功能模块

功能模块是智能的信号处理模块，它们不占用 CPU 资源，对来自控制现场设备的信号进行控制和处理，并将信息传输给 CPU 进行处理。它们通常负责 CPU 无法快速完成的任务以及对实时性和存储容量要求很高的控制任务，例如：高速计数、定位和闭环控制等。常见的功能模块有：计数器模块、闭环控制模块、温度控制器模块、称重模块、定位模块等。

6．通信处理器

1-5　接口模块

通信处理器（CP）可用于 PLC 之间、PLC 与计算机以及 PLC 与其他设备之间的通信，借助通信处理器可以将 PLC 接入工业以太网、PROFIBUS-DP、AS-I 等通信网络，也可以实现点对点的通信。通信处理器可减轻 CPU 负担，更好地完成通信功能。

7．接口模块

接口模块（IM）主要用于配置多个机架，主要功能是用来连接主机架和扩展机架。

1.1.3　S7-300 PLC 的系统结构

S7-300 PLC 每个机架上最多只能安装 8 个信号模块、功能模块或者通信处理器模块，这些模块在组态时自动分配地址。如果系统需要配置更多模块，可以增加扩展机架（如图 1-5 所示）。除了带有 CPU 模块的主机架（CR），最多可以扩展 3 个扩展机架（ER），每个机架的 4～11 号槽可以插入 8 个信号模块、功能模块或者通信处理器模块。

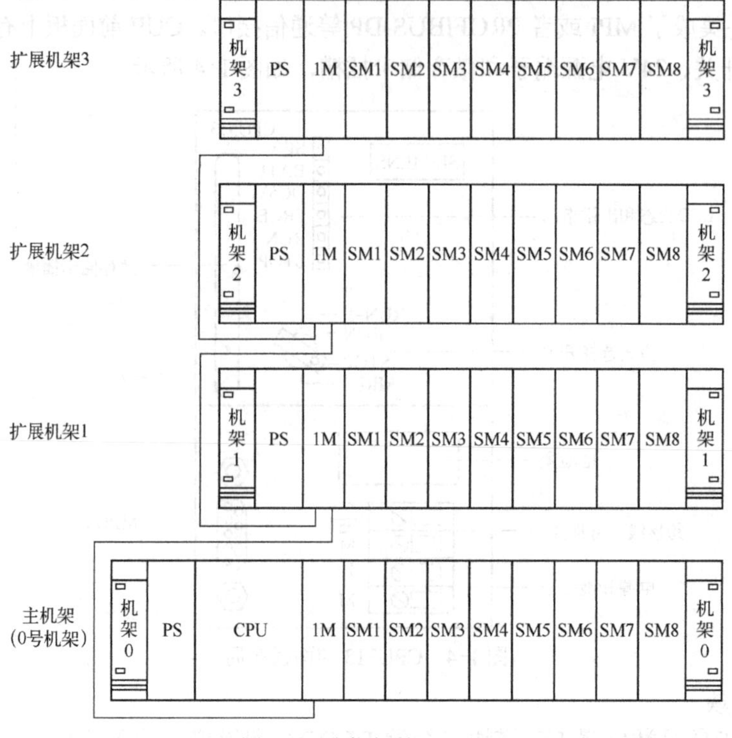

图 1-5　多机架的 S7-300

每个机架上电源模块（PS）都放在机架的最左侧（1 号槽），主机架（0 号机架）上 2 号槽应该插入 CPU 模块，3 号槽放入接口模块（IM），而其他机架依次放入电源模块和接口模块以及其他模块。

S7-300 PLC 为每个数字量信号模块分配 4B（4 个字节）的地址，相当于 32 个 I/O 点。扩展机架情况下，系统为每个槽位分配的数字量信号地址情况如图 1-6 所示（起始字节地址为 0）。

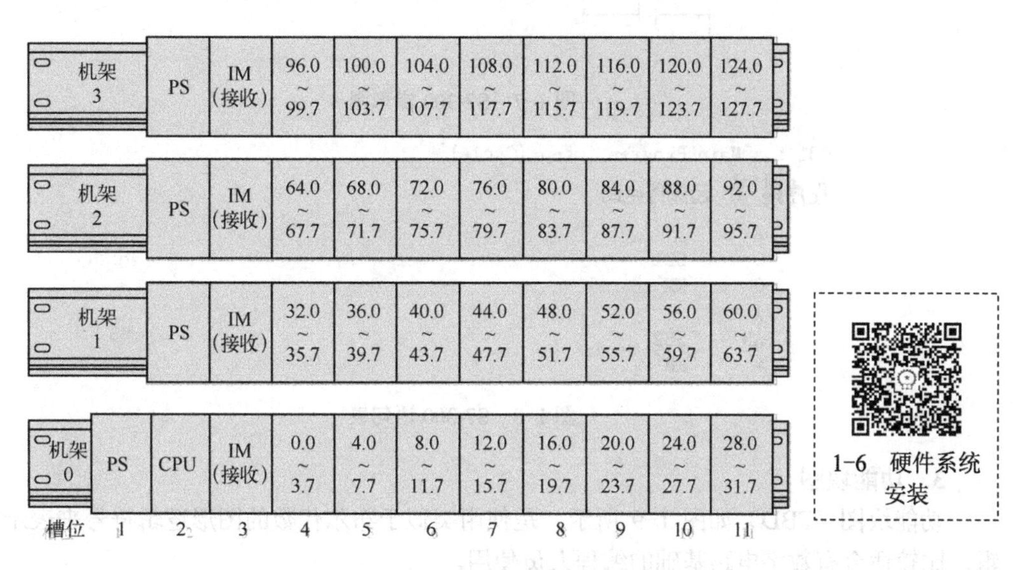

图 1-6　多机架的 S7-300 地址分配

模拟量模块以通道为单位，一个通道占用一个字或者两个字的地址，一个模拟量模块最多有 8 个通道。而且模拟量模块保留了专用的地址区域，字节地址范围为 IB256～IB767，S7-300 为每一个模拟量模块分配 16B（8 个字）的地址。

1.1.4　S7-300 PLC 的编程语言

S7-300 PLC 的编程语言主要有梯形图（LAD）、指令表（STL）、功能块图语言（FBD）、顺序功能图（SFC）和结构化控制语言（SCL）。不同的编程语言可供不同知识背景的人员采用。

1．梯形图

梯形图（LAD）如图 1-7 所示，是我们使用最多的图形编程语言，被称为 PLC 编程的第一语言，它与传统的继电器电气控制原理有很大相似之处，所以常被大家称为“电路”。S7-300 PLC 的梯形图、指令表、功能块图编程方法与 S7-200 PLC 的编程方法基本类似，而 S7-200 PLC 没有顺序功能图（SFC）和结构化控制语言（SCL）。

2．语句表

语句表（STL）是类似于计算机汇编语言的一种文本编程语言，由多条语句组成一个程序段，如图 1-8 所示。语句表适合经验丰富的程序员使用，可以实现其他编程语言不能实现的功能，在运行时间方面最优。在设计通信、数学运算等高级应用程序时建议使用语句表。

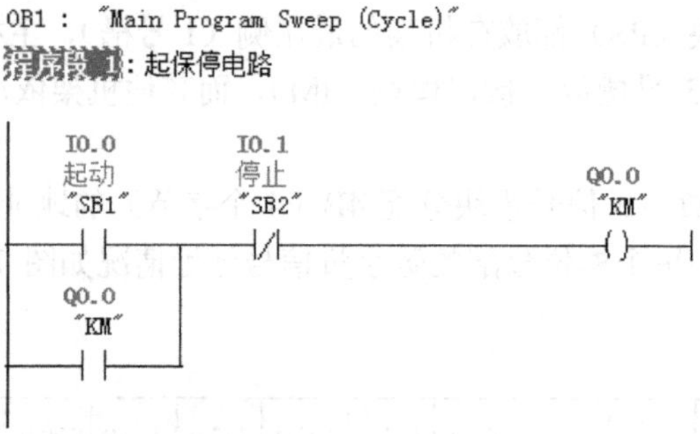

OB1 : "Main Program Sweep (Cycle)"

程序段 1: 起保停电路

I0.0 起动 "SB1"　I0.1 停止 "SB2"　Q0.0 "KM"

Q0.0 "KM"

图 1-7　S7-300 梯形图

OB1 : "Main Program Sweep (Cycle)"

程序段 1: 起保停电路

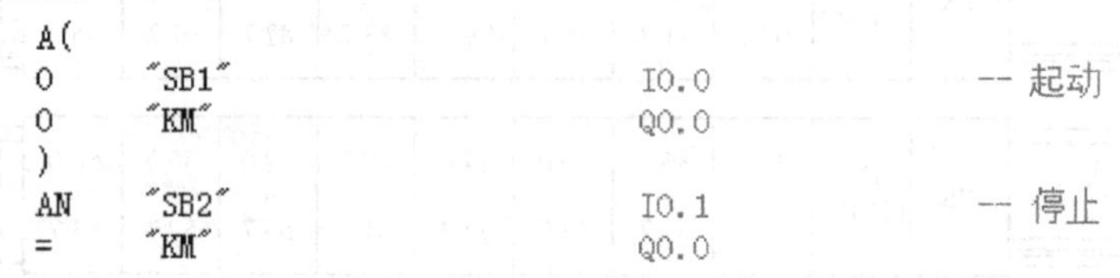

```
A(
O    "SB1"        I0.0        -- 起动
O    "KM"         Q0.0
)
AN   "SB2"        I0.1        -- 停止
=    "KM"         Q0.0
```

图 1-8　S7-300 语句表

3. 功能块图

功能块图（FBD）如图 1-9 所示，是使用类似于布尔代数的图形逻辑符号来表示控制逻辑，比较适合有数字电路基础的编程人员使用。

OB1 : "Main Program Sweep (Cycle)"

程序段 1: 起保停电路

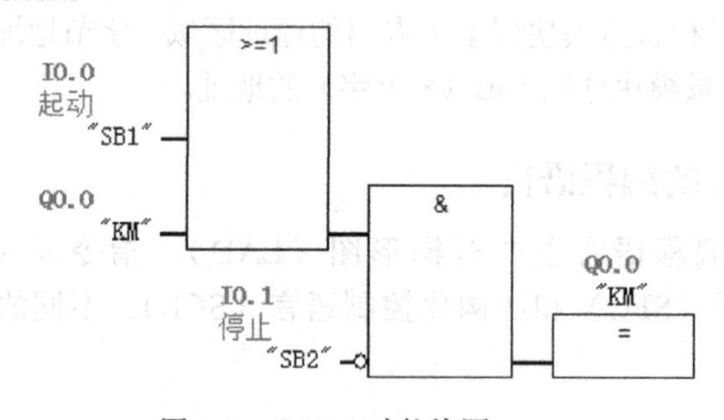

图 1-9　S7-300 功能块图

4. 顺序功能图

顺序功能图 S7-GRAPH 类似于解决问题的流程图，如图 1-10 所示，适用于顺序控制的编程。利用顺序功能图 S7-GRAPH 可以清楚、快速地组织和编写系统的顺序控制程序。它根据功能将控制任务分解成若干步。其顺序用图形方式显示出来并且可形成图形文本方式的文件。

5. 结构化控制语言

结构化控制语言（S7-SCL）是一种类似于 Pascal 的高级文本编辑语言，可以简化数学计算、数据管理和组织工作。

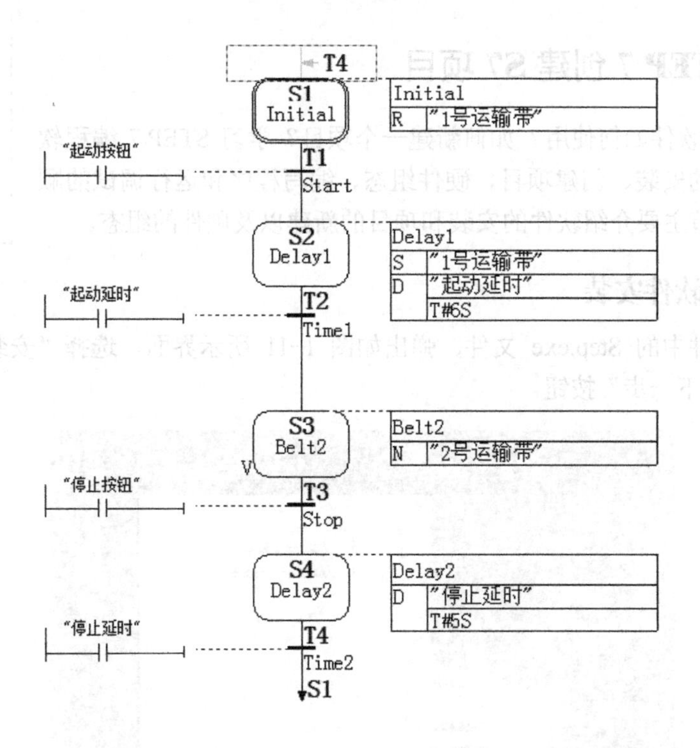

图 1-10　S7-300 顺序功能图

1.1.5　S7-300 PLC 的学习内容

要想能够熟练正确使用 S7-300 PLC 需要掌握以下技能：

1）了解 S7-300 PLC 的硬件结构和网络通信功能；

2）熟练操作 S7-300 PLC 的编程软件 STEP 7，学会用它来完成对硬件和网络的组态、编程、调试和故障排查等操作；

3）熟悉 S7-300 PLC 的指令系统和编程思路，能够阅读、分析、编辑用户程序；

4）能够完成 S7-300 PLC 控制系统的接线、安装和系统调试任务。

1.1.6　S7-300 PLC 的学习方法

S7-300 PLC 课程属于工程技术类，注重实践，如果不动手操作，是很难学会的。如果没有工程实践条件，可以充分利用 STEP 7 里面的仿真功能，本书也涉及了很多实训内容，包含了绝大部分重要的知识点，通过仿真实验，也能够轻松地掌握 S7-300 PLC 的编程技能和调试技能。

本书是在 S7-200 系列 PLC 的基础上介绍 S7-300 系列 PLC 的，所以建议大家在具备一定的 S7-200 基础知识后再进行 S7-300 系列 PLC 的学习，这样会更容易。

另外，建议大家边学边做边交流，可以到一些大型的技术交流网站（像中华工控、技成培训网等）交流学习心得，相信会学到更多。

1.2　使用 STEP 7 创建 S7 项目

1-7　STEP 7
软件安装

STEP 7 编程软件如何使用？如何新建一个项目？学习 STEP 7 编程软件，要按照软件的安装、创建项目、硬件组态、编写程序和运行调试的顺序逐步进行。本节主要介绍软件的安装和项目的新建以及硬件的组态。

1.2.1　STEP 7 软件安装

双击安装文件中的 Step.exe 文件，弹出如图 1-11 所示界面，选择“安装程序语言：简体中文”，单击“下一步”按钮。

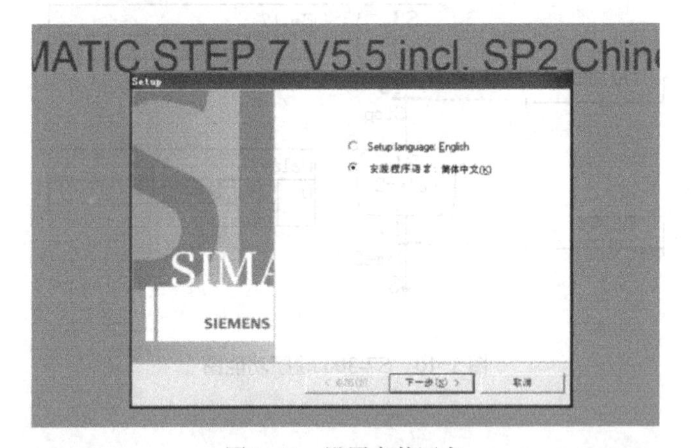

图 1-11　设置安装语言

弹出如图 1-12 所示界面。勾选复选框，选择“本人接受…”，单击“下一步”按钮。

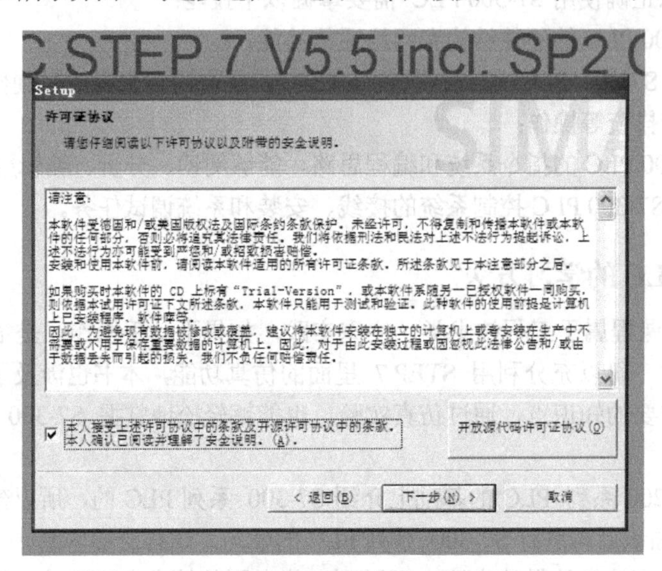

图 1-12　接受许可证协议对话框

弹出如图 1-13 所示的界面。勾选要安装的程序组件，一般情况下全部勾选。单击“下一步”按钮。

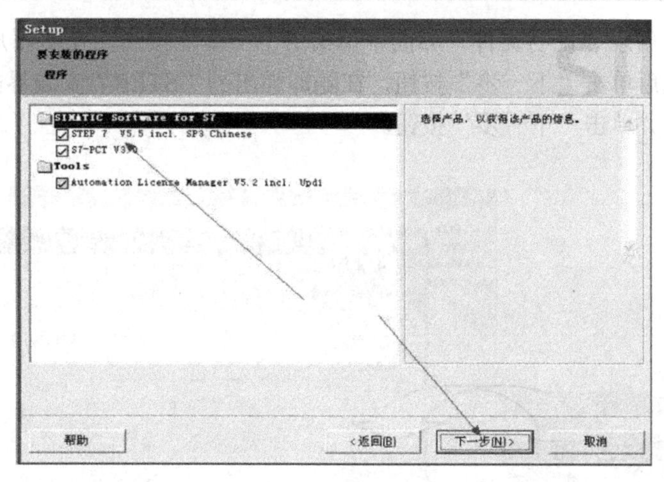

图 1-13　选择安装程序

弹出图 1-14 所示的界面。勾选复选框“我接受对系统设置的更改”，单击“下一步”按钮，程序进入安装状态，大概需要十几分钟。

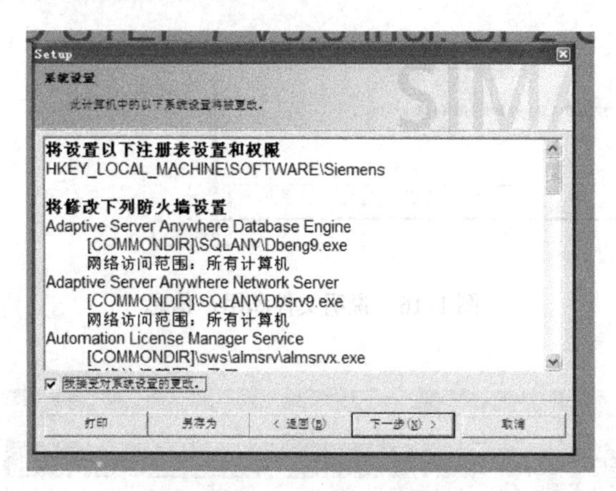

图 1-14　接受系统设置更改

进入如图 1-15 所示的“欢迎使用安装程序”界面，单击“下一步”按钮。

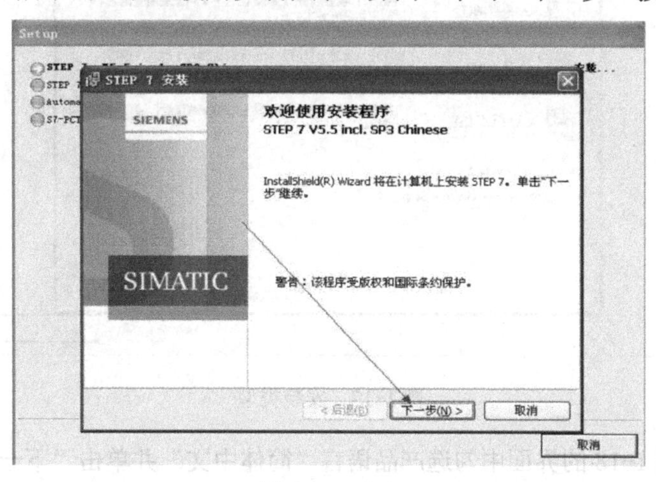

图 1-15　欢迎

在如图 1-16 所示“说明文件”界面中单击“下一步”按钮，在“用户信息”界面中填写用户信息，完成后单击“下一步”按钮，在随即弹出的“STEP 7 安装界面”（见图 1-17）中选择典型安装，并单击“下一步”按钮。

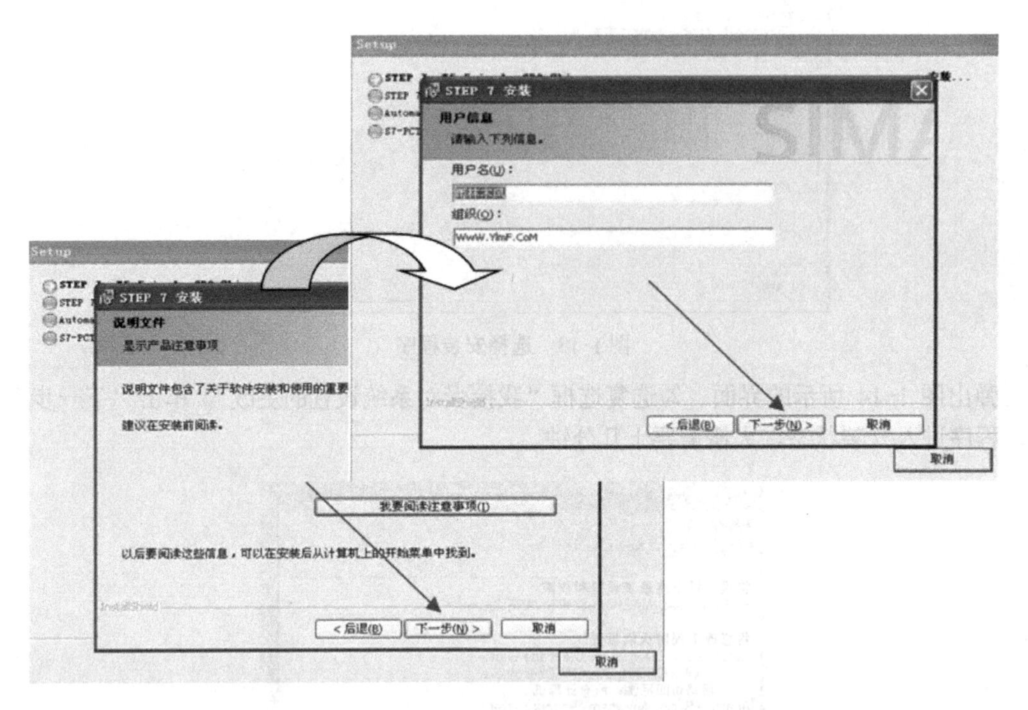

图 1-16 说明文件和用户信息

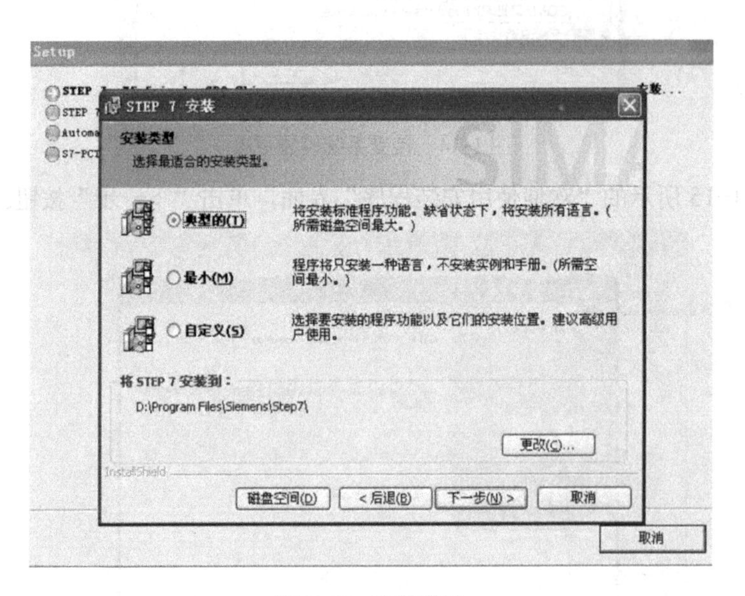

图 1-17 安装类型

在弹出的如图 1-18 的界面中勾选产品语言“简体中文”并单击“下一步”按钮。

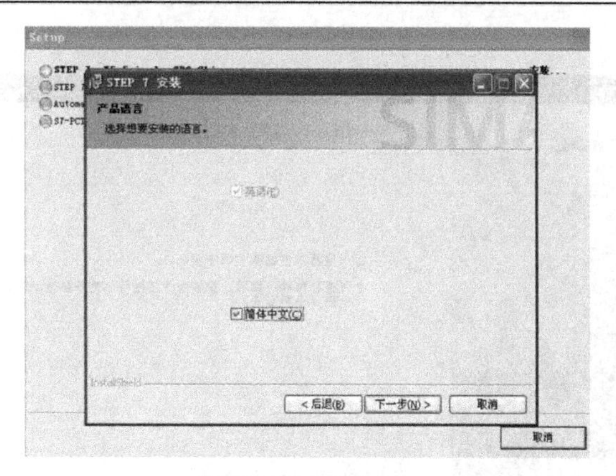

图 1-18　产品语言

在接下来弹出的“传送许可证密钥”的界面（图 1-19）中，可以选择在安装期间传送，也可以选择以后再传送，然后单击“下一步”按钮继续安装。

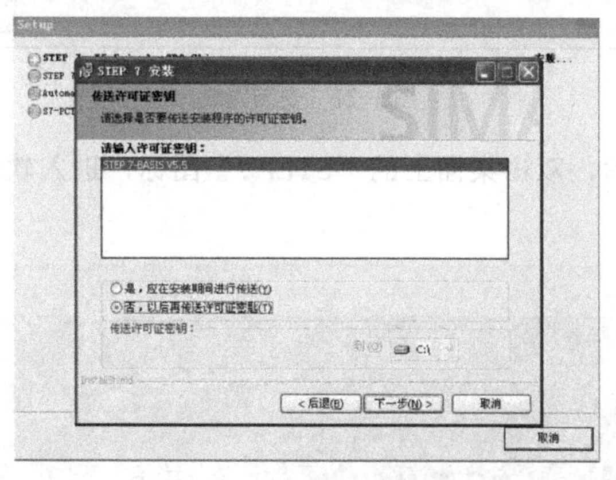

图 1-19　传送许可证密钥

在弹出的“存储卡参数赋值”的界面（如图 1-20 所示）中选择“无”即可。在随后弹出的“安装成功”界面里（见图 1-21），选择“是，立即重启计算机”此时安装已经完成，重启计算机即可正常使用软件。

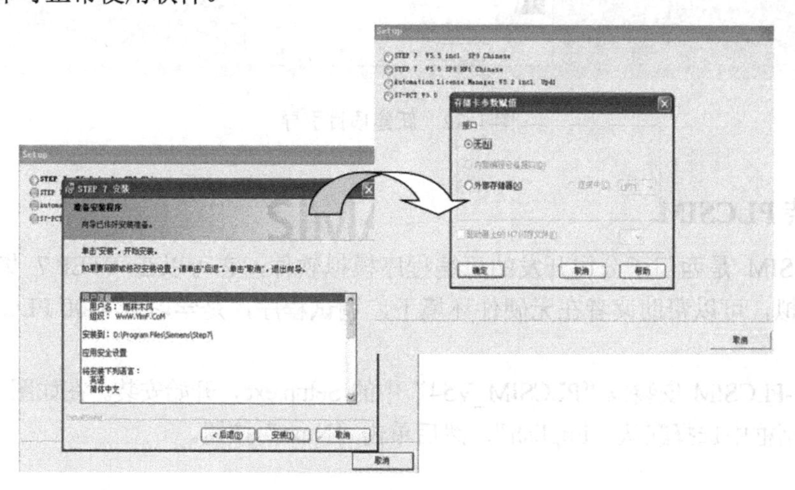

图 1-20　准备安装程序

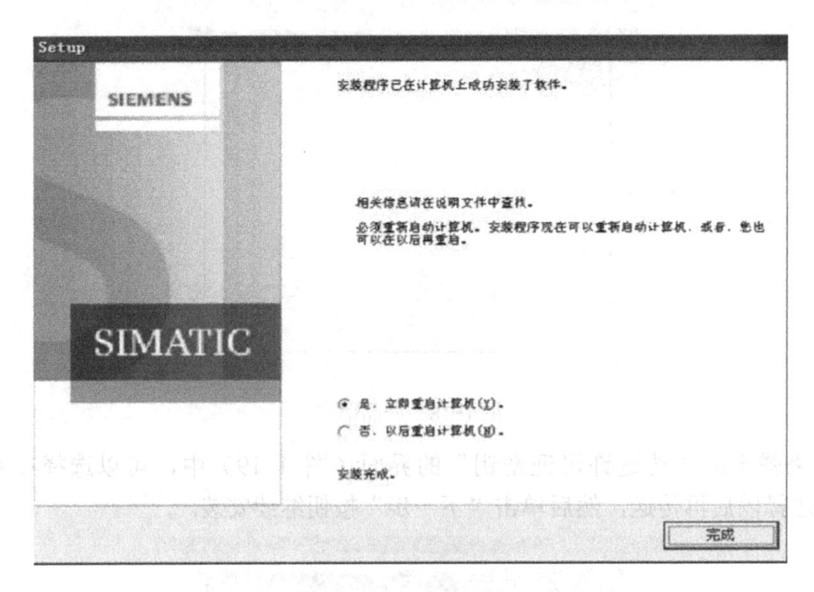

图 1-21　安装完成

重启计算机完成后，双击桌面上的“STEP 7”图标，进入软件后的画面如图 1-22 所示。

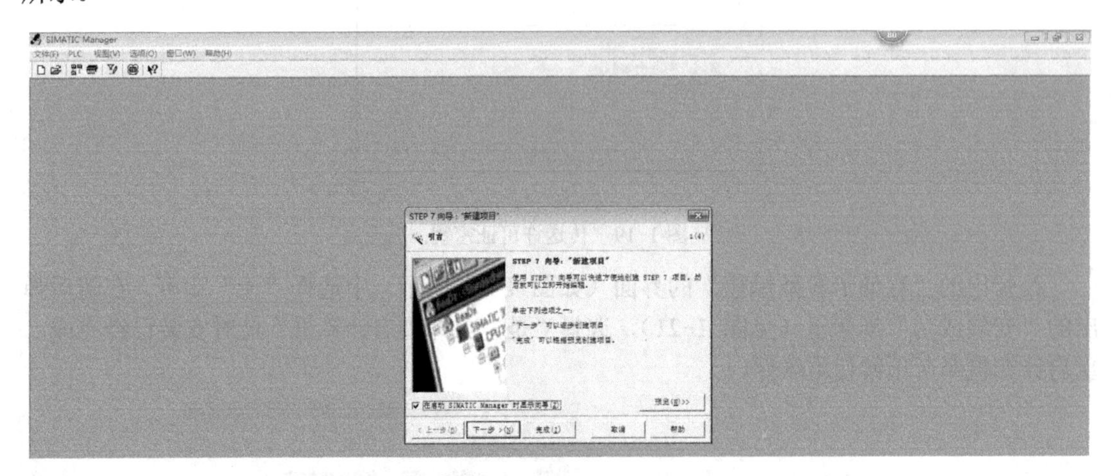

图 1-22　新建项目引导

1.2.2　安装 PLCSIM

S7-PLCSIM 是西门子公司开发的可编程序模拟软件，它可以在 STEP 7 集成状态下实现无硬件模拟，可以帮助读者在无硬件环境下，调试程序，是学习 S7-300 PLC 不可或缺的工具。

双击 S7-PLCSIM 安装包“PLCSIM_V54”中的 Setup.exe，开始安装。在如图 1-23 所示的安装语言对话框中选择默认“English”，然后单击“Next”按钮。

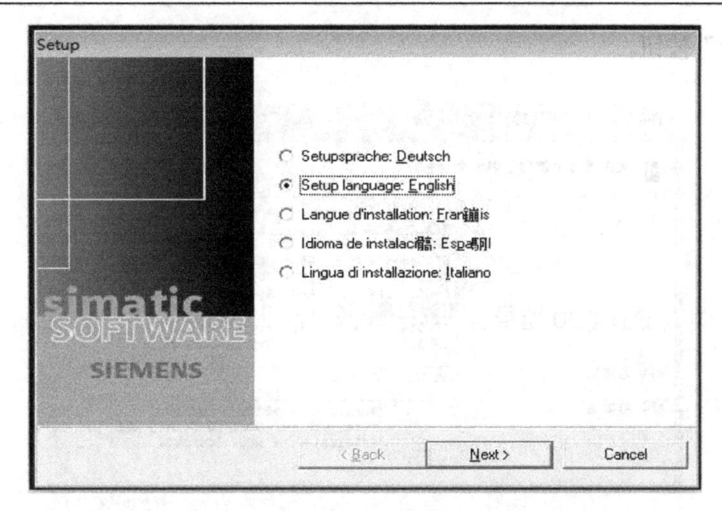

图 1-23　S7-PLCSIM 安装语言选择对话框

在之后弹出的界面中选择默认选项，并单击“下一步”按钮即可完成安装。安装完成后，打开 STEP 7 软件，会发现图 1-24 中红色方框中的图标由灰变亮了，这表示安装成功可以使用了。

图 1-24　S7-PLCSIM 内嵌成功

1.2.3　用 STEP 7 软件新建项目

1．使用新建“项目向导”新建项目

双击桌面“SIMATIC Manager”图标，进入如图 1-25 所示的界面，单击“下一步”按钮。

图 1-25　项目新建向导

在随后弹出的“您在项目中使用了哪一个 CPU”界面中（见图 1-26）选择 CPU 型号，

并单击“下一步”按钮。

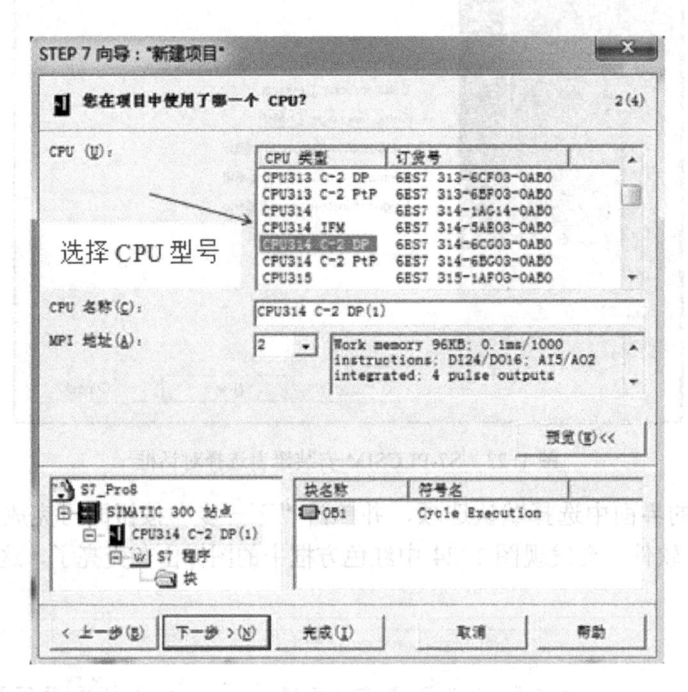

图 1-26　CPU 型号选择

在之后弹出的“您要添加哪些块”界面（见图 1-27）中选择所要添加的块，OB1 是主程序块，必不可少，并且在“所选块的语言”一栏里，选择梯形图（LAD），并单击“下一步”按钮。

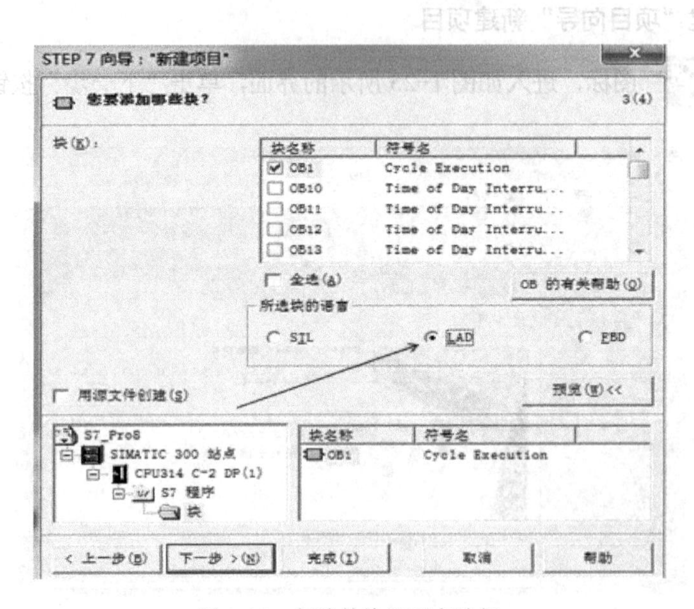

图 1-27　创建的块及语言选择

之后会弹出“如何命名项目”界面（见图 1-28），在此输入项目名称，本例中项目名称为“S7-Pro8”，单击“完成”按钮。

图 1-28　项目命名

1-8　SIMATIC 管理器

项目新建完成并进入如下项目管理器界面（见图 1-29）。管理器左边是项目结构视图，单击“SIMATIC 300 站点”，在右边项目对象图中会出现硬件和 CPU314C-2DP（1），双击硬件会进入硬件组态界面（见图 1-30）。

选中项目结构视图中的“块”，双击项目对象视图中的 OB1，进入如图 1-31 所示的 OB1 编程界面。

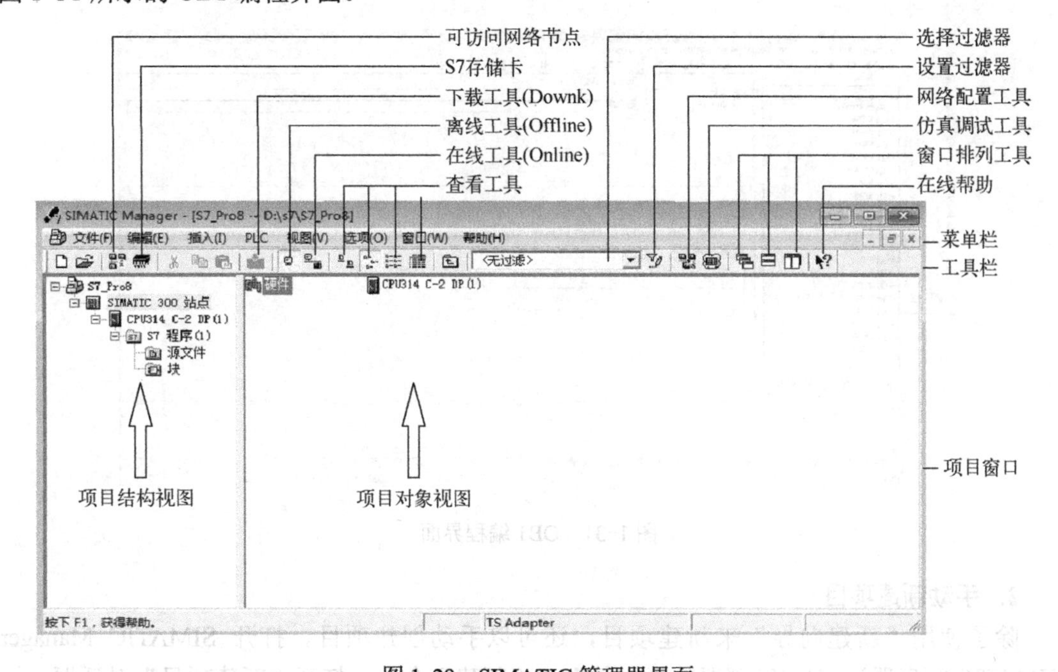

图 1-29　SIMATIC 管理器界面

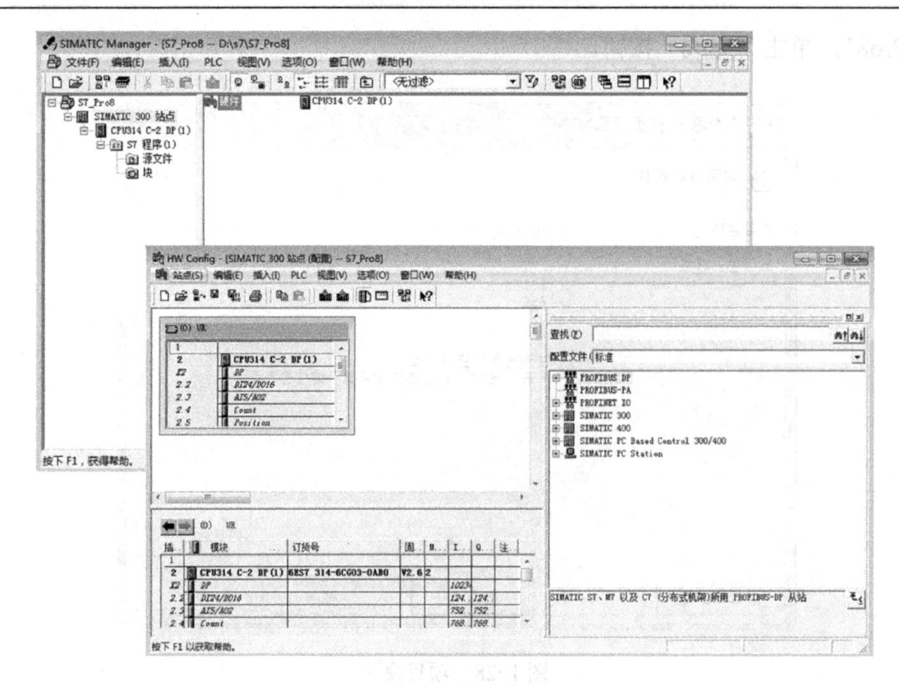

图 1-30　硬件组态界面

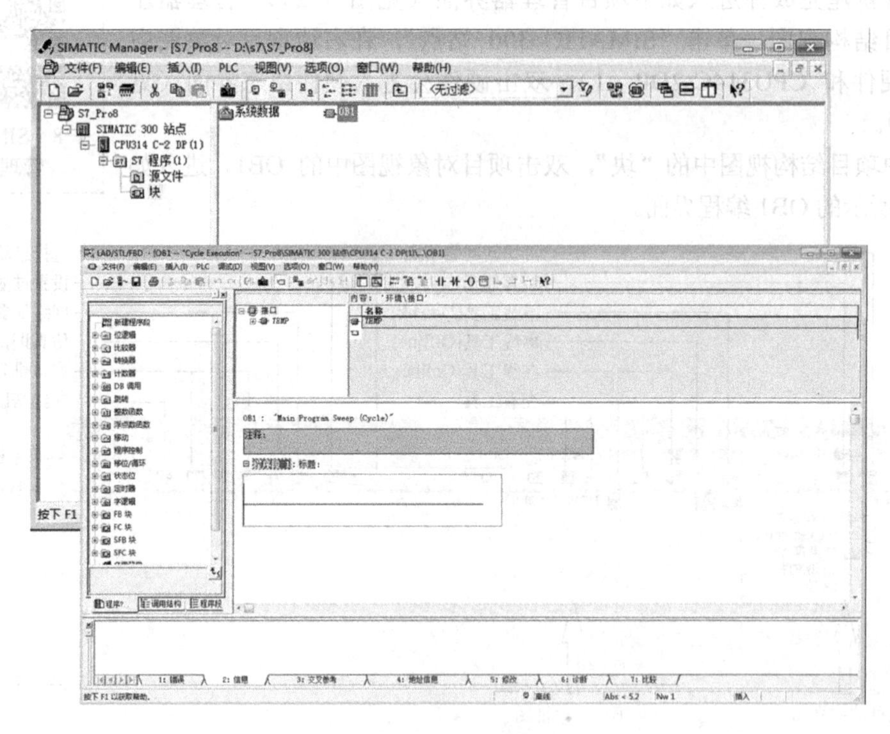

图 1-31　OB1 编程界面

2．手动新建项目

除了使用“新建向导”来新建项目，还可以手动创建项目。打开 SIMATIC Manager（SIMATIC 管理器），单击管理器的“文件”→“新建”命令，打开“新建项目”对话框，如

图 1-32 所示，项目包括“用户项目”“库”“多重项目”三个选项卡，一般选择“用户项目”选项卡，上方窗口显示的是库里已有项目。在“类型”区域选择“项目”类型。在存储位置（路径）区域可以输入该项目保存的路径。单击“确定”按钮完成新项目创建，并返回到 SIMATIC 管理器界面。要完成完整的项目结构，还需要进行硬件组态和程序编辑。

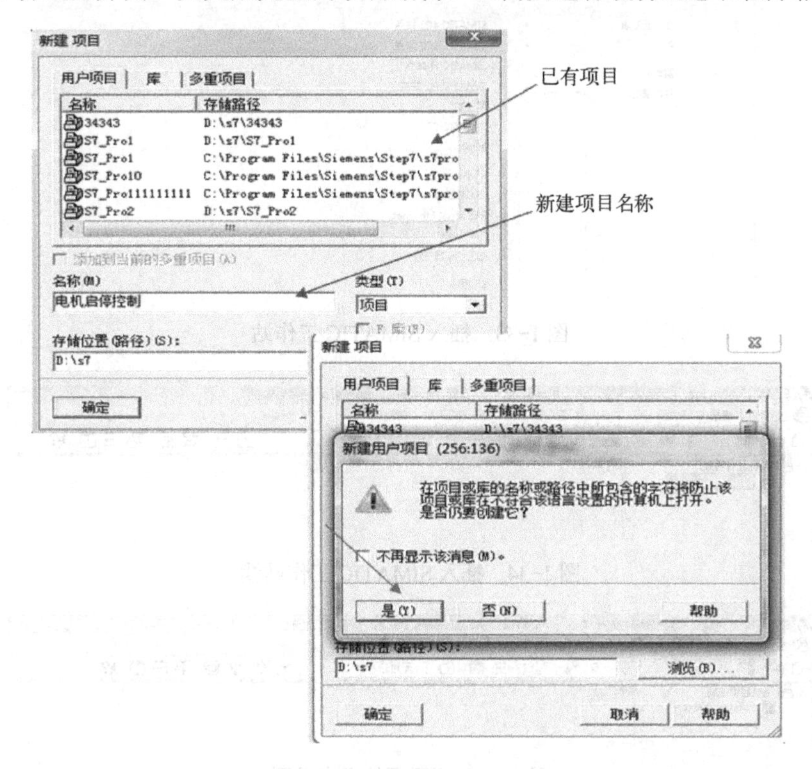

图 1-32　打开、新建对话框

1.2.4　硬件组态

硬件组态就是使用 STEP 7 对 SIMATIC 工作站进行硬件配置和参数分配，所配置的数据随后要“下载”给 PLC。硬件组态的前提是已经创建了一个带有 SIMATIC 工作站的项目，具体的过程包括插入工作站，插入机架，插入电源、CPU、信号模块以及保存编辑等几个步骤。

1．插入 SIMATIC 工作站

在项目中，工作站代表了系统的硬件结构，由“新建项目向导”建立的项目具有完整的项目结构，而通过手动创建的项目不具有完整的项目结构，此时就需要手动插入 SIMATIC 300 工作站，方法如图 1-33 所示。选中项目名称，使用菜单命令“插入”→“站点”→“SIMATIC 300 站点”就可以插入一个 SIMATIC 300 工作站，如图 1-34 所示。

2．放置硬件对象

单击项目下的站点名，SIMATIC 管理器右边窗口出现硬件图标，双击“硬件”（见图 1-35），打开“HW Config”硬件组态窗口。

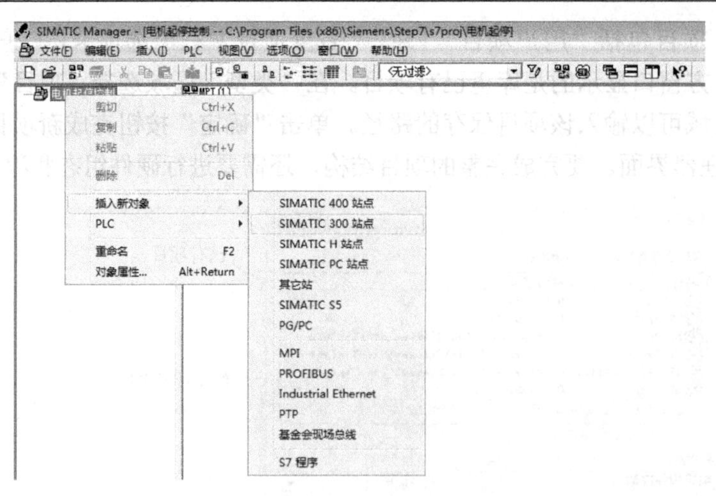

图1-33　插入SIMATIC工作站

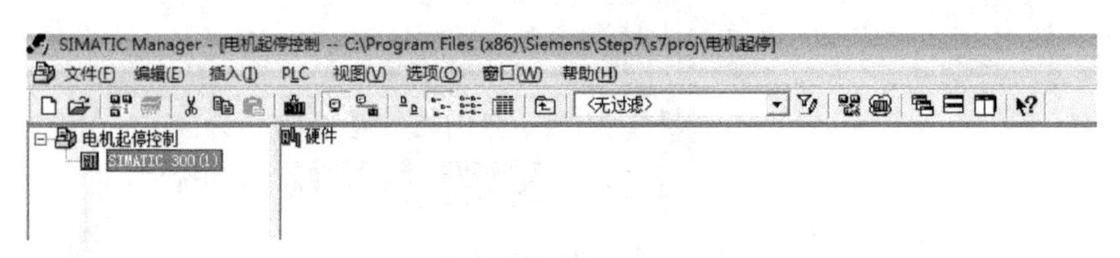

图1-34　插入SIMATIC工作站续

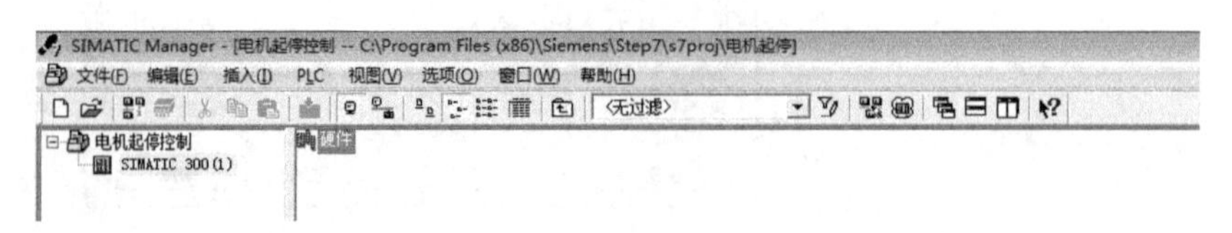

图1-35　打开硬件组态界面

1）插入导轨　在右侧硬件目录里展开“SIMATIC 300”文件夹，双击RACK-300目录下的“Rail”就可以插入一个S7-300机架即主机架（0号机架），过程如图1-36所示。

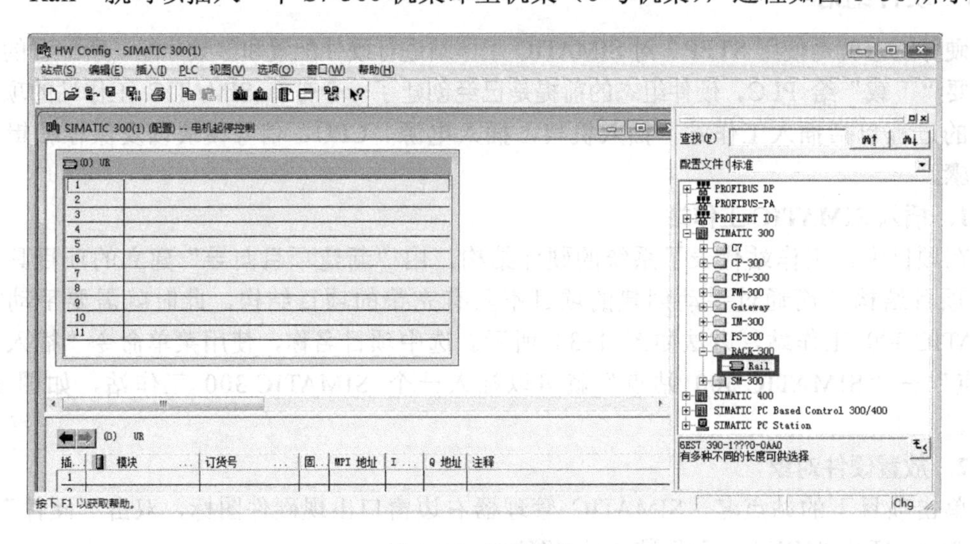

图1-36　插入导轨

2）插入电源　按照模块安装规则，1 号槽只能插入电源模块，首先在机架中选中 1 号槽，在右边硬件目录中展开“PS-300 文件夹”，双击相应的电源模块即可。本例中使用的 CPU 为“CPU 314C-2DP”属于紧凑型 CPU，自带电源和部分数字量 I/O，所以不需要另外插入电源模块，如图 1-37 所示。

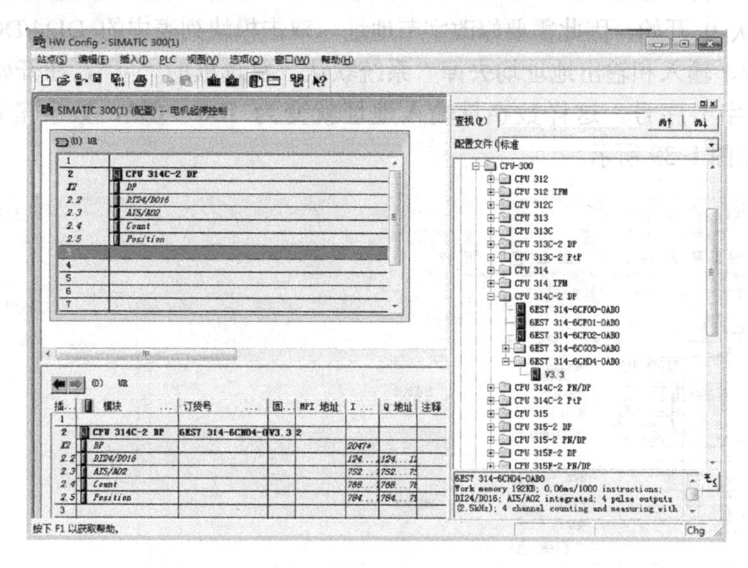

图 1-37　插入 CPU

3）插入 CPU 模块　按照模块安装规则，2 号槽只能插入 CPU 模块，且 CPU 的型号、订货号和版本号必须与实际硬件的 CPU 保持一致，否则无法下载。本例中使用的 CPU 为 CPU 314C-2DP，订货号为 6ES7 314-6CH04-0，版本号为 V3.3，双击该 CPU 模块会出现下面的 CPU 属性对话框，如图 1-38 所示，在该对话框中选中“常规”选项卡，可以重命名 CPU 的名称，在接口区域单击“属性”按钮，可以重设 MPI 子网信息。在 CPU 属性窗口，可以设置启动、周期时钟存储器、中断等信息，这些随后会陆续介绍。

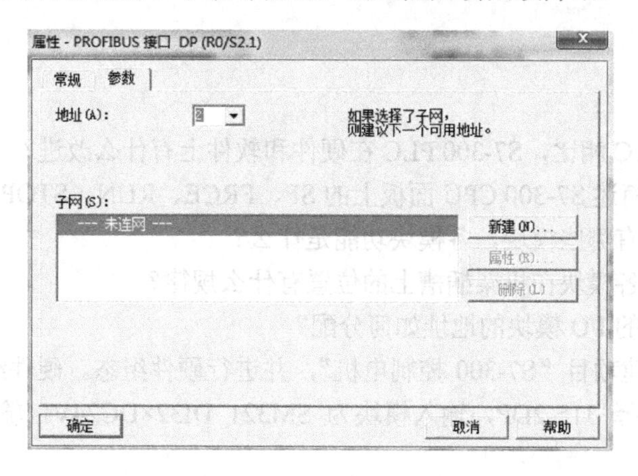

图 1-38　CPU 属性对话框

4）插入信号模块　在机架的 4～11 号槽位可以放置数字量输入输出模块、模拟量输入输出模块，也可以放置通信处理器或功能模块。具体放置什么模块以及放置的顺序都必须与实际的硬件模块一致，否则会出现下载错误的问题。模块插入的方法与之前描述的类似，不再赘述。本例中选择的 CPU 自身集成了 24 点数字量输入和 16 点数字量输出，如果能够满足系统使用，就无需再插入信号模块。

5）修改 I/O 默认地址　由于系统默认的数字量输入输出地址的起始字节为 124，而我们习惯的地址是从 0 开始，因此需要修改字节地址。双击模块列表中的 DI24/DO16 行，进入“属性”选项卡，输入和输出地址均去掉“系统默认”复选框的“√”，在开始栏填上“0”或者其他起始字节序号，这样数字量输入地址就变为 IB0～IB2，数字量输出地址变为 QB0～QB1，如图 1-39 所示。

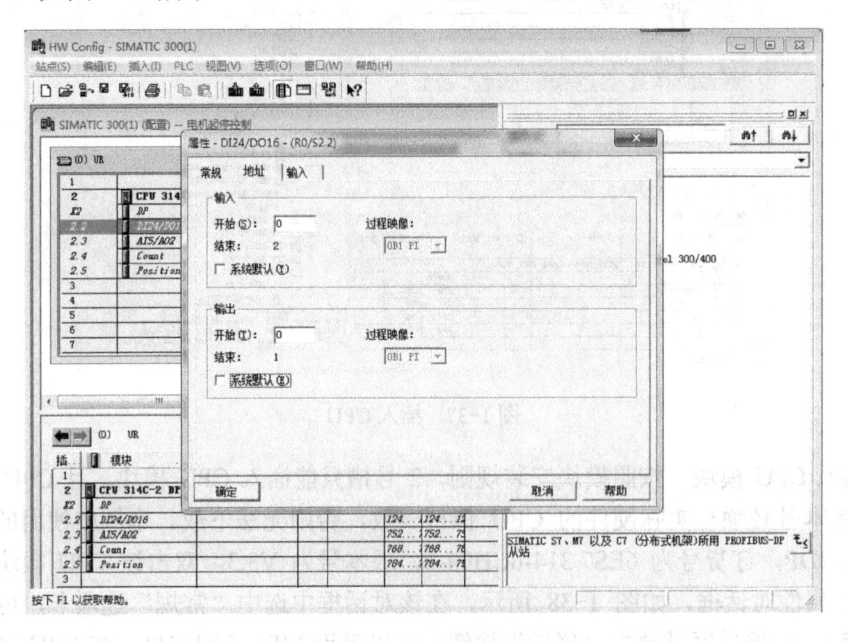

图 1-39　修改 I/O 地址

1.3　练习

1．与 S7-200 PLC 相比，S7-300 PLC 在硬件和软件上有什么改进？

2．查阅资料，简述 S7-300 CPU 面板上的 SF、FRCE、RUN、STOP 指示灯的含义。

3．S7-300 PLC 有哪些模块，各模块功能是什么？

4．S7-300 PLC 各模块在机架插槽上的位置有什么规律？

5．S7-300 PLC 的 I/O 模块的地址如何分配？

6．通过动手新建项目“S7-300 控制电机”，并进行硬件组态。硬件组态时使用电源模块 PS307 2A，CPU 选择 315-2DP，输入模块为 SM321 DI32×DC24V，输出模块选用 SM322 DO32×DC24V/0.5A

第2章　西门子S7-300指令系统

指令是程序的最小单位，指令的有序排列就构成了用户程序。每一种系列的 PLC 都具有自己的指令系统。S7-300 PLC 的指令系统功能强大，通过编程软件 STEP 7 的有机组织和调用，形成用户文件，以实现各种控制功能。在学习指令系统的时候，需要重点把握指令对操作数的要求、指令的功能及执行指令的过程。

S7-300 PLC 的指令系统大部分与 S7-200 PLC 的指令系统类似，仅个别之处有些不同。对于熟悉 S7-200 的人员来说，很容易接受。

【本章学习目标】

① 掌握 S7-300 PLC 位逻辑指令的应用，熟练应用 STEP 7 软件；

② 掌握 S7-300 PLC 定时器、计数器指令的应用；

③ 掌握 S7-300 PLC 数据处理及逻辑控制指令；

④ 掌握 S7-300 PLC 数学运算指令。

2.1　位逻辑指令应用

2.1.1　相关指令介绍

1．RLO 边沿检测指令

RLO 边沿检测指令包括 RLO 边沿上升沿检测指令和 RLO 边沿下降沿检测指令，如表 2-1 所示。

表 2-1　RLO 边沿检测指令格式及功能说明

LAD 指令	数据类型	操作数	存储区	说明
<地址> --- (P) ---	BOOL	<地址>	I、Q、M、L、D	RLO 边沿上升沿检测指令:检测地址中“0”到“1”的信号变化，并在指令后将其显示为 RLO ="1"
<地址> --- (N)---	BOOL	<地址>	I、Q、M、L、D	RLO 边沿下降沿检测指令：检测地址中“1”到“0”的信号变化，并在指令后将其显示为 RLO = “1”

指令中的“地址”为边沿存储位，存储 RLO 的上一信号状态。将 RLO 中的当前信号状态与地址的信号状态（边沿存储位）进行比较。--- (P) ---指令是如果在执行指令前地址的信号状态为“0”，RLO 为“1”，则在执行指令后 RLO 将是“1”(脉冲)，在所有其他情况下将是“0”。--- (N) ---则是如果在执行指令前地址的信号状态为“1”，RLO 为“0”，则在执行指令后 RLO 将是“1”(脉冲)，在所有其他情况下将是“0”。需要注意的是，无论是--- (P) ---指令，还是--- (N) ---指令，在满足跳变的条件时，能流只能在该扫描周期内流过检测元件。

例：分析如图 2-1 所示的梯形图程序。

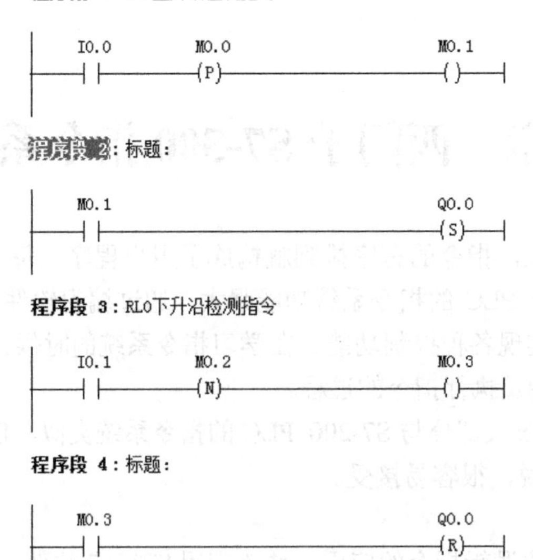

图 2-1　RLO 边沿检测指令举例梯形图

通过分析，该程序动作过程的时序图如图 2-2 所示。

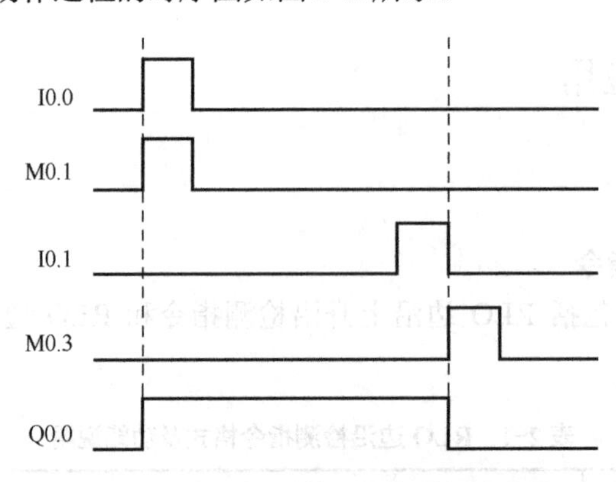

图 2-2　RLO 边沿检测指令举例时序图

2．置位复位指令

S（Set，置位）指令将指定的位地址置位（也就是变为 1 状态并保持）。某一位如果被置位指令置位，该位就会一直保持置位（通电）状态，即使此后置位指令失效，直到复位指令对该位进行复位，该位才会断开。

R（Reset，复位）指令将指定的位地址复位（也就是变为 0 状态并保持）。

S（Set，置位）指令与 R（Reset，复位）指令通常配合出现，控制某一位的通断。指令格式如图 2-3 所示。

<地址>　　<地址>
---(S)　　---(R)

图 2-3　置位与复位指令

3．地址边沿检测指令

POS 是单个地址位信号的上升沿检测指令，相当于一个常开触点。如图 2-4 中的输入信号 I1.2 由 0 状态变为 1 状态时（即 I1.0 的上升沿），POS 指令等效的常开触点闭合，Q 输出端在一个扫描周期内接通，即 Q4.4 被置位。该图中的 M0.4 为边沿存储位，用来存储上一扫描循环时 I1.2 的状态。

程序段 8：地址上升沿检测

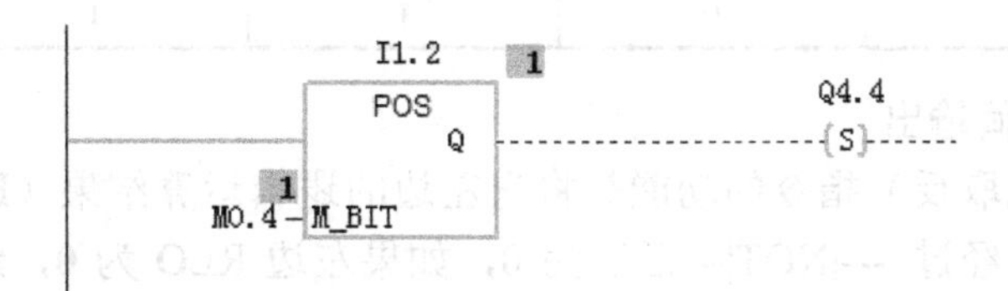

程序段 9：地址下降沿检测

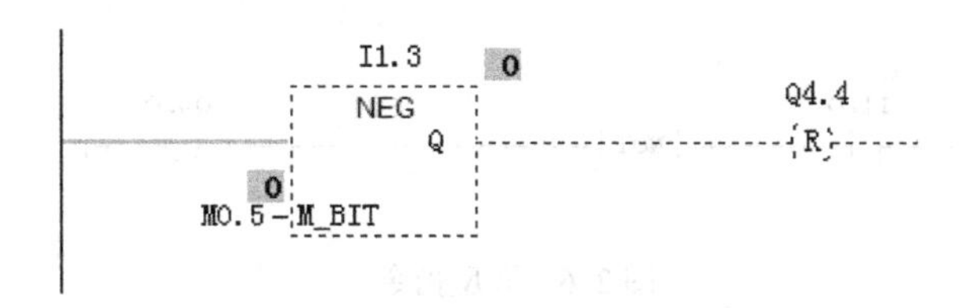

图 2-4　地址边沿检测指令

NEG 是单个地址位信号的下降沿检测指令，相当于一个常开触点。如果图 2-4 中的 I1.3 由 1 状态变为 0 状态（也即 I1.3 的下降沿），NEG 指令等效的常开触点闭合，Q 端在一个扫描周期内有能流输出，Q4.4 被复位为 0 状态，M0.5 为边沿存储位。

4．SR 触发器与 RS 触发器指令

SR 触发器与 RS 触发器指令二者的区别在于 S 端和 R 端输入均为 1 时，SR 触发器的输出为 0，而 RS 触发器输出为 1。所以 SR 触发器也叫复位优先触发器，RS 触发器也叫置位优先触发器。输入、输出关系如图 2-5、表 2-2 所示。

程序段 1：RS触发器指令

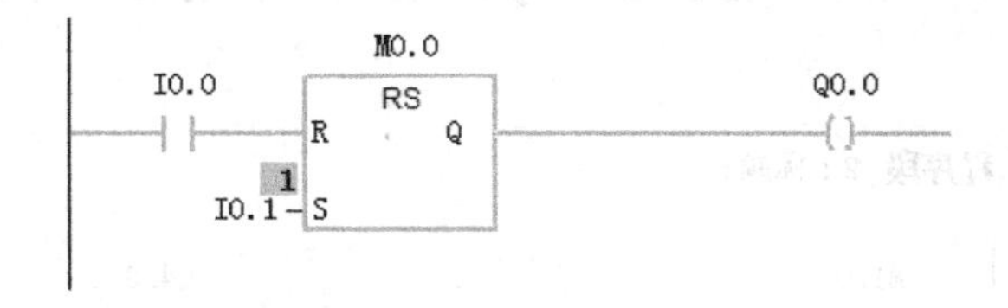

程序段 2：SR触发器指令

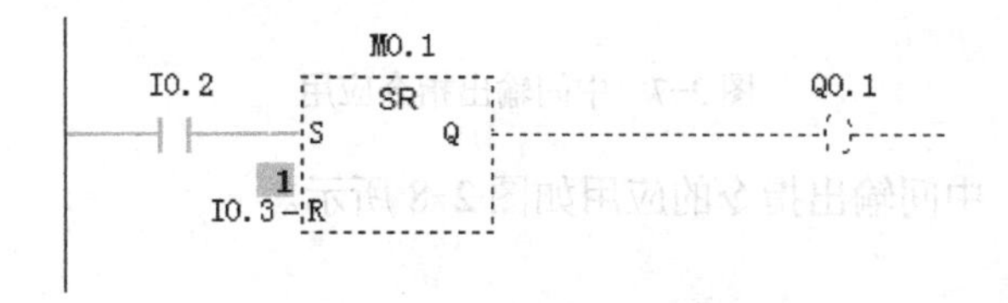

图 2-5　SR 触发器与 RS 触发器指令

表 2-2　SR 触发器与 RS 触发器指令输入输出关系表

SR 触发器			RS 触发器		
S	R	Q	S	R	Q
0	0	不变	0	0	不变
0	1	0	0	1	0
1	0	1	1	0	1
1	1	0	1	1	1

5．取反触点、中间输出

---|NOT|---（能流取反）指令的功能是将它左边的逻辑运算结果（RLO）取反。如果它左边的 RLO 为 1，经过 ---|NOT|---后变为 0，如果左边 RLO 为 0，经过 ---|NOT|---后变为 1。如图 2-6 程序所示：当 I1.0 断开时，Q4.0 为 1 状态，当 I1.0 接通时，Q4.0 为 0 状态。

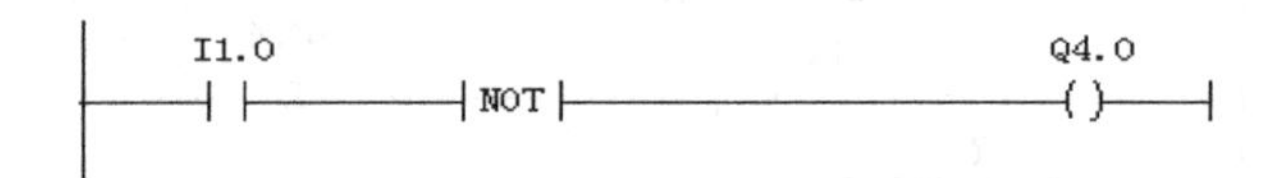

图 2-6　取反指令

<地址>
中间输出指令---（#）---，其中<地址>是要输入的位地址。该位地址的数据类型是 BOOL（布尔型），该位地址的存储区可以是 I、Q、M、D。

中间输出指令是中间分配单元，它将 RLO 位状态（能流状态）保存到指定<地址>。用该元件指定的地址来保存它左边电路的逻辑运算结果（RLO）。中间输出只能放在梯形图的中间，不能接在左侧的梯形图母线上，也不能放在梯形图最右端电路结束的位置。如图 2-7 所示，当 I2.0 接通，I2.2 断开，M1.0 置位，Q4.3 接通，Q4.2 断开状态。

程序段 1：标题：

I2.0　I2.1　M1.0　I2.2　Q4.2

程序段 2：标题：

M1.0　Q4.3

图 2-7　中间输出指令应用

举例：能流取反、中间输出指令的应用如图 2-8 所示。

I0.0 I0.1 M0.0 (#) I0.2 NOT M0.1 (#) I0.3 Q4.0 ( )

图 2-8 中间输出指令应用 1

图 2-8 与图 2-9 中的程序功能完全一致，从中可以看到，合理使用中间输出和能流取反指令能够令程序更简化明了，如图 2-9 所示。

I0.0 I0.1 M0.0 ( )
I0.2 NOT M0.1 ( )
I0.3 Q4.0 ( )

图 2-9 中间输出指令应用 2

2.1.2 实训：电动机正反转控制

【任务提出】

按钮、接触器双重联锁正反转控制电路如图 2-10 所示，该电路可以控制电动机正反转运行，并且具备短路、过载、欠电压及失电压保护功能。

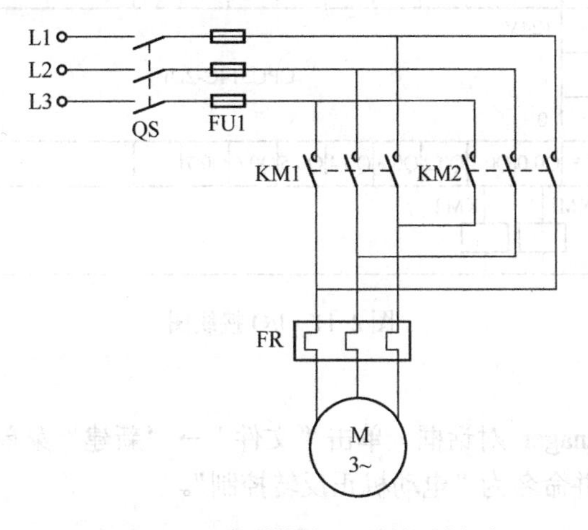

图 2-10 双重联锁的正反转控制电路

从图 2-10 所示的控制电路可见，由开关 QS、熔断器 FU1、接触器 KM1 主触点、接触器 KM2 主触点、热继电器热元件及电动机组成主电路部分，而由热继电器常闭触点、停止按钮 SB3、正向起动按钮 SB1、反向起动按钮 SB2、接触器线圈及常开触点组成控制电路部分。PLC 改造主要针对控制电路进行改造，而主电路部分保留不变。

【任务分析】

分析图 2-10 所示的控制电路的原理可知，接触器 KM1 与 KM2 不能同时得电动作，否则三相电源短路。为此，电路中采用接触器常闭触点串接在对方线圈回路作电气联锁，使电路工作可靠。采用按钮 SB1、SB2 的常闭触点，目的是为了让电动机正反转直接切换，操作方便。这些控制要求都应在梯形图程序中予以体现。

要想完成本任务，需要了解 S、R 指令格式和功能，S、R 指令的优先级，起保停电路与使用 S、R 指令程序的对应关系等。

【任务实施】

1．PLC 硬件配置及接线

（1）硬件配置

可采用 S7-300 系列 PLC 实现对连续运转的电动机进行控制。PLC 系统须配置以下模块：PS 307（5A）电源模块 1 只，订货号为 6ES7 307-1EA00-0AA0；CPU 314 模块 1 只，订货号为 6ES7 314-1AE01-0AB0；SM321 数字量输入模块 1 只，订货号为 6ES7 321-1BH01-0AA0。

SM322 数字量输出模块 1 只，订货号为 6ES7 322-1FL00-0AA0。

（2）系统电路的设计与接线

根据任务分析，控制电路改造为如图 2-10、图 2-11 所示。

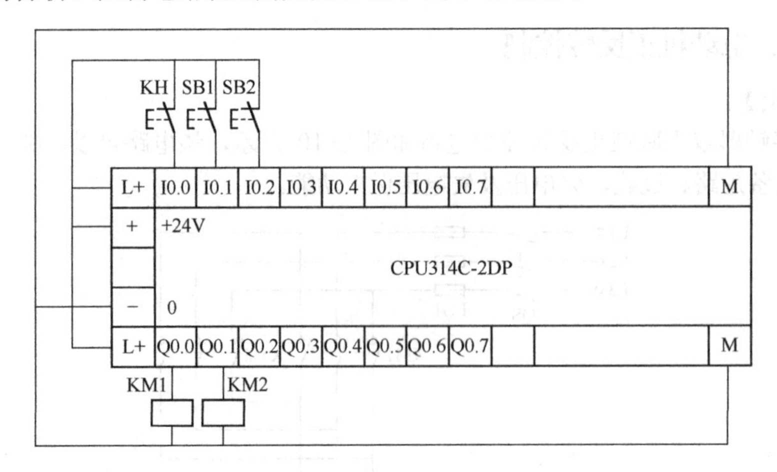

图 2-11　I/O 接线图

2-1　实训项目

2．创建工程项目

打开 SIMATIC Manager 对话框，单击“文件”→“新建”菜单项，新建一个空项目文档，并命名为“电动机正反转控制”。

3．硬件组态

在“电动机正反转控制”项目上右击，在弹出的快捷菜单中选择“插入新的对象”→“SIMATIC 300 站点”菜单项，在当前项目中插入一个 S7-300 的工作站，系统自动将工作站命名为“SIMATIC 300(1)”。

单击“SIMATIC 300(1)”，在右视窗中双击硬件组态图标，打开硬件组态窗口，展开“SIMATIC 300”模块目录，再展开“RACK-300”子目录，双击“Rail”插入一个 S7-300 的导轨。选中导轨的 1 号槽位，展开“SIMATIC 300”模块目录，再展开“PS-300”子目录，双击“PS 307 5A”图标，插入一个 S7-300 的电源模块。选中导轨的 2 号槽位，展开

“SIMATIC 300”模块目录，再展开“CPU 300”子目录，再展开“CPU 314 C-2DP”子目录，双击“6ES7 314-6CF01-0AB0”图标，插入一个 S7-300 的 CPU 模块。选中导轨的 4 号槽位，展开“SIMATIC 300”模块目录，再展开“SM-300”子目录，再展开“DI-300”子目录，双击“SM 321　DI32 ×DC42V”图标，插入一个订货号为“6ES7 314-6CH04-0AB0”的数字量输入模块。选中导轨的 5 号槽位，展开“SIMATIC 300”模块目录，再展开“SM-300”子目录，再展开“DO-300”子目录，双击“SM 322　DO32 ×AC120-230V”图标，插入一个订货号为“6ES7 322-1FL00-0AA0”的数字量输入模块。

4．编辑符号表

在 SIMATIC Manager 的左视窗内展开“SIMATIC 300(1)”目录及“CPU 314”子目录，单击“S7 Program（1）”图标展开程序文件夹，在右视窗中双击“符号”图标打开符号编辑器，编辑符号表如图 2-12 所示。

	状态	符号 /	地址		数据类型	注释
1		KH	I	0.0	BOOL	热继电器，常闭
2		SB1	I	0.1	BOOL	正向起动，常开
3		SB2	I	0.2	BOOL	反向起动，常开
4		SB3	I	0.3	BOOL	停止按钮，常开
5		KM1	Q	4.0	BOOL	正向接触器
6		KM2	Q	4.1	BOOL	反向接触器

图 2-12　符号表

5．程序设计

电动机正反转运行控制梯形图程序如图 2-13 所示。

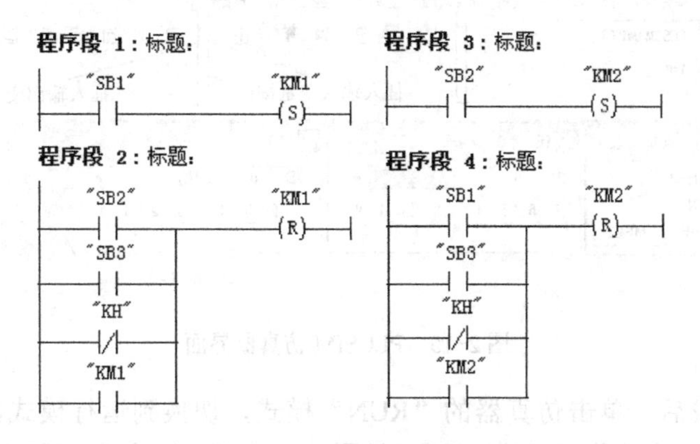

图 2-13　梯形图程序

6．运行与调试

在完成控制系统接线后，还必须将 PLC 系统硬件信息及控制程序下载到 PLC 中，才能对系统进行调试。如果没有实际的 S7-300/400 系列 PLC，可用 PLCSIM 仿真工具进行模拟下载及调试。在 SIMATIC Manager 窗口内，观察 PLCSIM 仿真工具图标，如果该图标为灰色，说明 PLCSIM 工具没有安装，需要安装后才能使用，安装过程在本书第 1 章内容里有介绍。单击 PLCSIM 工具图标（见图 2-14），系统自动打开仿真工具 PLCSIM。单击 PLCSIM 工具栏菜单和，打开输入和输出变量。

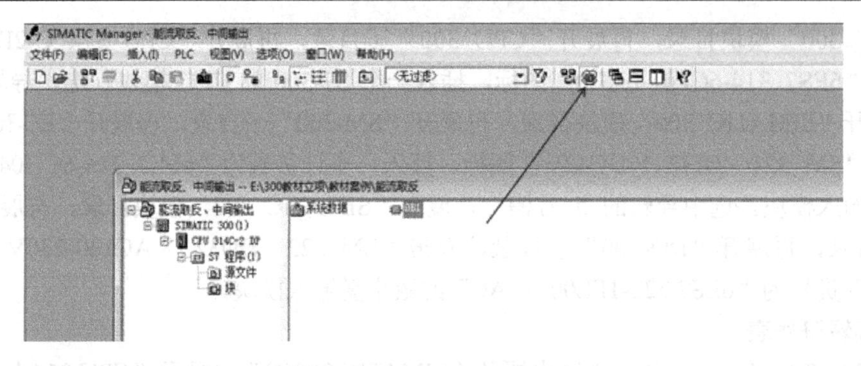

图 2-14　打开 PLCSIM 仿真器

打开仿真器后，界面如图 2-15 所示，首先插入输入变量，在输入变量框里，可以手动对每一个输入位进行模拟操作，置 1 就对相应的位进行打“√”，置 0 就把“√”去掉即可。再插入输出变量，在输出变量框里，可以观察经过程序运行后的各个输出位的状态变化，由此来判断程序是否有错，S7-PLCSIM 仿真器在调试程序方面给我们带来了极大方便。在输入、输出变量框里，可以修改要操作的输入变量地址和要观察的输出变量地址，比如：在图 2-15 中对 IB2 进行操作，只需要将输入变量框中的 IB0 修改成 IB2 即可。

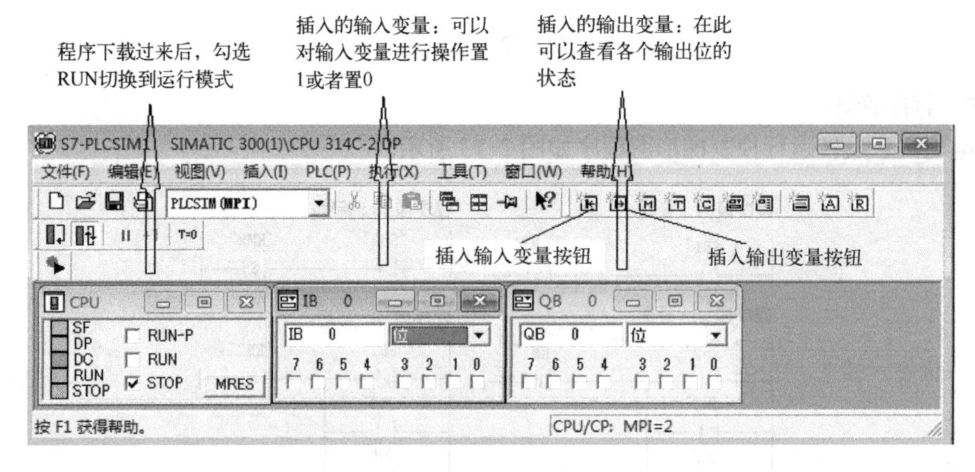

图 2-15　PLCSIM 仿真器界面

程序下载完成后，单击仿真器的“RUN”模式，切换到运行模式，再次打开程序块“OB1”，单击工具栏中“监视开关按钮”（见图 2-16）即可在线监视程序运行状态。监视功能打开情况下，按下 SB1 时的电动机正转状态如图 2-17 所示，按下 SB2 时的电动机反转状态如图 2-18 所示。

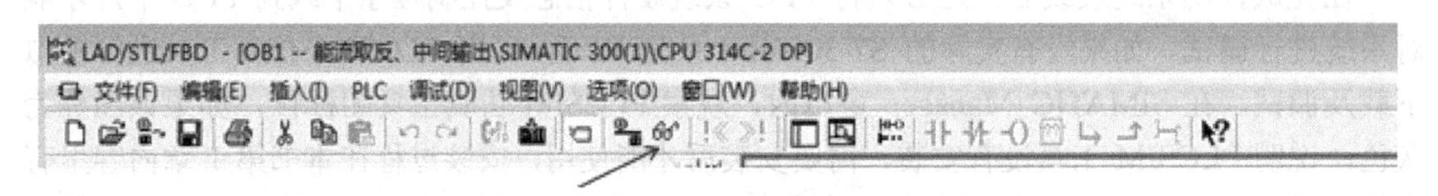

图 2-16　PLCSIM 仿真器在线监视开关

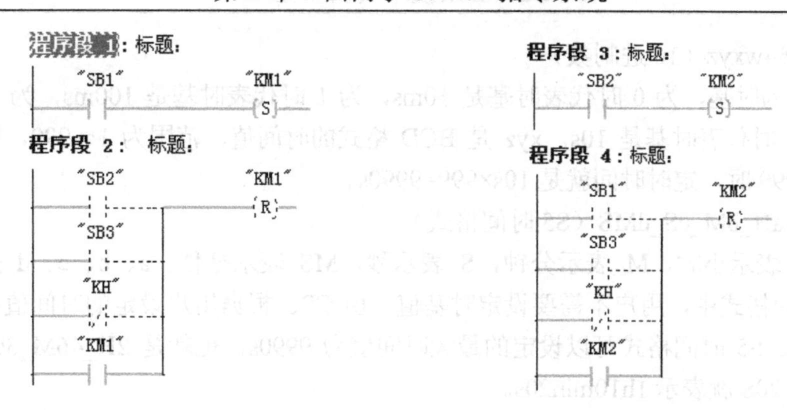

图 2-17　按下 SB1 时的电动机正转状态　　　图 2-18　按下 SB2 时的电动机反转状态

2.2　定时器计数器指令应用

2.2.1　定时器指令

在 CPU 的存储器中，有一个存储区域是专为定时器保留的，此存储区为每一个定时器地址分配一个 16 位的字和一个二进制的位，定时器的字用来存放它的剩余时间值，定时器相应的触点状态由它的二进制位状态决定。S7-300 的定时器个数与 CPU 型号有关（128～2048 个）。

定时器字的格式如图 2-19 所示，第 0～11 位为以 BCD 码表示的时间值，第 12～13 位为二进制编码表示的时间基准（也叫时基），其值为 00、01、10、11，对应的时基时间分别为 10ms、100ms、1s、10s。时基指的是定时器每跳变一次所需要的时间，所以，时基越小表示定时器的分辨率越高，但是定时范围会越小。如表 2-3 所示。

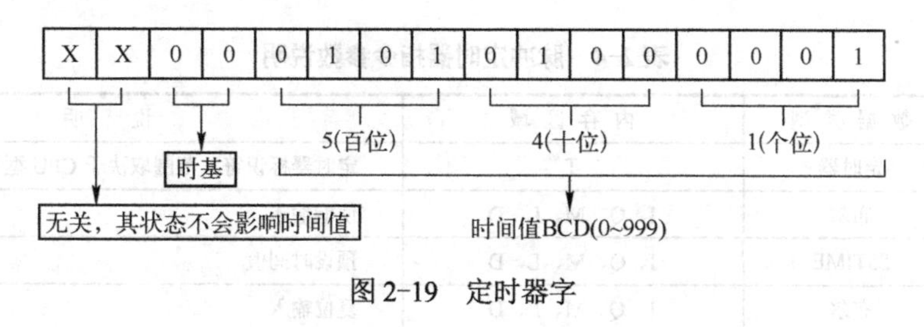

图 2-19　定时器字

表 2-3　时基设置与定时范围

时 基 设 置	时　基	定 时 范 围
00	10ms	10ms～9s990ms
01	100ms	100ms～1min39s900ms
10	1s	1s～16min39s
11	10s	10s～2h46min30s

定时器字的表示方法有以下几种：

（1）W#16#wxyz（16 进制数）

其中，w 为时基，为 0 时代表时基是 10ms，为 1 时代表时基是 100ms，为 2 时代表时基是 1s，为 3 时代表时基是 10s。xyz 是 BCD 格式的时间值，范围为 1～999，比如定时器字为 W#16#3999 时，定时时间就是 10s×999=9990s。

（2）S5T#aH_bM_cS_dMS（S5 时间格式）

其中，H 表示小时，M 表示分钟，S 表示秒，MS 表示毫秒。a、b、c、d 是用户定义值。在 S5 时间格式中，用户不需要设定时基值，由 CPU 根据用户设定的时间值自动选择合适的最小时基。S5 时间格式可以设定的最大时间值为 9990s，也就是 2H_46M_30S。例如：S5T#1H_10M_20S 就表示 1h10min20s。

S7-300 定时器有 5 类，分别是：脉冲定时器 SP（Pulse Timer）、扩展脉冲定时器 SE（Extended Pulse Timer）、接通延时定时器 SD（On Delay Timer）、保持接通延时定时器 SS（Sustained ODT）和断开延时定时器 SF（Off Delay Timer）。

1．脉冲定时器 S_PULSE（Pulse Timer）

（1）脉冲定时器指令

脉冲定时器 SP（Pulse Timer）指令有两种形式：块图指令和线圈指令。

脉冲定时器块图指令和线圈指令如图 2-20 所示，脉冲定时器 SP（Pulse Timer）指令参数说明见表 2-4。

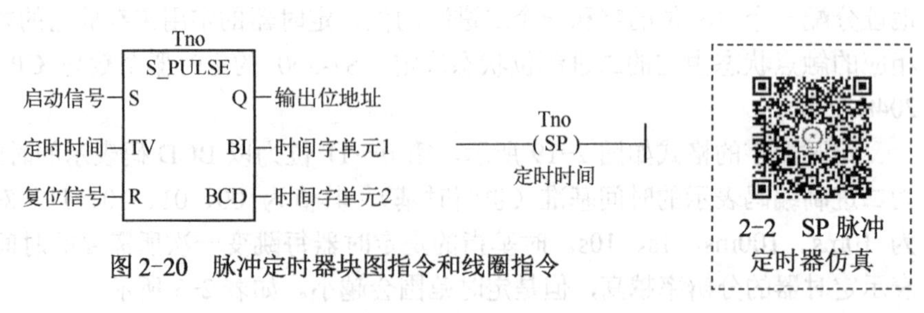

图 2-20 脉冲定时器块图指令和线圈指令

表 2-4 脉冲定时器指令参数说明

参 数	数 据 类 型	内 存 区 域	说 明
Tno	定时器	T	定时器标识符，范围取决于 CPU 型号
S	布尔	I、Q、M、L、D	使能输入
TV	S5TIME	I、Q、M、L、D	预设时间值
R	布尔	I、Q、M、L、D	复位输入
BI	字	I、Q、M、L、D	剩余时间值，整型格式
BCD	字	I、Q、M、L、D	剩余时间值，BCD 格式
Q	布尔	I、Q、M、L、D	定时器的状态

（2）脉冲定时器指令说明

如果在使能输入 S 端有一个上升沿，S_PULSE 将启动指定的定时器，该定时器只在输入端 S 的信号状态为 1 的前提下运行，但运行的最长时间由输入端 TV 所定的时间决定。只要定时器运行，输出端 Q 的状态就为 1。如果在定时时间结束前，S 输入端的信号状态由 1 变为 0，则定时器停止工作。同时输出端 Q 的信号变为 0。

如果在定时器运行期间复位端 R 为 1，则定时器将被复位，当前时间也被置位为 0。

（3）脉冲定时器时序图

自行分析图 2-21 中梯形图程序及运行时序。

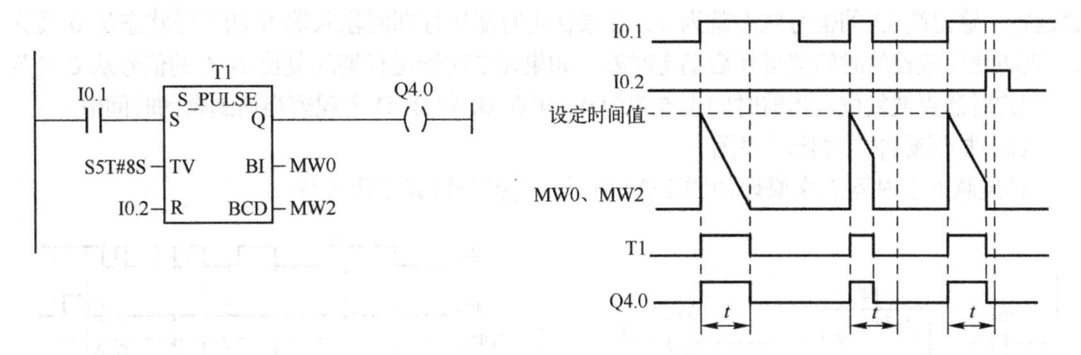

图 2-21　脉冲定时器时序图

举例：图 2-22 所示的程序功能是用脉冲定时器 SP 构成一脉冲发生器，当按钮 S1（I0.0）按下时，输出指示灯 H1（Q4.0）以亮 1s、灭 2s 的规律交替进行闪烁。请自行分析程序。

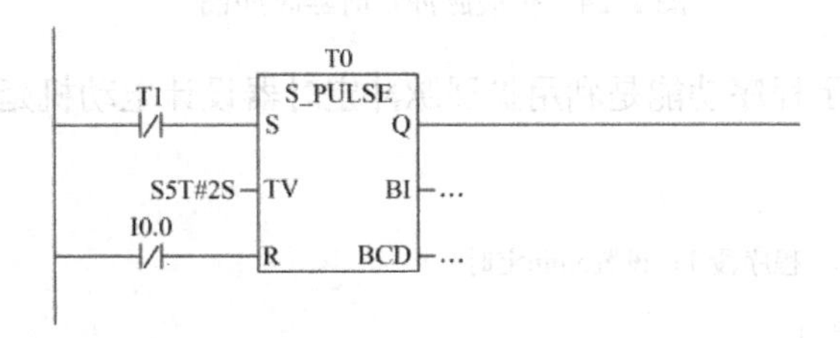

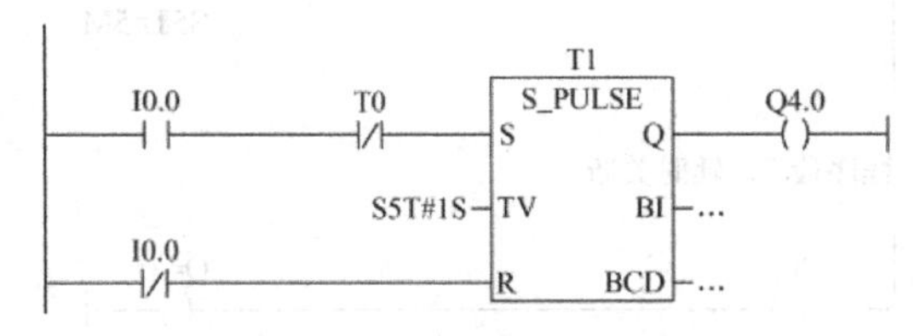

图 2-22　脉冲定时器举例梯形图

2．扩展脉冲定时器 S_PEXT（Extended Pulse Timer）

（1）扩展脉冲定时器指令

扩展脉冲定时器指令（S_PEXT）有两种形式：块图指令和线圈指令，如图 2-23 所示。

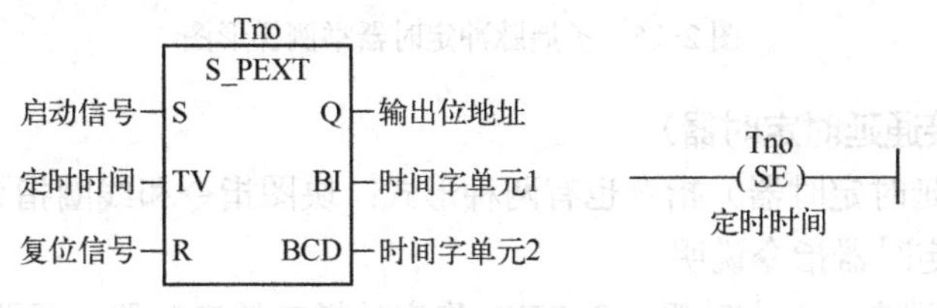

图 2-23　扩展脉冲定时器块图指令和线圈指令

（2）扩展脉冲定时器指令说明

如果在启动信号 S 端输入一个上升沿，S_PEXT 将启动指定的定时器，定时器就以在输入端 TV 指定的预设时间值运行，即使在预定时间结束前 S 输入端的信号状态变为 0，只要定时器运行，输出端 Q 的信号状态就为 1。如果在定时器运行期间输入端 S 的信号状态从 0 变为 1，则将使用预设的时间值重新启动定时器。如果在定时器运行期间复位端 R 的信号从 0 变为 1，则定时器将被复位，当前时间也被置为 0。可在 BI 和 BCD 上观察当前剩余的时间值。

（3）扩展脉冲定时器时序图

扩展脉冲定时器工作原理如图 2-24 所示，自行分析其工作过程。

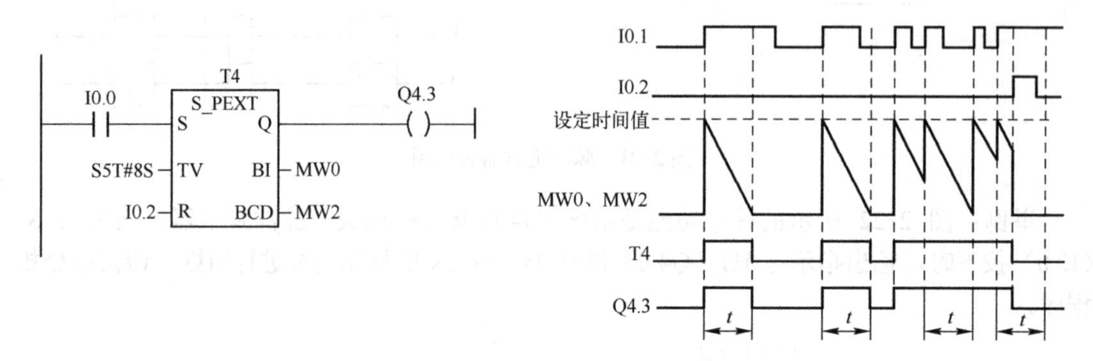

图 2-24　扩展脉冲定时器时序图

举例：图 2-25 所示程序功能是利用扩展脉冲定时器设计电动机延时自动关闭控制，请自行分析程序。

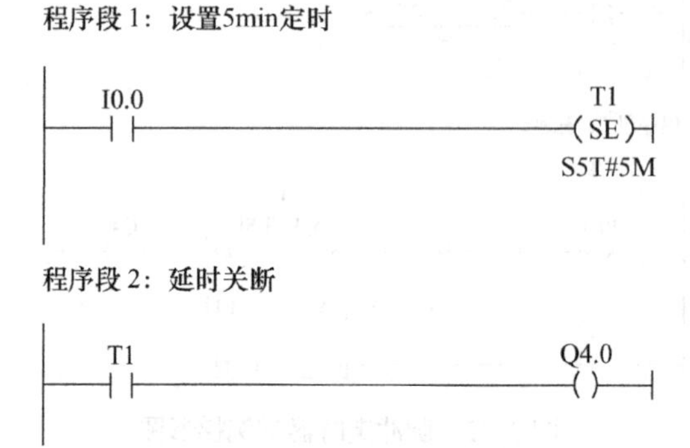

图 2-25　扩展脉冲定时器举例梯形图

3．S_ODT（接通延时定时器）

S_ODT（接通延时定时器）指令也有两种形式：块图指令和线圈指令如图 2-26 所示。

（1）接通延时定时器指令说明

如果在启动 S 端有一个上升沿，S_ODT 将启动指定的定时器，只要输入端 S 的信号状态为 1，定时器就以输入端 TV 指定的时间运行，定时器达到指定时间而没有出错，并且 S 输入端的信号状态一直为 1 时，输出端 Q 的信号状态就置为 1。如果定时器运行期间输入端 S 的信号状态从 1 变为 0，则定时器将停止工作。这种情况下，输出端 Q 的信号状态为 0，当前时间变为设定值。

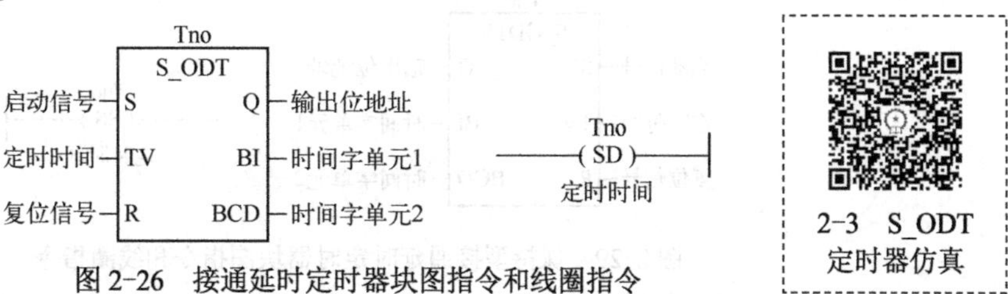

图 2-26　接通延时定时器块图指令和线圈指令

如果在定时器运行期间复位 R 输入端的信号状态从 0 变为 1，则定时器将被复位，当前时间也跟着变为设定值，输出端 Q 的状态也变为 0。在输出端 BI 和 BCD 可显示剩余时间值。

（2）接通延时定时器时序图

接通延时定时器工作时序见图 2-27。

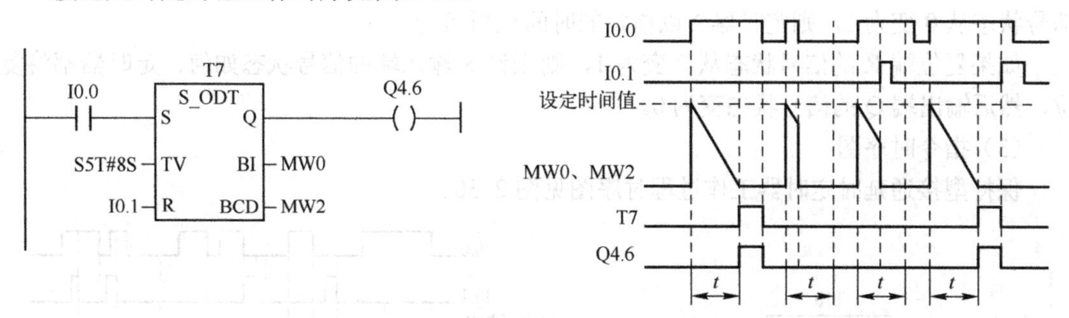

图 2-27　接通延时定时器工作时序图

举例：接通延时定时器和脉冲定时器应用：用定时器构成一脉冲发生器，当满足一定条件时，能够输出一定频率和一定占空比的脉冲信号。控制要求：当按钮 S1（I0.0）按下时，输出指示灯 H1（Q4.0）以灭 2s、亮 1s 规律交替进行。

梯形图程序见图 2-28。

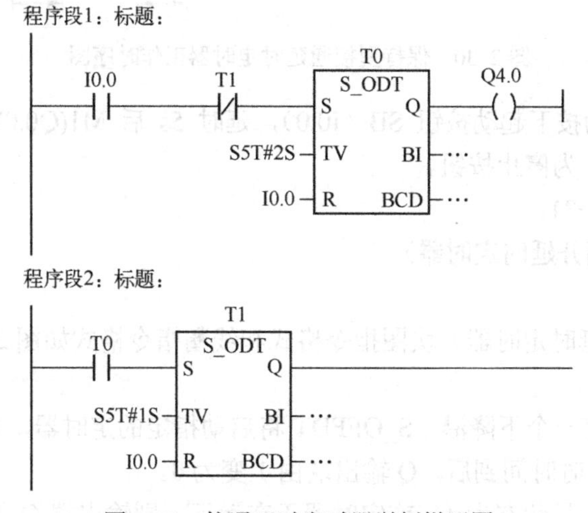

图 2-28　接通延时定时器举例梯形图

4. S_ODTS（保持型接通延时定时器）

（1）指令格式

S_ODTS（保持型接通延时定时器）的块指令和线圈指令格式见图 2-29。

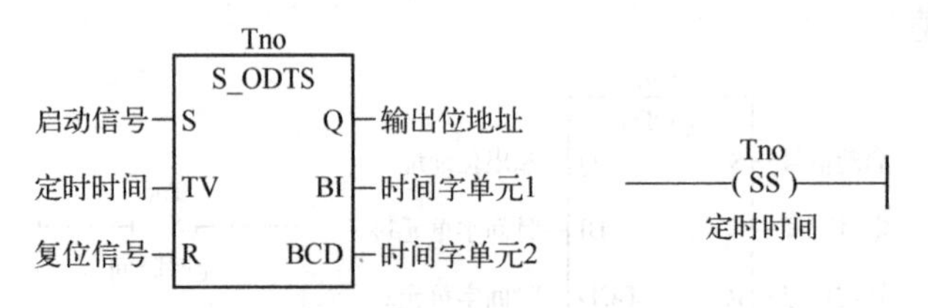

图 2-29　保持型接通延时定时器块图指令和线圈指令

（2）指令说明

如果在启动 S 端有一个上升沿，S_ODTS 将启动指定的定时器，定时器就以输入端 TV 指定的时间运行，即使在设定的时间结束前，S 端信号变为 0，定时器也要运行到预设的时间。定时器达到指定时间，输出端 Q 的信号状态就置为 1。如果在定时器运行时输入端 S 的信号状态从 0 变为 1，则定时器将以指定的时间重新启动。

如果复位端 R 的信号状态从 0 变为 1，则无论 S 输入端的信号状态如何，定时器都将复位，然后输出端 Q 的信号状态变为 0。

（3）指令时序图

保持型接通延时定时器工作过程时序图见图 2-30。

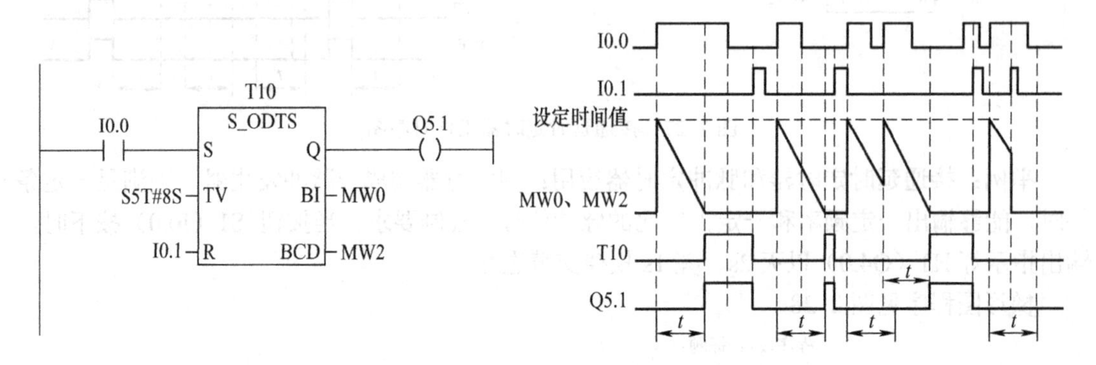

图 2-30　保持型接通延时定时器工作时序图

举例：控制要求为按下起动按钮 SB（I0.0），延时 5s 后 M1(Q0.0)起动，再延时 10s 后 M2（Q0.1）起动。I0.1 为停止按钮。

梯形图程序见图 2-31。

5. S_OFFDT（断开延时定时器）

（1）指令格式

S_OFFDT（断开延时定时器）块图指令格式和线圈指令格式如图 2-32 所示。

（2）指令说明

如果在启动 S 端有一个下降沿，S_OFFDT 将启动指定的定时器，定时器就以输入端 TV 指定的时间运行，当定时时间到后，Q 输出端由 1 变为 0。

如果 S 输入端的信号状态为 1，或定时器正在运行，则输出端 Q 的状态为 1；如果在定时器运行期间输入端 S 的信号状态从 0 变为 1，则定时器复位，直到输入端 S 的信号状态再次从 1 变为 0 后，定时器才能重新启动。如果在定时器运行期间复位 R 输入端的状态从 0 变为 1，则定时器将被复位。

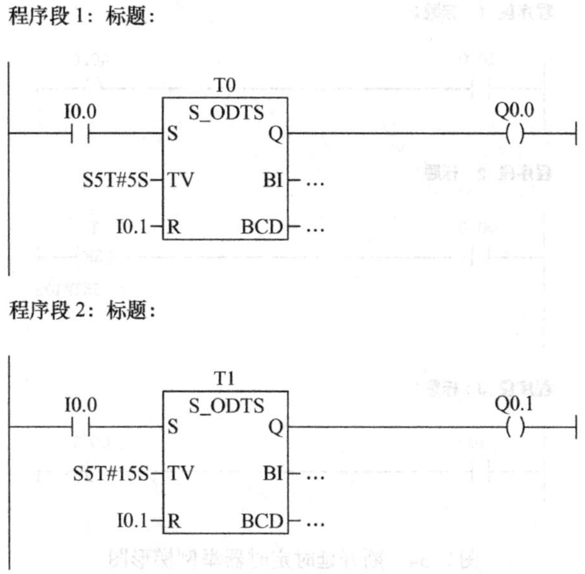

程序段 1：标题：

T0
I0.0
S_ODTS
S　Q
Q0.0
S5T#5S TV　BI …
I0.1 R　BCD …

程序段 2：标题：

T1
I0.0
S_ODTS
S　Q
Q0.1
S5T#15S TV　BI …
I0.1 R　BCD …

图 2-31　保持型接通延时定时器举例梯形图

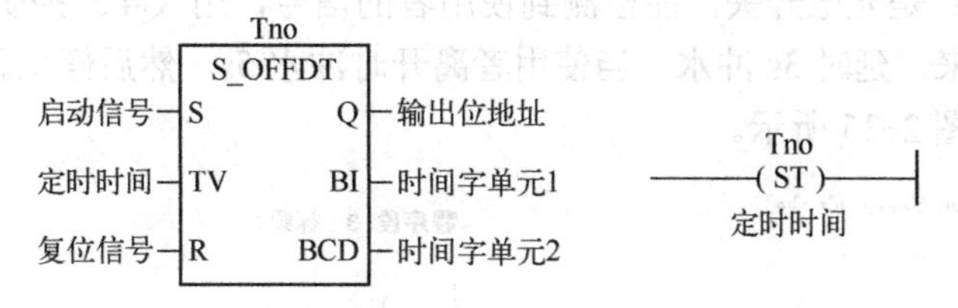

图 2-32　断开延时定时器块图指令和线圈指令

BI 和 BCD 端显示当前剩余时间值。

（3）断开延时定时器时序图

断开延时定时器工作时序图如图 2-33 所示。

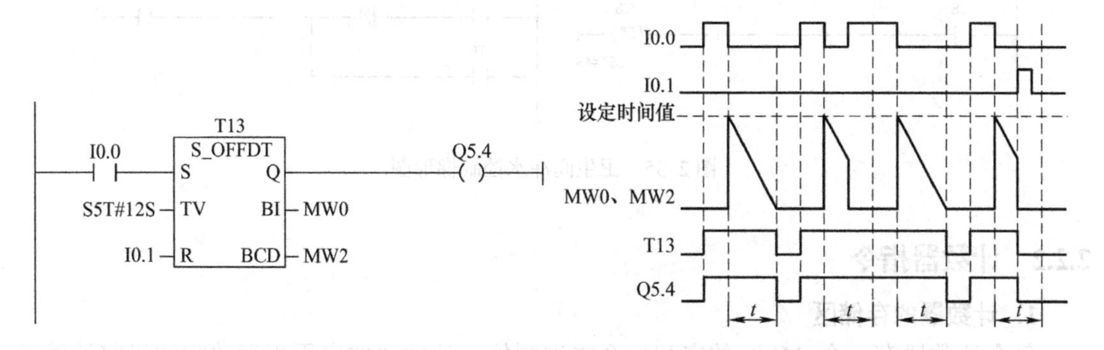

图 2-33　断开延时定时器时序图

举例：断电延时定时器的应用。

控制要求：合上开关 SA（I0.0），HL1（Q0.0）和 HL2（Q0.1）亮，断开 SA，HL1 立即熄灭，过 10s 后 HL2 自动熄灭。梯形图程序见图 2-34。

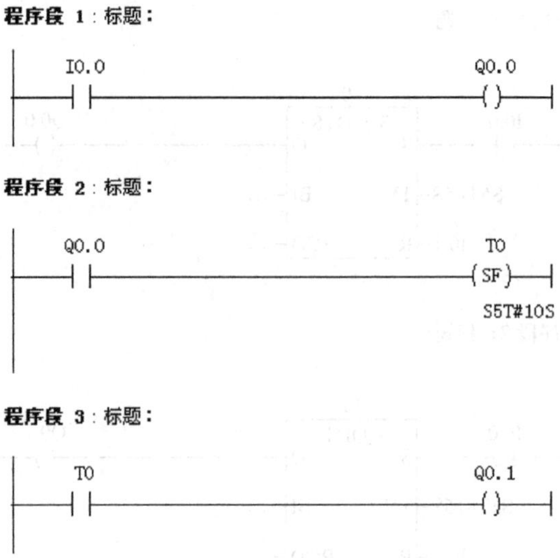

程序段 1：标题：
I0.0
Q0.0
程序段 2：标题：
Q0.0
T0
SF
S5T#10S
程序段 3：标题：
T0
Q0.1

图 2-34　断开延时定时器举例梯形图

举例：定时器应用——卫生间冲水控制电路。

控制要求：I1.2 是光电开关，能检测到使用者的信号，用 Q4.5 控制冲水电磁阀。如果检测到有使用者过来，延时 3s 冲水，当使用者离开时冲水 5s，然后停止。

梯形图程序如图 2-35 所示。

OB1 : "Main Program Sweep (Cycle)"
程序段 1：标题：
I1.2
T5
SD
S5T#3S
程序段 2：标题：
T5
T6
SF
S5T#4S
程序段 3：标题：
I1.2
T7
SF
S5T#5S
程序段 4：标题：
T7
I1.2
Q4.5
T6

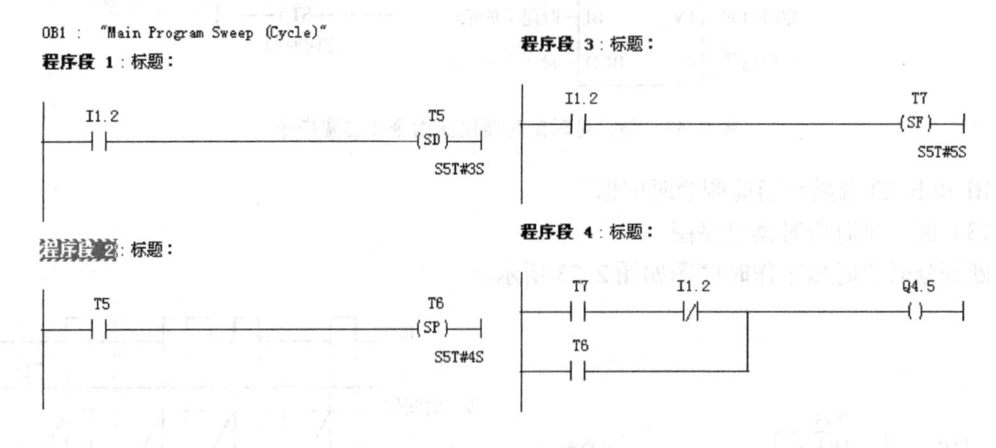

图 2-35　卫生间冲水控制梯形图

2.2.2　计数器指令

1. 计数器的存储区

每个计数器有一个 16bit 的字和一个二进制位，计数器的字用来存放它的当前计数值（见图 2-36），计数器触点的状态由它的位的状态决定。S7-300 的计数器个数（128～2048

个）与 CPU 的型号有关。

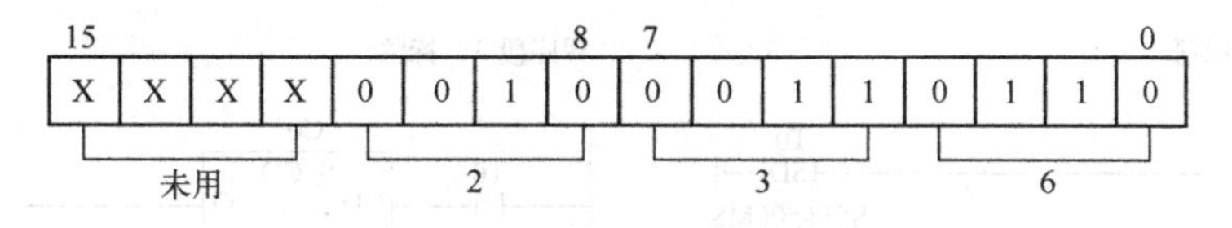

图 2-36　计数器字

计数器字的 0～11 位是计数值的 BCD 码，计数值的范围为 0～999，例如，图 2-36 中所示计数值为 236。用格式 C#表示计数器的设定值。计数器指令有两种形式，即块图形式指令和线圈形式指令。计数器指令分为加计数器、减计数器和加减计数器。

2．加计数器 S_CU

加计数器 S_CU 指令格式如图 2-37 所示，其中，“???”为计数器的编号，其编号范围与 CPU 型号有关；“CU”为加计数器输入端，该端每出现一个上升沿，计数器当前值自动“加 1”，当计数器当前值为 999 时，计数值保持为 999，加“1”操作无效；“S”为预置信号输入端，该端出现上升沿时，将计数初值作为当前值；“PV”端为计数初值输入端，初值的范围为 0～999，可以直接输入 BCD 码形式的立即数（比如：C#123），也可以通过字存储器为计数器提供初始值；“R”端为计数器复位信号输入端，只要该端出现上升沿，计数器就会立即复位。复位后计数器的当前值变为 0，输出状态也为 0；“CV”端为以整数形式显示或输出的计数器当前值，该端可以接各种字存储器（如 MW4），也可以悬空不放；“CV_BCD”端为以 BCD 码形式显示或输出的计数器当前值，如 C#350，也可以悬空；“Q”端为计数器状态输出端，只要计数器的当前值不为 0，计数器的状态就为 1，该端可以连接存储器，也可以悬空。

3．减计数器 S_CD

减计数器 S_CD 指令格式有两种形式，线圈指令格式和块图指令格式。块图指令格式如图 2-38 所示。

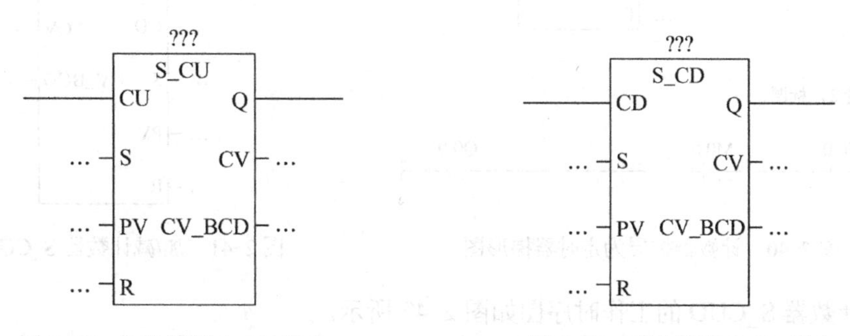

图 2-37　加计数器 S_CU 指令　　图 2-38　减计数器 S_CD 指令

块图格式中“CD”端为减计数输入端，该端每出现一次上升沿，计数器当前值就“减 1”，其他各个端子含义与加计数器相同，不再赘述。

举例：用计数器和定时器实现长时间定时。

图 2-39 中梯形图可以实现开机后，Q0.0 通电，定时 10s 后 Q0.0 自动断电的功能。试分析该程序最长能够定时多少秒？

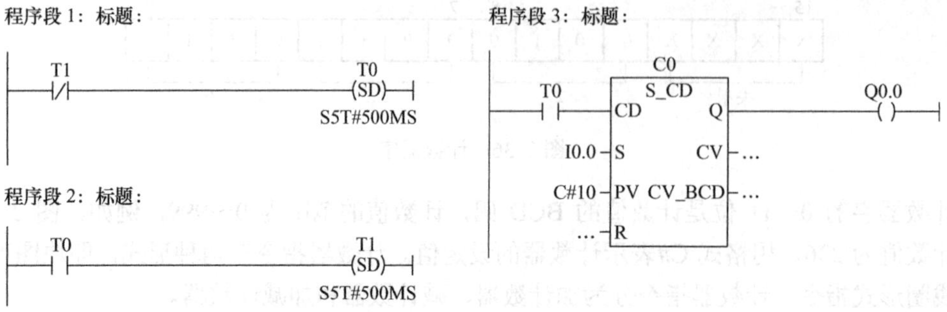

图 2-39　计数器实现长定时梯形图

举例：计数器扩展为定时器，时钟存储器与计数器结合应用。试分析图 2-40 中梯形图的功能（其中 M10.0 为时钟存储器中定义的频率为 10Hz 的周期脉冲）。

在 CPU 中设置 MB10 为时钟存储器功能，那么 M10.0 就自动以 10Hz 频率闪烁，I0.0 接通后，当 M10.0 闪烁 100 次后 Q0.0 接通。

4．加/减计数器 S_CUD

加/减计数器 S_CUD 的指令格式如图 2-41 所示，其中，“CU”端是加计数端，“CD”端是减计数端，其他端子功能与其他计数器相同。

2-4　S_CUD 计数器仿真

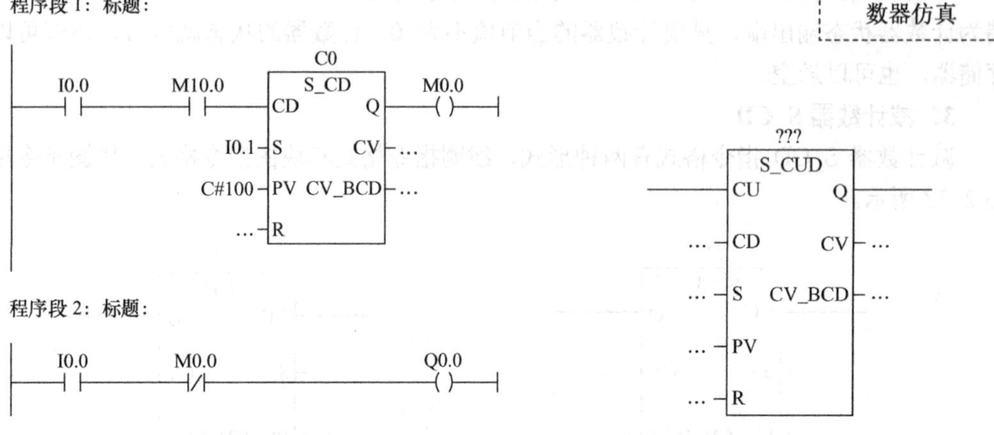

图 2-40　计数器扩展为定时器梯形图　　图 2-41　加/减计数器 S_CUD 指令

加/减计数器 S_CUD 的工作时序图如图 2-42 所示。

5．计数器的线圈指令

除了前面介绍的块图形式的计数器指令以外，S7-300 系统还为用户准备了 LAD 环境下的线圈形式的计数器。这些指令有计数器初值预置指令 SC、加计数器指令 CU 和减计数器指令 CD，如图 2-43 所示。

1）初值预置 SC 指令若与 CU 指令配合可实现 S_CU 指令的功能，梯形图如图 2-44 所示。

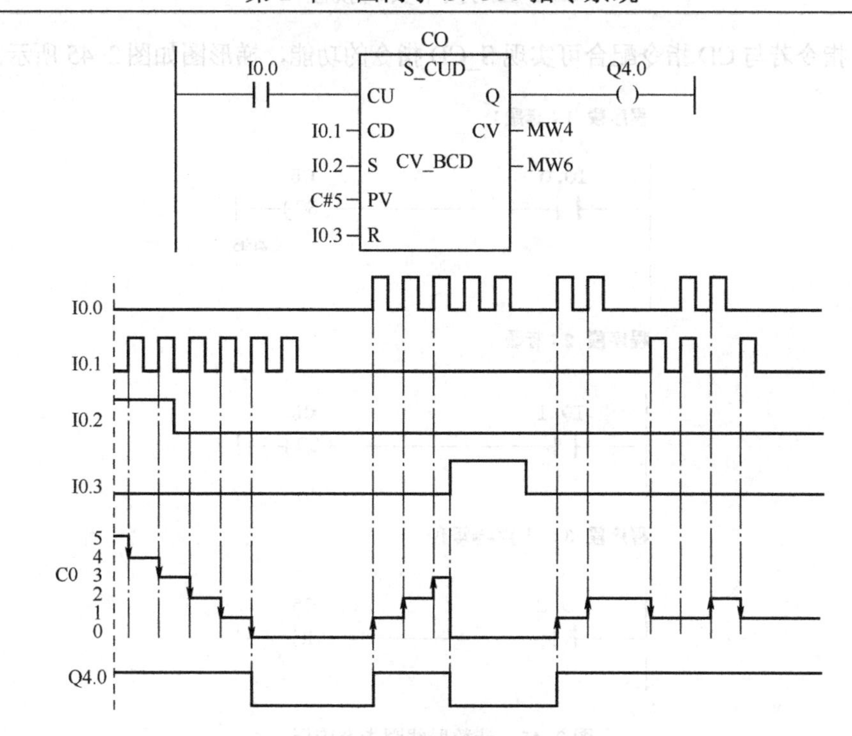

图 2-42　加/减计数器 S_CUD 指令工作时序图

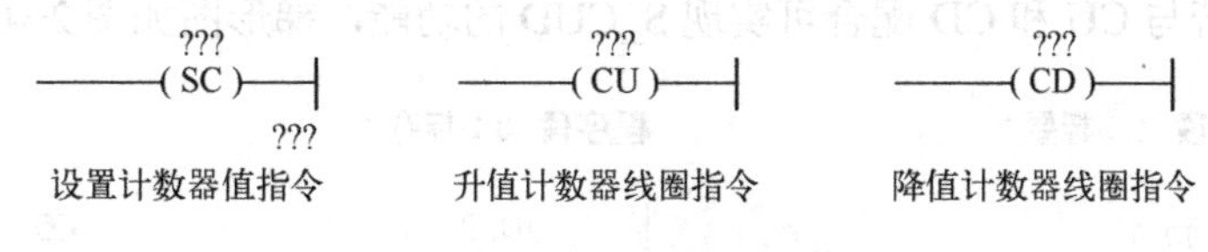

图 2-43　计数器线圈指令

OB1 :　"Main Program Sweep (Cycle)"

程序段 1：设置计数器C4的值

I0.0　C4 (SC) C#66

程序段 2：启动升值计数器C4

I0.1　C4 (CU)

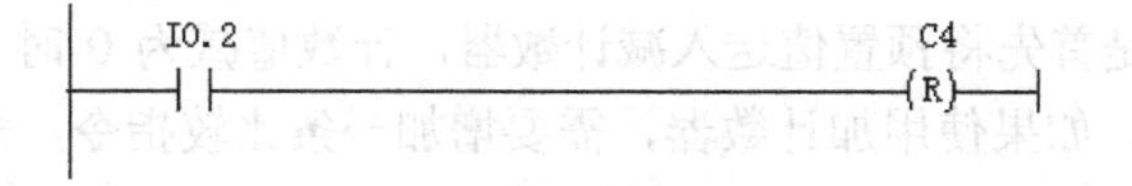

图 2-44　计数器线圈指令应用

2）SC 指令若与 CD 指令配合可实现 S_CD 指令的功能，梯形图如图 2-45 所示。

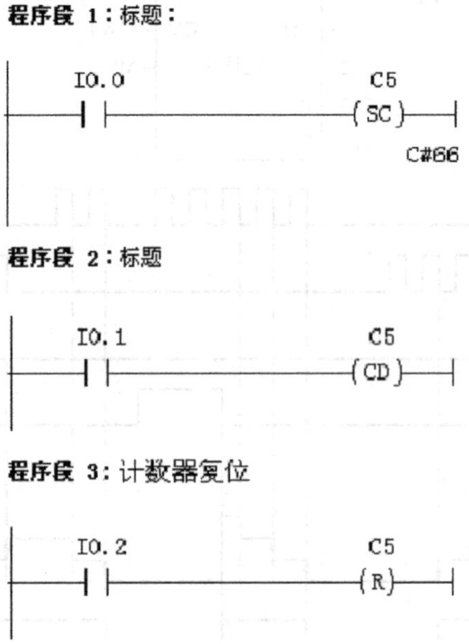

程序段 1：标题：

I0.0 C5 (SC) C#66

程序段 2：标题

I0.1 C5 (CD)

程序段 3：计数器复位

I0.2 C5 (R)

图 2-45　计数器线圈指令应用

3）SC 指令若与 CU 和 CD 配合可实现 S_CUD 的功能，梯形图如图 2-46 所示。

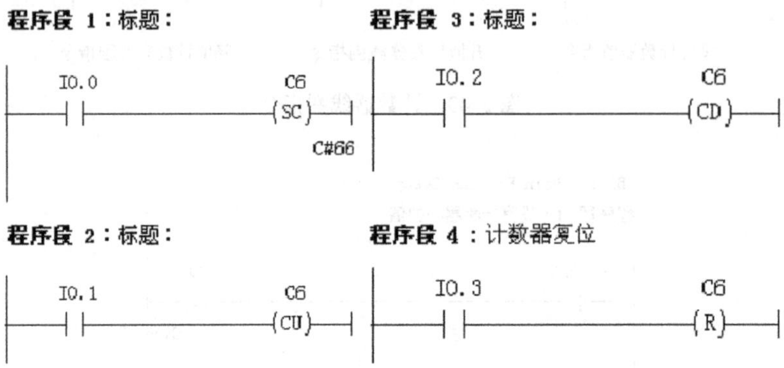

程序段 1：标题：

I0.0 C6 (SC) C#66

程序段 2：标题：

I0.1 C6 (CU)

程序段 3：标题：

I0.2 C6 (CD)

程序段 4：计数器复位

I0.3 C6 (R)

图 2-46　计数器线圈指令应用

计数器指令在使用过程中应注意以下几点：

1）计数器当前计数值大于 0 时，计数器位（即输出 Q）为 1 状态；当前计数值为 0 时，输出 Q 为 0 状态。

2）计数器一般用来在计数了预置值指定的脉冲个数后，进行某种操作。为了实现这一要求，最简单的方法是首先将预置值送入减计数器，计数值减为 0 时，其常闭触点闭合，用它来完成要做的动作。如果使用加计数器，需要增加一条比较指令，来判断计数值是否等于预置值。

2.2.3　实训：洗衣机控制

【任务提出】

编制洗衣机清洗控制程序。

当按下起动按钮对应的 I0.0 后，电动机先正转 10s，停 10s，然后反转 10s，停 10s，如此反复 3 次，自动停止清洗。当按下停止按钮 I0.1 后，停止清洗。

【任务分析】

根据控制要求，本实训的电路图可参照 2.1.2 中的图 2-10 和图 2-11，主电路为电动机的正反转，想要完成本项目，必须掌握 S7-300 PLC 的定时器指令，在本项目提供的程序中用的是扩展型脉冲定时器。

【任务实施】

1．PLC 硬件配置及接线

本项目硬件配置可参考 2.1.2 中的硬件配置。系统电路的设计与接线参考 2.1.2 中该部分描述。

2．创建工程项目

打开 SIMATIC Manager 对话框，单击“文件”→“新建”菜单项，新建一个空项目文档，并命名为“洗衣机控制”。

3．硬件组态

参考 2.1.2 内容。

4．编辑符号表

编辑符号表如图 2-47 所示。

	状态	符号 /	地址		数据类型	注释
1		启动按钮	I	0.0	BOOL	
2		停止按钮	I	0.1	BOOL	
3		电机正转线圈	Q	0.0	BOOL	
4		电机反转线圈	Q	0.1	BOOL	
5						

图 2-47　符号表

5．程序设计

梯形图程序见图 2-48。

6．运行与调试

按下起动按钮一瞬间，M0.0 线圈通电一次，触发扩展脉冲定时器 T1 工作并导致正转线圈通电 10s，正转线圈通电 10s 结束的一瞬间产生下降沿，触发扩展脉冲定时器 T2 工作并导致 M0.2 线圈通电 10s，此时静止无动作；M0.2 线圈断电一瞬间，触发扩展脉冲定时器 T3 工作并导致反转线圈通电 10s，随后再静止 10s，静止 10s 结束后触发 M1.0 通电一次，使系统进入第二次循环，当此循环大于或等于 3 次的时候，即 MW1 的值大于或等于 3 的时候，M1.1 通电，停止进入下一轮循环。当运行过程中按下停止按钮 I0.1，扩展脉冲定时器 T1、T2、T3、T4 均复位，程序立即停止运行。

OB1 : "Main Program Sweep (Cycle)"

程序段 1：标题：

I0.0
"起动按钮"
M1.1
M0.0
M1.0

程序段 2：标题：

T1
S_PEXT
M0.0
S Q
Q0.1
"电机反转线圈"
Q0.0
"电机正转线圈"
S5T#10S – TV BI –...
I0.1
"停止按钮" – R BCD –...

程序段 3：标题：

Q0.0
"电机正转线圈"
M0.1
(N)
T2
S_PEXT
S Q
M0.2
S5T#10S – TV BI –...
I0.1
"停止按钮" – R BCD –...

程序段 4：标题：

M0.2
M0.3
(N)
T3
S_PEXT
S Q
Q0.0
"电机正转线圈"
Q0.1
"电机反转线圈"
S5T#10S – TV BI –...
I0.1
"停止按钮" – R BCD –...

程序段 5：标题：

Q0.1
"电机反转线圈"
M0.4
(N)
T4
S_PEXT
S Q
M0.5
S5T#10S – TV BI –...
I0.1
"停止按钮" – R BCD –...

程序段 6：标题：

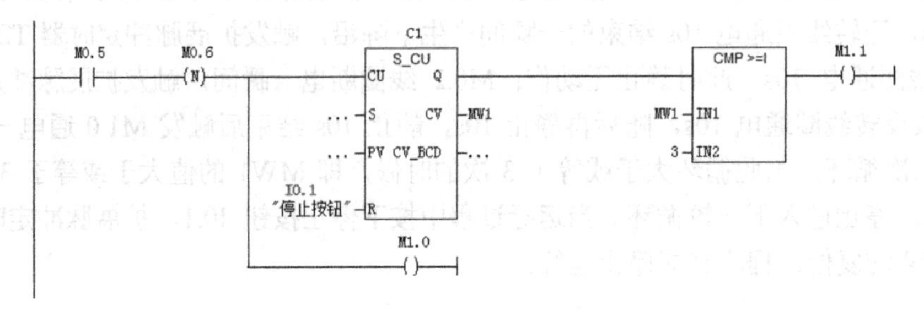

图 2-48　梯形图

2.3　数据处理指令应用

2.3.1　数据处理基础

数据类型决定数据的属性，在符号表、数据块和块的局部变量声明表中定义变量时，都需要指定变量的数据类型。在 STEP 7 中，数据类型分为三大类：基本数据类型、复杂数据类型和参数类型。

基本数据类型定义不超过 32bit 的数据，可以装入 S7 处理器的累加器中，可利用 STEP 7 基本指令处理。每一种数据类型都具备关键字、数据长度、取值范围和常数表示形式等属性。如表 2-5 所示。

表 2-5　基本数据类型

类　型	位	表示形式	数据与范围	示　例
布尔（BOOL）	1	布尔	0/1	触点的闭合、断开
字节（BYTE）	8	16 进制数	B#16#0～B#16#FF	B#16#30
字（WORD）	16	二进制数	2#0～2#1111_1111_1111_1111	2#0000_0001_1001_1000
		16 进制数	W#16#0～W#16#FFFF	W#16#0A0B
		BCD 码	C#0～C#999	C#123
		无符号十进制数	B#（0，0）～B#（255，255）	B#（10，0）
双字（DWORD）	32	16 进制数	DW#16#0000_0000～DW#16#FFFF_FFFF	DW#16#1234_ABCD
		无符号十进制数	B#（0，0，0，0）～B#（255，255，255，255）	B#（2，25，30，40）
字符（CHAR）	8	ASCII 字符	可打印的 ASCII 字符	‘A’、‘B’等
整数（INT）	16	有符号十进制数	-32768～+32767	-50
长整数（DINT）	32	有符号十进制数	L#-214783648～L#+214783648	L#60
实数（REAL）	32	IEEE 浮点数	±1.175495e-38～±3.402823e+38	L 2.3456e+2
时间（TIME）	32	IEC 时间，分辨率 1ms	T#-24D_20H_31M_23S_648MS～T#24D_20H_31M_23S_647MS	T#8D_20H_31M_10S_6MS
日期（DATA）	32	IEC 日期，分辨率 1 天	D#1990_1_1～D#2168_12_31	D#2018_1_1
实时时间（Time_Of_Daytod）	32	实时时间，分辨率 1ms	TOD#0:0:0～TOD#23:59:59.999	TOD#8:30:40.12
S5 系统时间（S5TIME）	32	S5 时间	S5T#0H_0M_10MS～S5T#2H_46M_30S_0MS	S5T#1H_0M_10MS

2.3.2　传送（MOVE）指令

（1）指令格式

传送（MOVE）指令将源数据传送到目的地址。不需要经过累加器中转，能够复制字节（B）、字（W）、双字（DW），常用来赋值。指令格式如图 2-49 所示。

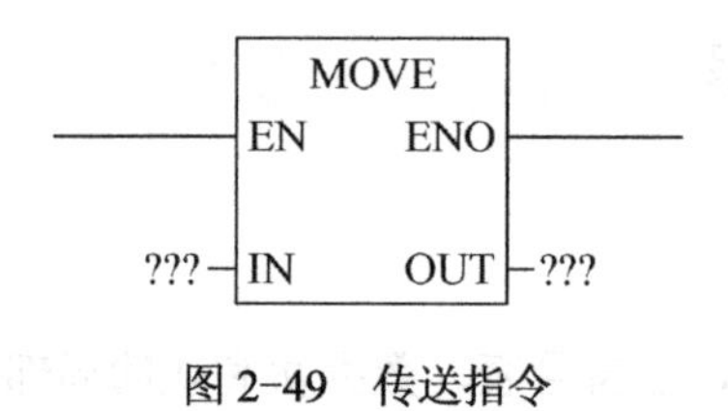

图 2-49　传送指令

（2）指令说明

IN 端为被传送数据输入端；OUT 端为数据接收端；EN 为使能端。只有当 EN 信号的 RLO 为“1”时，才允许执行数据传送操作，将 IN 端的数据传送到 OUT 端所指定的存储器；ENO 为使能输出，其状态跟随 EN 信号而变化。应用中 IN 和 OUT 端的操作数可以是常数、I、Q、M、D、L 等，输入变量和输出变量的数据类型可以不同，但在数据宽度上必须匹配。

举例：MOVE 指令应用示例，如图 2-50 所示。

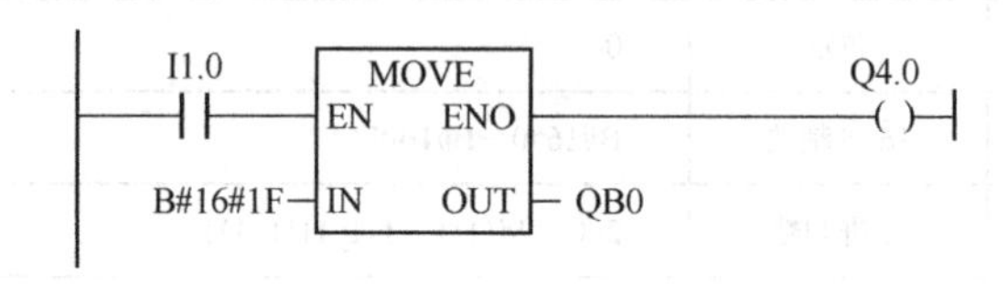

图 2-50　传送指令应用举例

当 I1.0 为“1”时，将 8 位 16 进制数据 1F 赋值给 QB0，同时置位 Q4.0，使用 MOVE 传送指令后 QB0 中的 Q0.0～Q0.4 为 1，Q0.5～Q0.7 为 0，如图 2-51 所示。

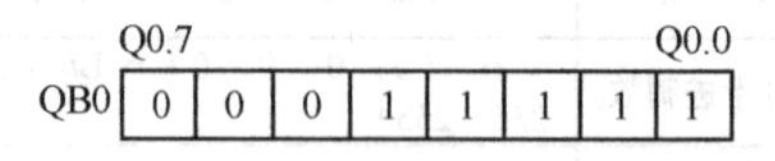

图 2-51　传送指令应用举例

2.3.3　实训：彩灯控制

【任务提出】

控制要求：有 8 盏彩灯，按钮 S1 按下，8 盏灯全亮；按钮 S2 按下，偶数灯亮；按钮 S3 按下，奇数灯亮；按钮 S4 按下，8 盏灯全灭。

【任务分析】

用传送指令给 QB0 赋不同的值，8 盏灯就会有不同的亮灭，首先需要掌握 QB0 是一个字节（8bit）数据，包含 Q0.7～Q0.0 这 8bit 输出，其中 Q0.7 为最高位，Q0.0 为最低位。例如：需要 8 盏灯全亮的时候只需要用传送指令为 QB0 赋 FF 即可。

【任务实施】

1．PLC 硬件配置及接线

本项目硬件配置可参考实训 2.1.2 节中的硬件配置。系统电路的设计与接线参考 2.1.2 节中该部分描述。

根据控制要求，输入信号共有 4 点，S1～S4 全部为常开按钮，接 I0.0～I0.3；输出信号有 8 个，分别接 Q0.0～Q0.7，PLC 硬件接线图如图 2-52 所示。

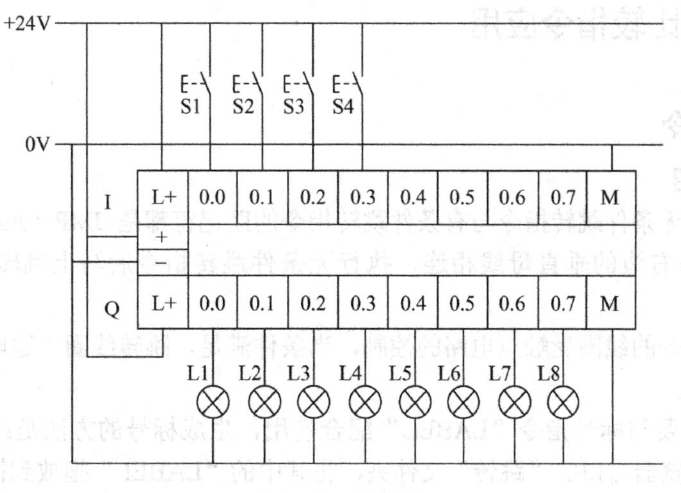

图 2-52　接线图

2．创建工程项目

打开 SIMATIC Manager 对话框，单击“文件”→“新建”菜单项，新建一个空项目文档，并命名为“彩灯控制”。

3．硬件组态

参考实训 2.1.2 节中描述。

4．编辑符号表

I/O 分配参考接线图。

5．程序设计

梯形图程序见图 2-53。

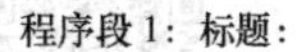

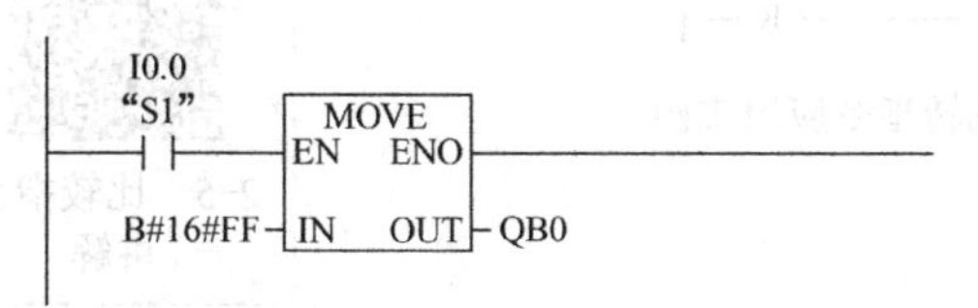

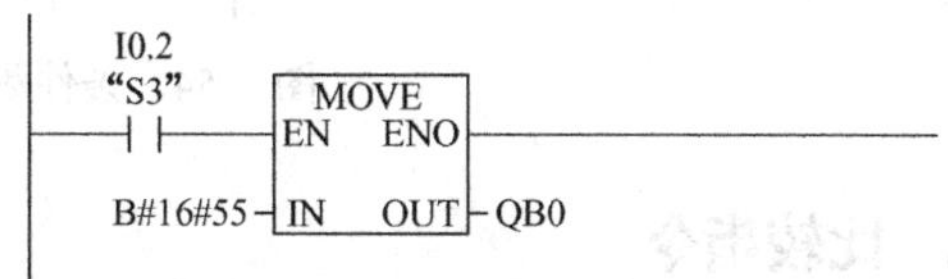

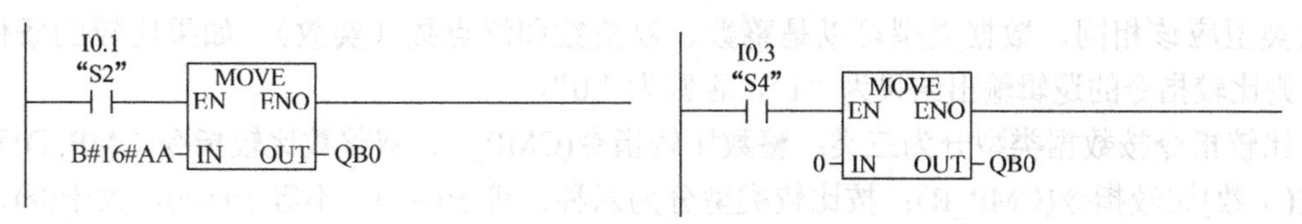

图 2-53　梯形图

6．调试运行

当 B#16#FF 传送给 QB0 时，8 盏灯全亮，当 B#16#55 即二进制数“01010101”被传送给 QB0 时，第 1、3、5、7 盏灯亮，即奇数灯亮；同理，当 B#16#AA 即二进制数

“10101010”被传送给 QB0 时，第 2、4、6、8 盏灯亮，即偶数灯亮。

2.4 跳转、比较指令应用

2.4.1 跳转指令

1. 指令介绍

梯形图中的无条件跳转指令与有条件跳转指令的助记符都是 JMP（Jump），无条件跳转指令线圈直接与右边的垂直母线相连，执行无条件跳转指令后马上跳转到指令给出的标号处。

条件跳转指令的线圈受触点电路的控制，当条件满足、跳转线圈“通电”时，跳转到指令给出的标号处。

跳转指令需要与标号指令“LABEL”配合使用，生成标号的方法是：打开梯形图编辑器左边的指令浏览器窗口的“跳转”文件夹，将其中的“LABEL”拖放到梯形图中。再双击“？？？”，输入标号。标号指令必须放在一个程序段开始的地方。

2. 举例

分析图 2-54 中程序：如果 I0.0 = 1，则执行跳转到标号 CAS1。由于此跳转的存在，即使 I0.3 处有逻辑“1”，也不会执行复位输出 Q4.0 的指令。

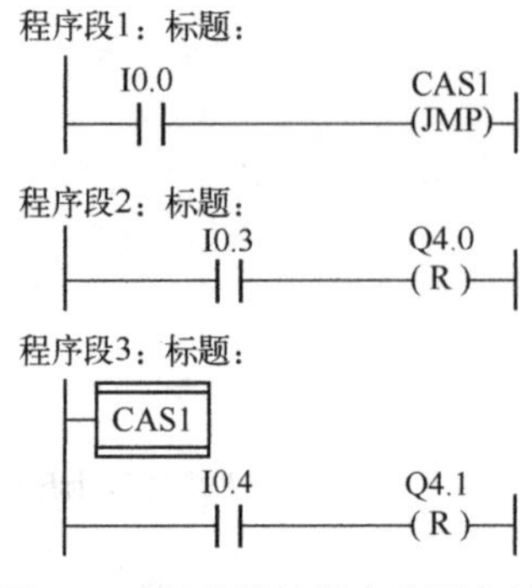

图 2-54　条件跳转指令应用实例

2-5　比较指令讲解

2.4.2 比较指令

STEP 7 中的比较指令用于比较累加器 1 与累加器 2 中的数据大小，被比较的两个数的数据类型应该相同。数据类型可以是整数、双整数和浮点数（实数）。如果比较的条件满足，则比较指令的逻辑输出结果为“1”，否则为“0”。

比较指令按数据类型分为三类：整数比较指令(CMP_I)、双整数比较指令(CMP_D)和浮点数(实数)比较指令(CMP_R)；按比较类型分为六种：等于(==)、不等于(<>)、大于(>)、小于(<)、大于或等于(>=)、小于或等于(<=)。

1. 整数比较指令

整数比较指令包括整数相等、整数不等、整数大于、整数小于、整数大于或等于和整数小于或等于 6 种。指令格式如图 2-55 所示。

STL指令	LAD指令	FBD指令	说明	STL指令	LAD指令	FBD指令	说明
= = I	CMP==D IN1 IN2	CMP==I IN1 IN2	整数 相等 (EQ_I)	<I	CMP<I IN1 IN2	CMP<I IN1 IN2	整数 小于 (LT_I)
< >I	CMP<>I IN1 IN2	CMP<>I IN1 IN2	整数 不等 (NE_I)	>=I	CMP>=I IN1 IN2	CMP>=I IN1 IN2	整数 大于或等于 (GE_I)
>I	CMP>D IN1 IN2	CMP>I IN1 IN2	整数 大于 (GT_I)	<=I	CMP<=I IN1 IN2	CMP<=I IN1 IN2	整数 小于或等于 (LE_I)

图 2-55　整数比较指令格式

举例：试分析用计数器、比较指令设计的程序，如图 2-56 所示。该程序实现的功能为：按钮 I0.0 闭合 5 次之后，输出 Q0.0；按钮 I0.0 闭合 10 次之后，输出 Q0.1；按钮 I0.0 闭合 15 次后，计数器及所有输出自动复位。手动复位按钮（常开触点）为 I0.1。

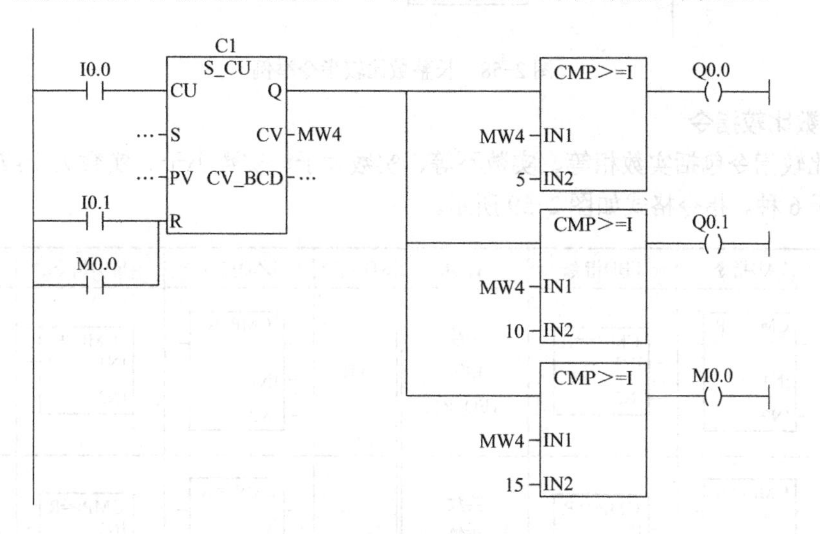

图 2-56　整数比较指令举例

2. 长整数比较指令

长整数比较指令包括长整数相等、长整数不等、长整数大于、长整数小于、长整数大于或等于和长整数小于或等于 6 种。指令格式如图 2-57 所示。

举例：如图 2-58 所示，当 MD0 的内容大于或等于 MD4 中的内容时，则 Q4.0 驱动为 ON。

STL指令	LAD指令	FBD指令	说明	STL指令	LAD指令	FBD指令	说明
= =D	CMP==D IN1 IN2	CMP==D IN1 IN2	长整数 相等 (EQ_D)	<D	CMP<D IN1 IN2	CMP<D IN1 IN2	长整数 小于 (LT_D)
< >D	CMP<>D IN1 IN2	CMP<>D IN1 IN2	长整数 不等 (NE_D)	>=D	CMP>=D IN1 IN2	CMP>=D IN1 IN2	长整数 大于或等于 (GE_D)
>D	CMP>D IN1 IN2	CMP>D IN1 IN2	长整数 大于 (GT_D)	<=D	CMP<=D IN1 IN2	CMP<=D IN1 IN2	长整数 小于或等于 (LE_D)

图 2-57　长整数比较指令格式

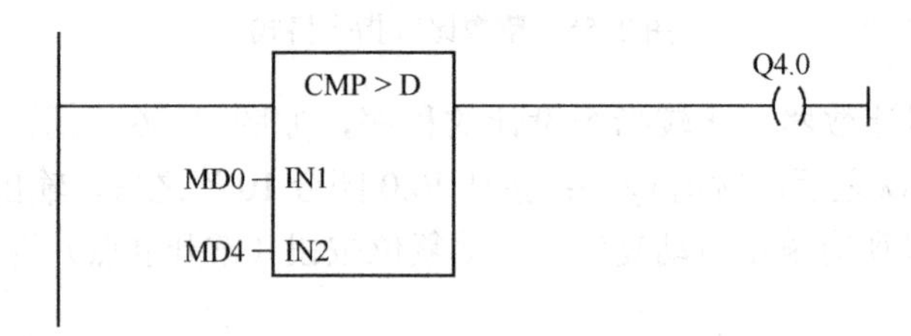

图 2-58　长整数比较指令举例

3. 实数比较指令

实数比较指令包括实数相等、实数不等、实数大于、实数小于、实数大于或等于和实数小于或等于 6 种。指令格式如图 2-59 所示。

STL指令	LAD指令	FBD指令	说明	STL指令	LAD指令	FBD指令	说明
= =R	CMP==R IN1 IN2	CMP==R IN1 IN2	实数 相等 (EQ_R)	<R	CMP<R IN1 IN2	CMP<R IN1 IN2	实数 小于 (LT_R)
< >R	CMP<>R IN1 IN2	CMP<>R IN1 IN2	实数 相等 (EQ_R)	>=R	CMP>=R IN1 IN2	CMP>=R IN1 IN2	实数 大于或等于 (GE_R)
>R	CMP>R IN1 IN2	CMP>R IN1 IN2	实数 相等 (EQ_R)	<=R	CMP<=R IN1 IN2	CMP<=R IN1 IN2	实数 小于或等于 (LE_R)

图 2-59　实数比较指令格式

举例：如图 2-60 所示，当 MD0 的内容大于 MD4 中的内容时，则 Q4.0 驱动为 ON。

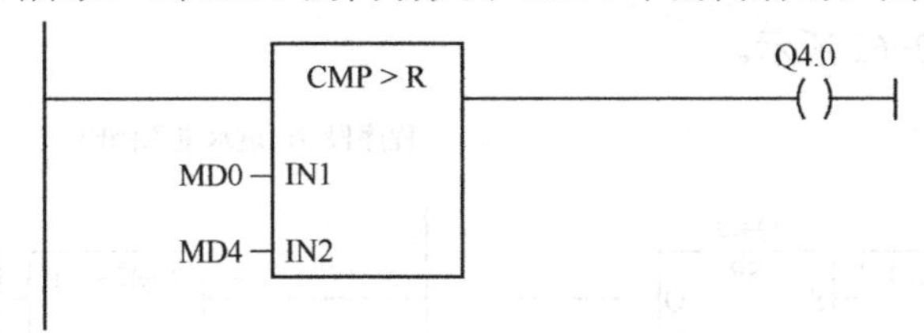

图 2-60　实数比较指令举例

2.4.3　实训：水箱水位检测与控制系统

【任务提出】

控制要求如下：

1）当水箱的水位低于 1m 时，进水阀 F1 打开，开始注水，直至水位上升至 3m 时关闭进水阀 F1，停止进水；

2）当水箱的水位低于 0.5m 时，说明进水量跟不上用户的使用量，进水阀 F2 也打开注水，直至水位上升至 3m 时关闭；

3）当水箱的水位高于 3.5m 时，说明进水阀出现故障不能正常关闭，此时应发出报警信号，提醒值班人员关闭电磁阀 F1、F2 上游的手动球阀，以便于检。同时，紧急出水电磁阀 F3 打开，使水位降至 3m 时关闭。

【任务分析】

分析控制要求，水位传感器检测的水位值属于模拟量，需要使用模拟量输入，地址为 PIW256，主要用到的指令是整数比较指令，根据水位传感器的量程，经过换算，水位 1m 的整数值为 6912，水位 3m 的整数值为 20736，水位 3.5m 的整数值为 24192，水位 0.5m 的整数值为 3456。

【任务实施】

1．PLC 硬件配置及接线

本项目硬件配置可参考 2.1.2 中的硬件配置。系统电路的设计与接线参考 2.1.2 中该部分描述。

2．创建工程项目

打开 SIMATIC Manager 对话框，单击“文件”→“新建”菜单项，新建一个空项目文档，并命名为“水位控制”。

3．硬件组态

参考 1.2.4 节。

4．编辑符号表

符号表编辑如图 2-61 所示。

S7 程序(1) (符号) -- 水箱水位检测与控制\SIMATIC 300(1)\CPU 314C-2 DP

	状态	符号	地址		数据类型	注释
1		F1	Q	...	BOOL	
2		F2	Q	...	BOOL	
3		F3	Q	...	BOOL	
4		进水阀故障报警	Q	...	BOOL	
5		液位检测	PIW	256	WORD	
6						

图 2-61　符号表

5. 程序设计

梯形图程序如图 2-62 所示。

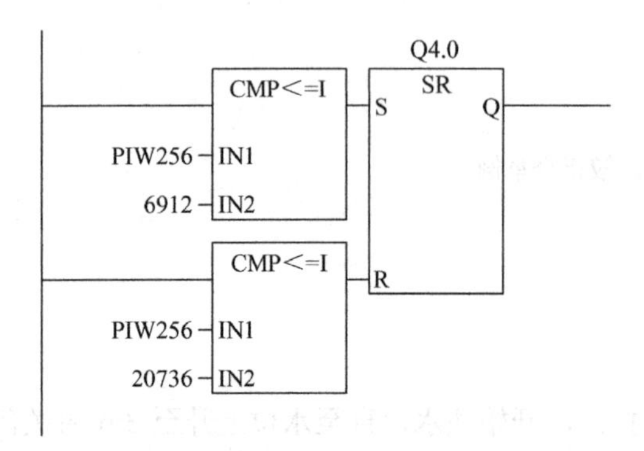

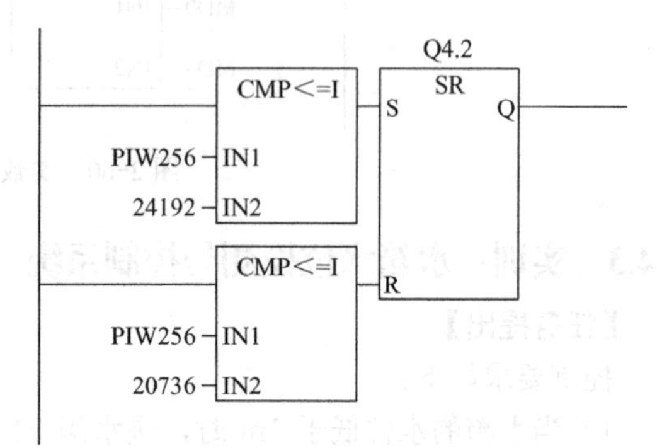

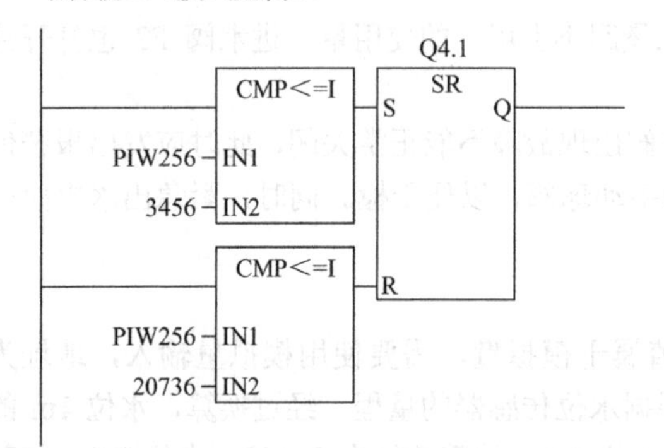

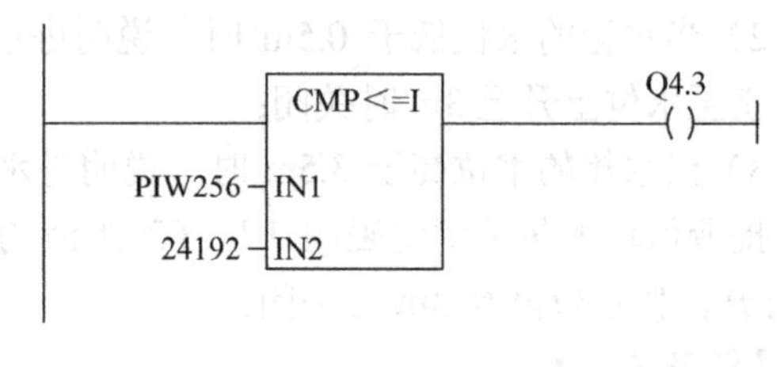

图 2-62 梯形图

2.5 算术运算指令应用

2.5.1 指令介绍

1. 整数算术运算指令

整数算术运算指令有整数加、整数减、整数乘、整数除等，指令格式及指令说明见表 2-6。

表 2-6 整数算术运算指令格式

STL 指令	LAD 符号	说明
+I	ADD_I EN ENO IN1 IN2 OUT	16 位整数相加(ADD-I)指令，将累加器 2 的低字(IN1)和累加器 1 的低字(IN2)中的 16 位整数相加，16 位结果保存在累加器 1 的低字(OUT)中
-I	SUB_I EN ENO IN1 IN2 OUT	16 位整数相减(SUB-I)指令，用累加器 2 低字(IN1)中的 16 位整数减去累加器 1 低字(IN2)中的 16 位整数，结果保存在累加器 1 低字(OUT)中

（续）

STL 指令	LAD 符号	说　明
*I	MUL_I EN ENO IN1 IN2 OUT	16 位整数相乘(MUL-I)指令，将累加器 2 低字(IN1)和累加器 1 低字(IN2)中的 16 位整数相乘，32 位乘积结果保存在累加器 1(OUT)中
/I	DIV_I EN ENO IN1 IN2 OUT	16 位整数除法(DIV-I)指令，用累加器 2 低字(IN1)中的 16 位整数除以累加器 1 低字(IN2)中的 16 位整数，16 位商保存在累加器 1 低字(OUT)中

举例：如图 2-63 所示，试用整数“加、减、乘、除”指令设计“[(739-85)÷13+30]×5=?”的 PLC 程序。控制要求：启动信号为 I0.0，运算结果存储在 MW30 中。

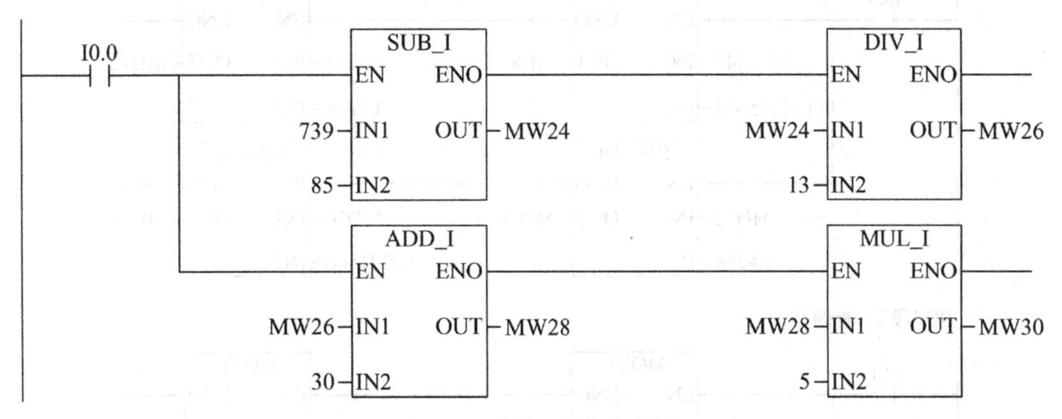

图 2-63　整数运算指令举例

2．长整数算术运算指令

长整数算术运算指令包括长整数加、长整数减、长整数乘、长整数除和长整数除法取余，见表 2-7。

表 2-7　长整数算术运算指令格式

STL 指令	LAD 符号	说　明
+D	ADD_DI EN ENO IN1 IN2 OUT	32 位整数相加(ADD-DI)指令，将累加器 1(IN2)、2(IN1)中的 32 位整数相加，32 位结果保存在累加器 1(OUT)中
-D	SUB_DI EN ENO IN1 IN2 OUT	32 位整数相减(SUB-DI)指令，用累加器 2(IN1)中的 32 位整数减去累加器 1(IN2)中的 32 位整数，结果保存在累加器 1(OUT)中
*D	MUL_DI EN ENO IN1 IN2 OUT	32 位整数相乘(MUL-DI)指令，将累加器 1(IN2)、2(IN1)中的 32 位整数相乘，乘积保存在累加器 1(OUT)中
/D	DIV_DI EN ENO IN1 IN2 OUT	32 位整数除法(DIV-I)指令，用累加器 2(IN1)中的 32 位整数除以累加器 1(IN2)中的 32 位整数，32 位商保存在累加器 1(OUT)中

（续）

STL 指令	LAD 符号	说　　明
MOD	MOD_DI EN ENO IN1 IN2 OUT	32 位整数除法取余数指令，用累加器 2(IN1)中的 32 位整数除以累加器 1(IN2)中的 32 位整数，余数保存到累加器 1(OUT)中

举例：如图 2-64 所示，试用长整数“加、减、乘、除”指令设计“(12345+2345688-248)÷269×321566=?”的 PLC 程序。

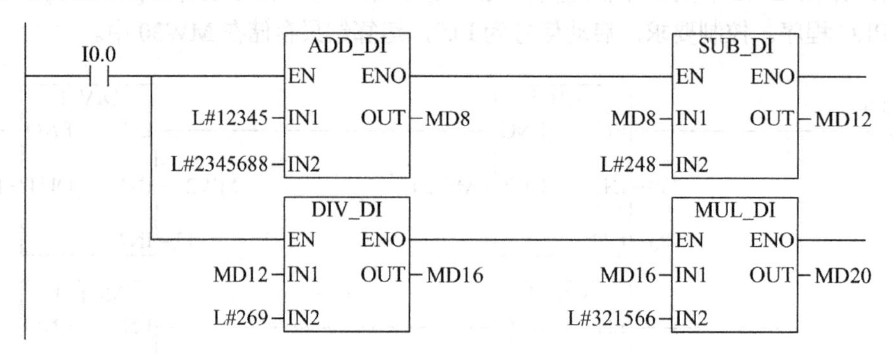

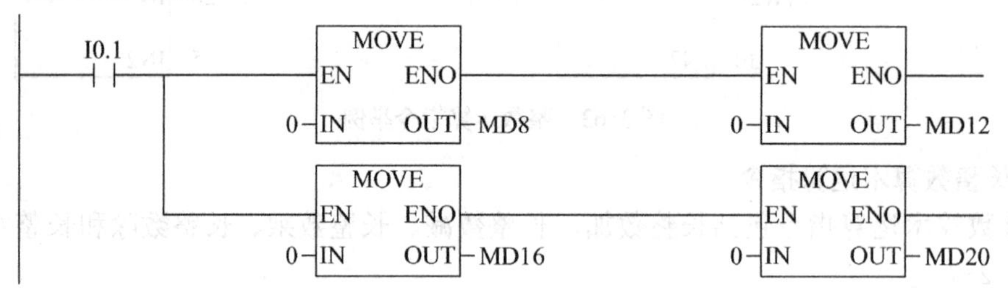

图 2-64　长整数运算指令举例

3．实数（浮点数）算术运算指令

实数（浮点数）算术运算指令包含实数加、实数减、实数乘、实数除和绝对值等运算指令，见表 2-8。

表 2-8　实数算术运算指令格式

STL 指令	LAD 符号	说　　明
+R	ADD_R EN ENO IN1 IN2 OUT	实数加，累加器 1(IN2)、2(IN1)中的 32 位浮点数相加，32 位结果保存在累加器 1(OUT)中
-R	SUB_R EN ENO IN1 IN2 OUT	实数减，用累加器 2(IN1)中的 32 位浮点数减去累加器 1(IN2)中的浮点数，结果保存在累加器 1(OUT)中

（续）

STL 指令	LAD 符号	说　明
*R	MUL_R EN ENO IN1 IN2 OUT	实数乘，将累加器 1(IN2)、2(IN1)中的 32 位浮点数相乘，乘积保存在累加器 1(OUT)中
/R	DIV_R EN ENO IN1 IN2 OUT	实数除，用累加器 2(IN1)中的 32 位浮点数除以累加器 1(IN2)中的浮点数，32 位商保存在累加器 1(OUT)中
ABS	ABS EN ENO IN OUT	求浮点数的绝对值，对累加器 1(IN1)中的 32 位浮点数取绝对值，结果保存到累加器 1(OUT)中

2.5.2　实训：自动售货机控制系统

【任务提出】

如图 2-65 所示，其工作要求如下：

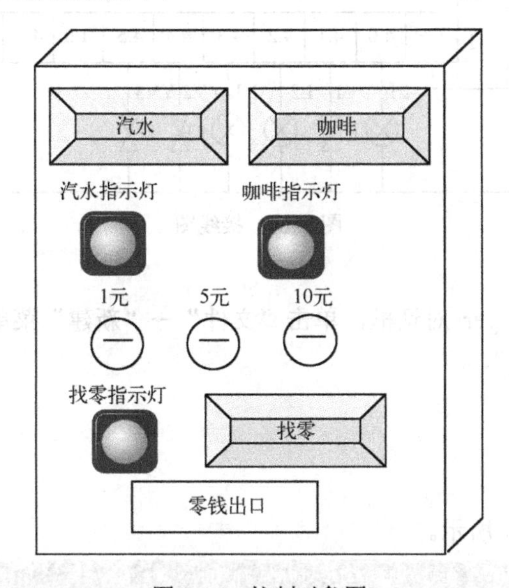

图 2-65　控制对象图

1）此售货机可投入 1 元、5 元或 10 元硬币。

2）当投入的硬币总值超过 12 元时，汽水按钮指示灯亮；当投入的硬币总值超过 15 元时，汽水及咖啡按钮指示灯都亮。

3）当汽水按钮灯亮时，按汽水按钮，则汽水排出 7s 后自动停止，这段时间内，汽水指示灯闪动。

4）当咖啡按钮灯亮时，按咖啡按钮，则咖啡排出 7s 后自动停止，这段时间内，咖啡指示灯闪动。

5）若投入硬币总值超过按钮所需的金额（汽水 12 元，咖啡 15 元）时，按找零按钮，找零指示灯亮，执行找零动作，并退出多余的钱。

设计该自动售货机控制系统程序。

【任务分析】

自动售货机控制系统的设计关键是计币及找零控制的设计，这就需要用到算术运算指令和比较指令。算术运算指令和比较指令相配合完成投币状态、购买状态和退币状态的判定和处理。

【任务实施】

1．PLC 硬件配置及接线

本项目硬件配置可参考 1.2.4 节中的讲述。系统电路的接线图如图 2-66 所示。

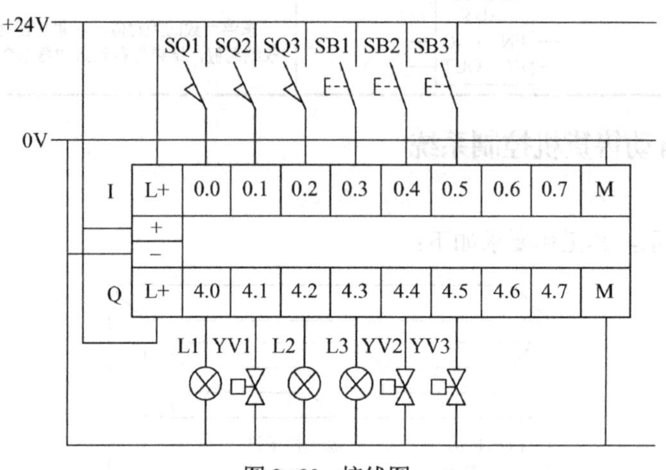

图 2-66　接线图

2．创建工程项目

打开 SIMATIC Manager 对话框，单击“文件”→“新建”菜单项，新建一个空项目文档，并命名为“彩灯控制”。

3．硬件组态

参考 1.2.4 节介绍。

4．编辑符号表

符号表编辑如图 2-67 所示。

符号编辑器 - [S7 程序(1) (符号) — 自动售货机\SIMATIC 300(1)\CPU 314C-2 DP]

符号表(S)　编辑(E)　插入(I)　视图(V)　选项(O)　窗口(W)　帮助(H)

全部符号

	状态	符号	地址	数据类型	注释
1		10元投币口	I 0.2	BOOL	
2		1元投币口	I 0.0	BOOL	
3		5元投币口	I 0.1	BOOL	
4		汽水按钮SB1	I 0.3	BOOL	
5		咖啡按钮SB2	I 0.4	BOOL	
6		汽水指示灯L2	Q 4.2	BOOL	
7		咖啡指示灯L3	Q 4.3	BOOL	
8		零钱出口YV1	Q 4.1	BOOL	
9		找零按钮SB3	I 0.5	BOOL	
10		找零指示灯L1	Q 4.0	BOOL	
11		咖啡出口YV3	Q 4.5	BOOL	
12		汽水出口YV2	Q 4.4	BOOL	
13					

图 2-67　符号表

5．编辑梯形图程序

梯形图程序如图 2-68 所示。

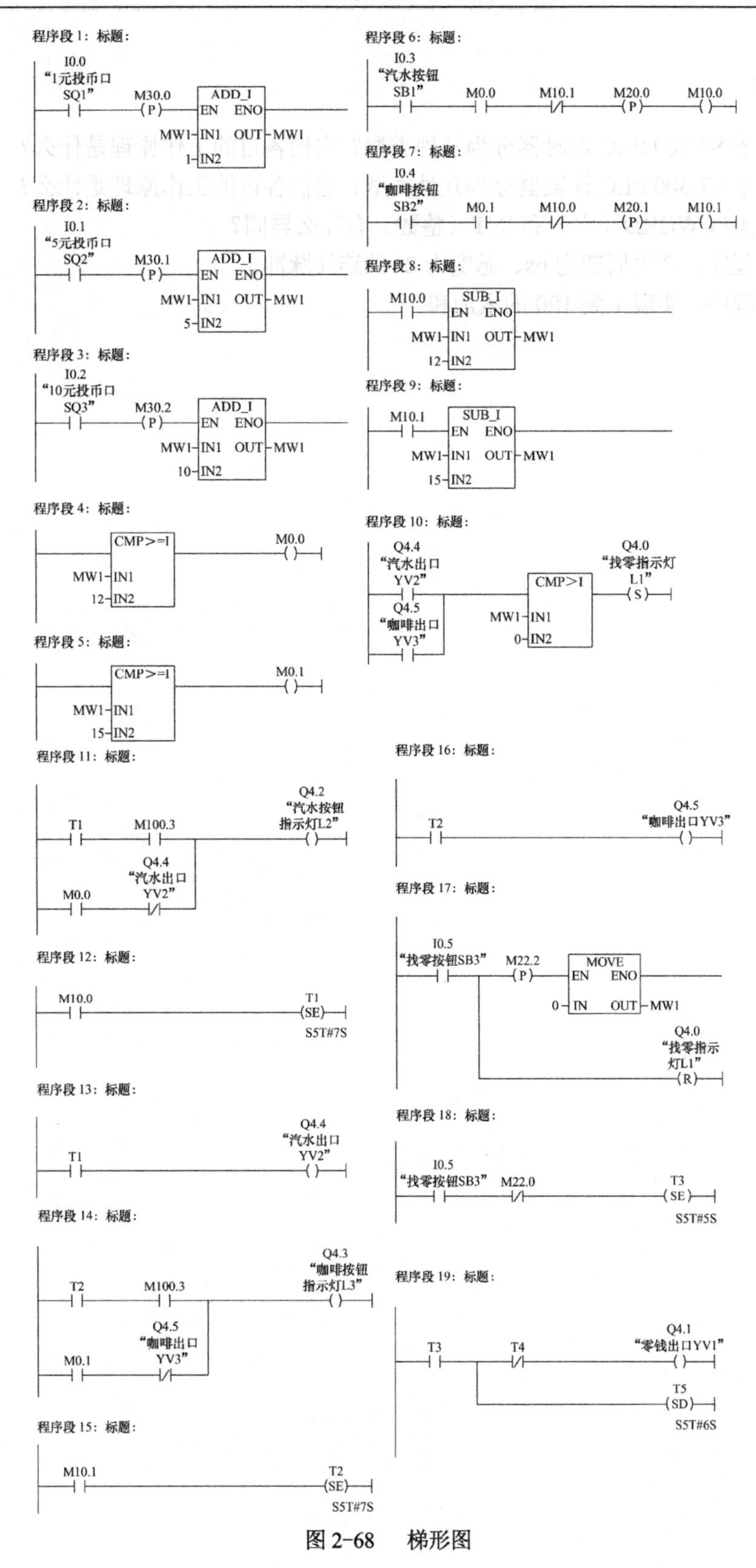
程序段 1：标题：
I0.0
“1元投币口
SQ1”
M30.0
P
ADD_I
EN ENO
MW1 IN1 OUT MW1
1 IN2
程序段 2：标题：
I0.1
“5元投币口
SQ2”
M30.1
P
ADD_I
EN ENO
MW1 IN1 OUT MW1
5 IN2
程序段 3：标题：
I0.2
“10元投币口
SQ3”
M30.2
P
ADD_I
EN ENO
MW1 IN1 OUT MW1
10 IN2
程序段 4：标题：
CMP>=I
MW1 IN1
12 IN2
M0.0
程序段 5：标题：
CMP>=I
MW1 IN1
15 IN2
M0.1
程序段 6：标题：
I0.3
“汽水按钮
SB1”
M0.0
M10.1
M20.0
P
M10.0
程序段 7：标题：
I0.4
“咖啡按钮
SB2”
M0.1
M10.0
M20.1
P
M10.1
程序段 8：标题：
M10.0
SUB_I
EN ENO
MW1 IN1 OUT MW1
12 IN2
程序段 9：标题：
M10.1
SUB_I
EN ENO
MW1 IN1 OUT MW1
15 IN2
程序段 10：标题：
Q4.4
“汽水出口
YV2”
Q4.5
“咖啡出口
YV3”
CMP>I
MW1 IN1
0 IN2
Q4.0
“找零指示灯
L1”
S
程序段 11：标题：
T1
M100.3
Q4.2
“汽水按钮
指示灯L2”
M0.0
Q4.4
“汽水出口
YV2”
程序段 12：标题：
M10.0
T1
SE
S5T#7S
程序段 13：标题：
T1
Q4.4
“汽水出口
YV2”
程序段 14：标题：
T2
M100.3
Q4.3
“咖啡按钮
指示灯L3”
M0.1
Q4.5
“咖啡出口
YV3”
程序段 15：标题：
M10.1
T2
SE
S5T#7S
程序段 16：标题：
T2
Q4.5
“咖啡出口YV3”
程序段 17：标题：
I0.5
“找零按钮SB3”
M22.2
P
MOVE
EN ENO
0 IN OUT MW1
Q4.0
“找零指示
灯L1”
R
程序段 18：标题：
I0.5
“找零按钮SB3”
M22.0
T3
SE
S5T#5S
程序段 19：标题：
T3
T4
Q4.1
“零钱出口YV1”
T5
SD
S5T#6S

图 2-68　梯形图

2.6 练习

1. 西门子 S7-300 PLC 定时器分为几种类型？它们各自的工作原理是什么？
2. 西门子 S7-300 PLC 计数器分为几种类型？它们各自的工作原理是什么？
3. 数据类型 WORD（字）和 INT（整数）有什么异同？
4. 编写程序，产生周期为 6s、脉宽为 2s 的连续脉冲。
5. 编写程序，实现 1 到 100 的累加和。

第 3 章　西门子 S7-300 PLC 程序结构

程序结构在很大程度上决定着用户编写程序的思路。西门子 S7-300 PLC 在程序结构方面与 S7-200 有着很大不同，S7-300 PLC 的程序结构更模块化、更侧重于各个程序块之间的互相“调用”。这样做的优点是结构清晰，易于理解，更易于移植。本章主要介绍 S7 用户程序结构及各种块的生成与调用，结合工程实际，详细介绍功能（FC）、功能块（FB）、组织块（OB）和数据块（DB）的编辑与使用方法。

【本章学习目标】

① 功能（FC）的编辑和使用；

② 功能块（FB）的编辑和使用；

③ 多重背景的编辑与使用；

④ 组织块（OB）的编辑与使用。

3.1 认识用户程序的基本结构

S7 CPU 上运行的有两种程序：操作系统和用户程序。

1. 操作系统

每个 S7 CPU 内部都固化有集成的操作系统，它为 CPU 提供一套系统运行和调度的机制，用于组织与特定控制任务无关的所有 CPU 功能。操作系统主要完成的任务包括：处理重启；更新输入的过程映像表并刷新输出的过程映像表；调用用户程序；采集中断信息，响应中断组织块；识别错误并进行错误处理；管理存储区域；与编程设备及其他设备进行通信。

2. 用户程序

用户程序是用户为了处理特定自动化任务而创建的程序，并将其下载到 CPU 中。用户程序需要完成的任务包括：确定重启条件、处理过程数据、响应中断、处理正常程序周期中的干扰等。

STEP 7 编程软件鼓励用户设计用户程序结构，即将整个控制程序分成单个、独立的可以完成某部分功能的程序块，主程序再分别调用各个独立的程序块。这样做有很多优点：

1）复杂的大程序更容易理解；

2）可以标准化单个程序块；

3）简化程序组织；

4）易于修改程序；

5）可以针对每一个程序块进行测试，简化调式难度；

6）程序移植性更好。

根据控制要求合理使用用户程序中的块可以构造不同的程序结构，达到程序优化的目的。

3.1.1 用户程序中的块介绍

在 STEP 7 中，用户程序及所需的数据都存放在各种块中，像 OB、FB、FC、SFB、SFC 这些都是程序中要用到的块，称其为逻辑块。逻辑块类似于子程序，它们可以使程序标准化、结构化，可以简化程序组织，使程序清晰明了，便于维护和修改。用户程序中各种块的分类及作用见表 3-1。

表 3-1 用户程序中的块

块 的 类 型		简 要 描 述
逻辑块	组织块（OB）	操作系统与用户程序的接口，决定用户程序的结构
	系统功能块（SFB）	集成在 CPU 中，通过 SFB 调用一些重要功能，有存储区
	系统功能（SFC）	集成在 CPU 中，通过 SFC 调用一些重要功能，没有存储区
	功能块（FB）	用户编写的可经常调用的子程序，有存储区
	功能（FC）	用户编写的可经常调用的子程序，没有存储区
数据块	背景数据块（DI）	调用 FB 和 SFB 时用于传递参数的数据块，在编译过程中自动生成数据
	共享数据块（DB）	存储用户数据的数据区域，供所有的块使用

1．组织块（OB）

组织块（OB）是操作系统与用户程序的接口，由操作系统调用，用于控制扫描循环和中断程序的执行，PLC 的启动和错误处理等。可以使用的组织块与 CPU 的型号有关。STEP 7 中常用的组织块见表 3-2。

表 3-2 部分常用组织块

OB 编号	类 型	优 先 级	说 明
OB1	启动或上一次循环结束时执行	1	主程序循环
OB10～OB17	时间中断 0～7	2	在设置的时间日期执行
OB20～OB23	时间延迟中断 0～3	3～6	延时后起动执行
OB30～OB38	循环中断 0～8	7～15	以设定的时间为周期运行
OB40～OB47	硬件中断 0～7	16～23	检测到来自外部模块的中断请求时启动
OB55	状态中断	2	DPV1 中断（PROFIBUS-DP 中断）
OB56	刷新中断	2	
OB61～64	同步循环中断 1～4	25	
OB70	I/O 冗余错误	25	
OB72	CPU 冗余错误	28	
OB73	通信冗余错误	25	
OB80	时间错误		
OB81	电源故障		
OB82	诊断中断		
OB83	插入/取出模块中断		
OB87	通信错误		
OB100～OB102	暖启动、热启动、冷启动	27	启动方式
OB121	编程错误		
OB122	I/O 访问错误		

OB1 用于循环处理，是用户程序中的主程序。操作系统在每一次循环中调用一次 OB1。

2．临时局域数据

生成逻辑块（OB、FC、FB）时，可以声明临时局域数据，这些数据是临时的。局域数据只能在生成它们的逻辑块内使用。但所有的逻辑块都可以使用共享数据块中的共享数据。

3．功能（FC）

功能是用户编写的没有固定存储区的块，其临时变量存储在局域数据堆栈中，功能执行结束后，这些数据就丢失了。使用共享数据区来存储那些在功能执行结束后需要保存的数据。

4．功能块（FB）

功能块是用户编写的有自己的存储区（背景数据块）的块，每次调用功能块时需要提供各种类型的数据给功能块，功能块也要返回变量给调用它的块。这些数据以静态变量的形式存放在指定的背景数据块（DI）中，临时变量 TEMP 存储在局域数据堆栈中。

5．数据块（DB）

数据块是用于存放执行用户程序时所需要的变量数据的数据区。数据块中没有 STEP 7 的指令，STEP 7 按数据生成的顺序自动为数据块中的变量分配地址。数据块分为共享数据块和背景数据块。

6．系统功能块（SFB）和系统功能（SFC）

系统功能块和系统功能是为用户提供的已经编好的程序块，功能是固定的，可以调用但是不能修改。它们作为操作系统的一部分，不占用程序空间。SFB 有存储功能，其变量保存在指定给它们的背景数据块中。不同的是，SFC 没有存储功能。

3.1.2　用户程序结构

1．线性程序

所谓线性程序结构，就是将整个用户程序连续放置在一个循环组织块（OB1）中，块中的程序按顺序执行，CPU 通过反复执行 OB1 来实现自动化控制任务。这种结构和 PLC 所代替的继电器控制类似，CPU 逐条执行指令。线性程序一般适用于相对简单的程序编写。

2．分部式程序

所谓分部式程序，就是将整个程序按任务分成若干个部分，并分别放置在不同的功能（FC）、功能块（FB）及组织块中，在一个块中可以进一步分解成段。在组织块 OB1 中包含按顺序调用其他块的指令，并控制程序执行。

在这种程序结构中，既无数据的交换，也不存在重复调用的程序，功能（FC）、功能块（FB）不传递也不接收参数，类似于子程序的调用。

分部式程序结构的编程效率比线性程序有所提高，程序测试也较方便，适合不太复杂的程序编写。

3．结构化程序

所谓结构化程序，就是在处理复杂自动化控制任务的过程中，为了使任务更易于控制，把控制过程中类似或相关的功能进行分类，分割为可同时应用于多个任务的通用程序块（FC 或 FB）。OB1 通过调用这些程序块来完成整个控制任务。

结构化程序的特点是每个块（FC 或 FB）在 OB1 中可能会被多次调用，以完成具有相同功能的不同控制对象。这种结构可以简化程序设计过程、减小程序长度、提高编程效率，适合较复杂的程序设计。

根据需要，用户程序可以由不同的块构成，各种块的调用关系如图 3-1 所示。

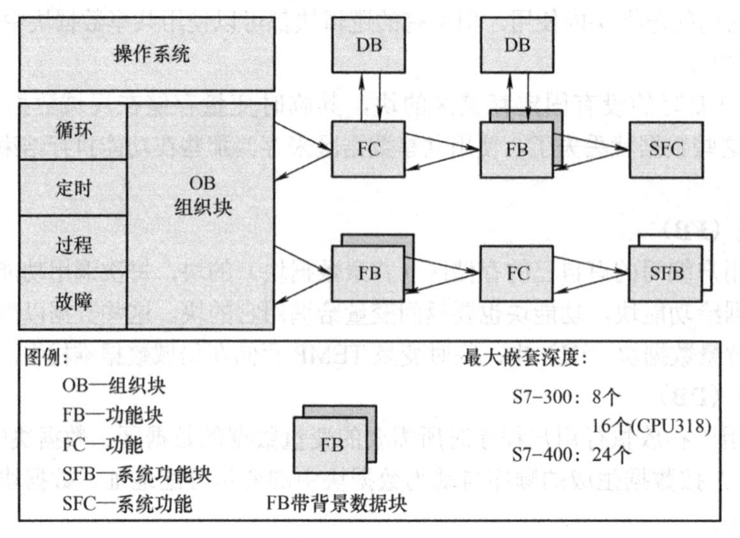

图 3-1　各种块的调用关系

3.2　功能的生成与调用

如果程序块不需要保存数据，可以使用功能 FC 来编程。与 FB 相比，FC 不需要配套的背景数据块。

功能 FC 有无参功能（FC）和有参功能（FC）两种。所谓无参功能（FC），是指在编辑功能（FC）时，在局部变量声明表中不进行形式参数的定义，在功能（FC）中直接使用绝对地址完成控制程序的编写。这种方式一般应用于分部式结构的编程，每个功能（FC）实现整个控制任务中的一部分，不能重复调用。

有参功能（FC）是指编辑功能（FC）时，在局部变量声明表内定义了形式参数，在功能（FC）中使用了虚拟的符号地址完成控制程序的编写，以便在其他块中能重复调用。这种方式一般应用于结构化程序的编写中。

3.2.1　实训：使用有参功能实现 3 台电动机起停控制

【任务提出】

使用有参功能（FC）实现 3 台电动机的起停控制。

【任务分析】

经过分析，控制对象为 3 台电动机，3 台电动机的控制功能完全相同，都是实现起动和停止功能，所以可以编辑一个有参功能（FC1），在 FC1 中用虚拟的形式参数来编写电动机起动和停止的功能，然后在主程序 OB1 中针对每一台电动机分别调用 FC1，3 台电动机共调用 3 次 FC1，每次调用 FC1 时，只需要该台电动机的实际参数赋给 FC1 中定义的形式参数即可。

【任务实施】

任务的新建、PLC 的硬件配置及接线、硬件组态方法与之前实训类似，在此不再赘述，本实训着重讲述 FC 的创建。

1. 编辑功能 FC1

（1）生成功能

新建名为“3 台电动机起停控制”的项目，CPU 为 314C-2DP。执行 SIMATIC 管理器的菜单命令“插入”→“S7 块”→“功能”，在弹出的“属性-功能”对话框中，默认的名称为“FC1”，设置“创建语言”为“LAD”如图 3-2 所示。单击“确定”按钮后，在 SIMATIC 管理器右边窗口出现 FC1。

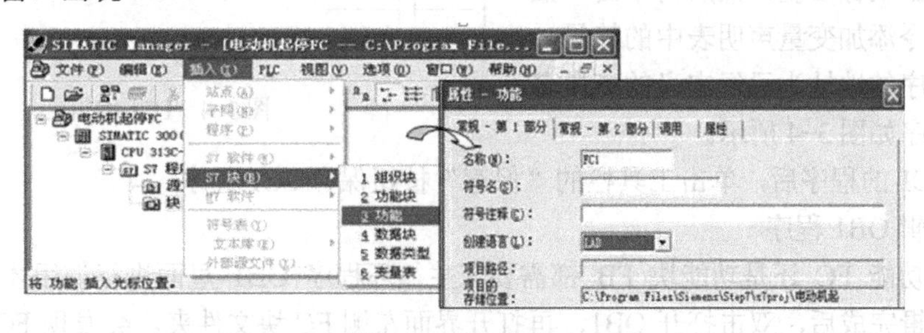

图 3-2　功能的生成

（2）在变量声明表中定义局部变量

双击打开 FC1，程序区上面的区域就是 FC1 的变量声明表，在变量声明表中声明（定义）局部变量，局部变量只能在它所在的块 FC1 中使用，对功能 FC1 之外的程序区无效。局部变量名必须以英文字母开始，只能由字母、数字和下画线组成，不能使用汉字。局部变量有 IN、OUT、IN_OUT、TEMP 和 RETURN 五种，而功能块 FB 则有 IN、OUT、IN_OUT、TEMP 和 STAT 五种类型。具体如图 3-3、表 3-3 所示。

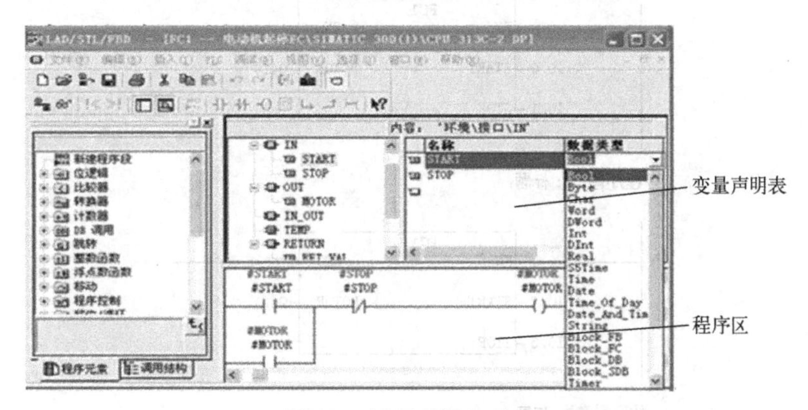

图 3-3　局部变量声明表

表 3-3　定义局部变量

变量符号名称	数 据 类 型	声明变量类型	注　释
START	Bool	IN	起动按钮
STOP	Bool	IN	停止按钮
MOTOR	Bool	OUT	电动机

在变量声明表中赋值时，不需要指定存储器地址。根据各变量的数据类型，程序编辑器自动为所有的局部变量指定存储器地址。

（3）编写功能FC1中的程序

FC1 中的程序就是来描述第（2）步中定义的局部变量之间的逻辑关系，最终完成该功能 FC1 要实现的功能。在引用局部变量声明表中定义的局部变量时，STEP 7 会自动在局部变量名之前加上“#”号。例如，在常开触点地址位置直接输入“START”，则系统会直接显示“#START”，也可以在常开触点位置单击鼠标右键，然后再单击“插入符号”命令添加变量声明表中的符号，依次添加程序的地址为已经定义的变量名称。完成程序如图3-4所示。

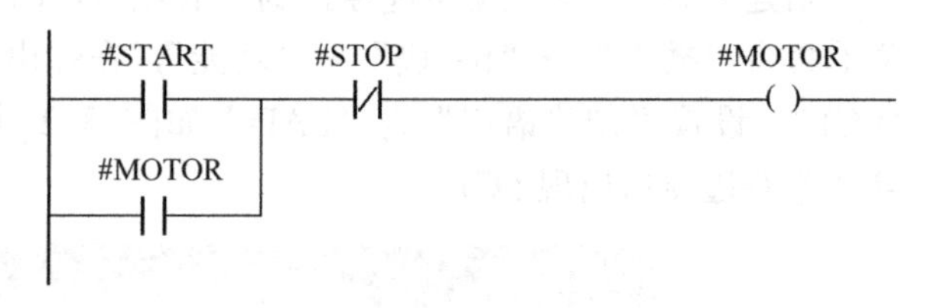

图3-4　FC1编辑

完成FC1的程序后，单击工具栏的“保存”按钮保存FC1程序。

（4）编辑OB1程序

不管是功能 FC 还是功能块 FB 都需要在主循环程序 OB1 里面进行调用才能实现其功能，FC1编辑完成后，双击打开OB1，再打开界面左侧FC块文件夹，会发现FC1已经被添加进FC块文件夹了，双击FC1，FC1就会插入在右侧编程区，调用FC1时，需要给FC1块的局部变量赋值。在本实训中，第一台电动机对应的起动信号为 I0.0，停止信号为 I0.1，输出为Q4.0，所以将I0.0赋给“START”，将I0.1赋给“STOP”，将Q4.0赋给“MOTOR”。OB1程序如图3-5所示。

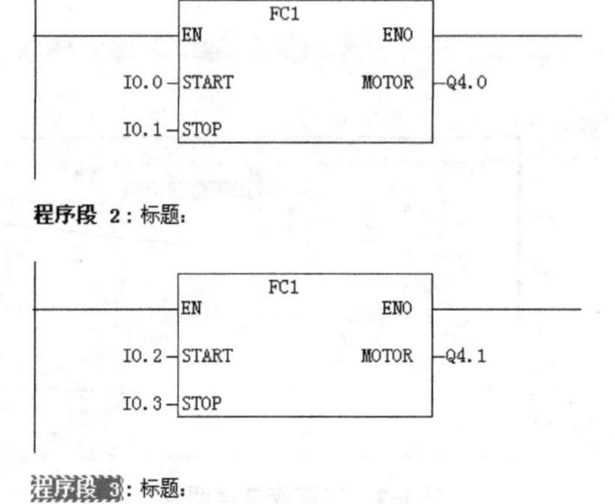

图3-5　编辑OB1 程序

3.2.2　实训：使用无参功能实现多种液体混合系统控制

3-1　无参功能实训

【任务提出】

使用无参功能（FC）实现多种液体混合控制系统。

如图 3-6 所示为一搅拌控制系统，有 3 个开关量液位传感器，分别检测液位的高、中和低。现要求对 A、B 两种液体原料按等比例混合，请编写控制程序。

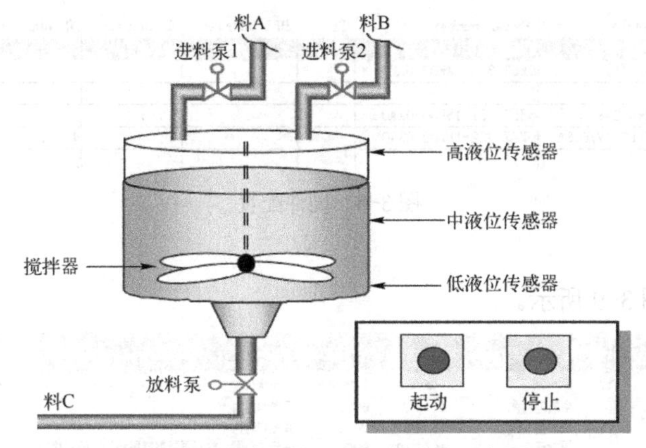

图 3-6　多种液体混合控制系统示意图

要求：按起动按钮后系统自动运行，首先打开进料泵 1，开始加入液料 A 至中液位传感器动作后，则关闭进料泵 1，打开进料泵 2，开始加入液料 B 至高液位传感器动作后，关闭进料泵 2，起动搅拌器，搅拌 10s 后，关闭搅拌器，开启放料泵，当低液位传感器动作后，延时 5s 后关闭放料泵。按停止按钮，系统应立即停止运行。

【任务分析】

经过分析，可以将整个控制过程分为四个阶段，第一阶段为液料 A 的进料控制，用 FC1 来实现；第二阶段为液料 B 的进料控制，用 FC2 来实现；第三阶段为搅拌器控制，用 FC3 来实现；第四阶段为出料控制，用 FC4 来实现。这里的 FC1、FC2、FC3、FC4 不需要定义形式参数，它们的功能相当于为了完成某阶段控制的子程序，经过 OB1 有序的调用就可以实现整个过程的控制。程序结构如图 3-7 所示。

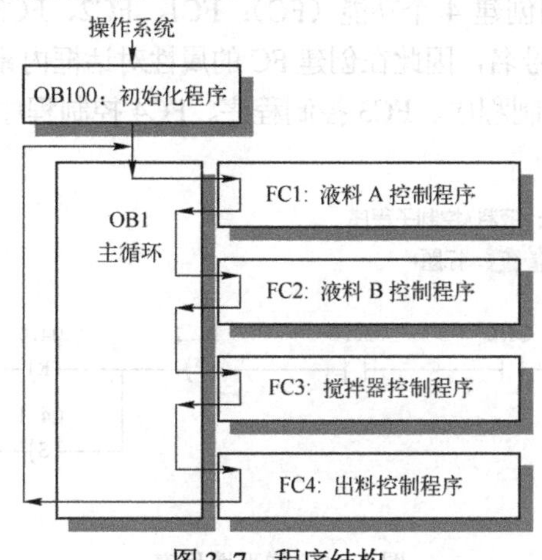

图 3-7　程序结构

【任务实施】

1. 创建 S7 项目

创建 S7 项目，并命名为“无参 FC”，项目包含组织块 OB1 和 OB100。

2. 硬件配置

在“无参 FC”项目内打开“SIMATIC 300 Station”文件夹，打开硬件配置窗口，并完成硬件配置，如图 3-8 所示。

Slot	Module	Order number	Fi...	MPI address	I address	Q address	Comment
1	PS 307 5A	6ES7 307-1EA00-0AA0					
2	CPU315(1)	6ES7 315-1AF03-0AB0		2			
3							
4	DI32xDC24V	6ES7 321-1BL80-0AA0			0...3		
5	DO32xDC24V/0.5A	6ES7 322-1BL00-0AA0				4...7	
6							

图 3-8　硬件配置

3. 编辑符号表

编辑符号表如图 3-9 所示。

S7 Program(1) (Symbols) — 无参FC\SIMATIC 300 Station\CPU315(1)

	Status	Symbol	Address	Data type	Comment
4		中液位检测	I 0.3	BOOL	有液料时为"1"
5		低液位检测	I 0.4	BOOL	有液料时为"1"
6		原始标志	M 0.0	BOOL	表示进料泵、放料泵及搅拌器均处于停机状态。
7		最低液位标志	M 0.1	BOOL	表示液料即将放空
8		Cycle Execution	OB 1	OB 1	线性结构的搅拌器控制程序
9		BS	PIW 256	WORD	液位传感器-变送器，送出模拟量液位信号
10		DISP	PQW 256	WORD	液位指针式显示器，接收模拟量液位信号
11		进料泵1	Q 4.0	BOOL	"1"有效
12		进料泵2	Q 4.1	BOOL	"1"有效
13		搅拌器M	Q 4.2	BOOL	"1"有效
14		放料泵	Q 4.3	BOOL	"1"有效
15		搅拌定时器	T 1	TIMER	SD定时器，搅拌10s
16		排空定时器	T 2	TIMER	SD定时器，延时5s
17		液料A控制	FC 1	FC 1	液料A进料控制
18		液料B控制	FC 2	FC 2	液料B进料控制
19		搅拌器控制	FC 3	FC 3	搅拌器控制
20		出料控制	FC 4	FC 4	出料泵控制

图 3-9　符号表

4. 梯形图编程

在“无参 FC”项目内选择“Blocks”文件夹，然后反复执行菜单命令“Insert”→“S7 Block”→“Function”，分别创建 4 个功能（FC）：FC1、FC2、FC3 和 FC4。由于在符号表内已经为 FC1～FC4 定义了符号名，因此在创建 FC 的属性对话框内系统会自动添加符号名。

FC1 控制程序、FC2 控制程序、FC3 控制程序、FC4 控制程序、OB100 控制程序及 OB1 程序如图 3-10 所示。

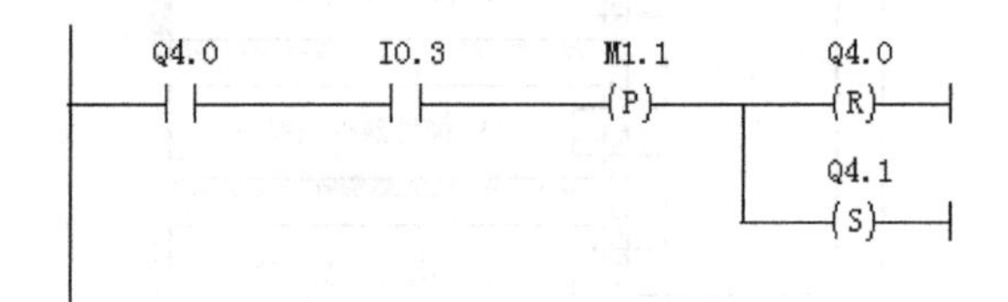

图 3-10　梯形图程序

FC2 : 液料B控制子程序

程序段 1: 标题:

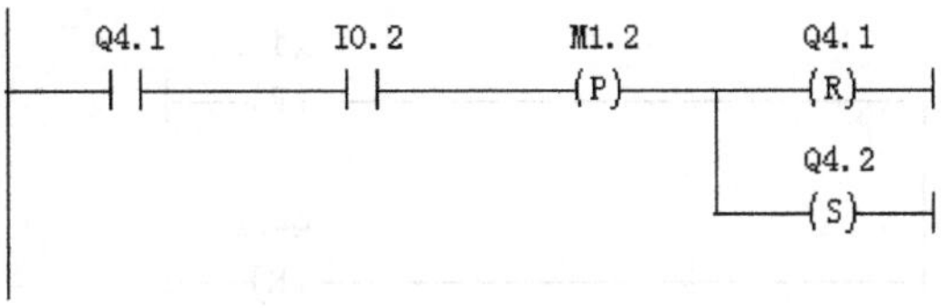

Q4.1　I0.2　M1.2 (P)　Q4.1 (R)　Q4.2 (S)

FC3 : 搅拌器控制

程序段 1: 标题:

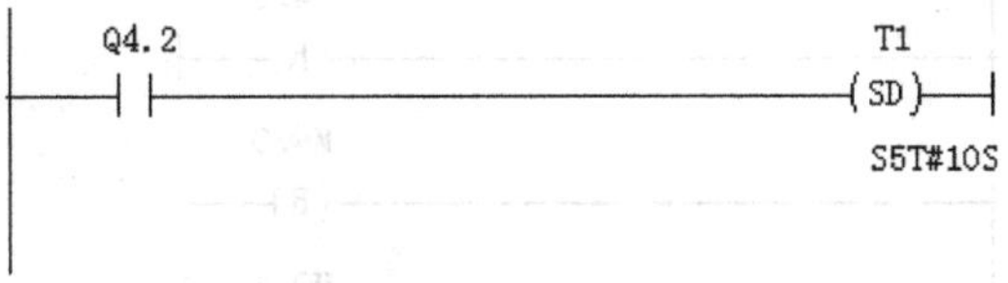

Q4.2　T1 (SD) S5T#10S

程序段 2: 标题:

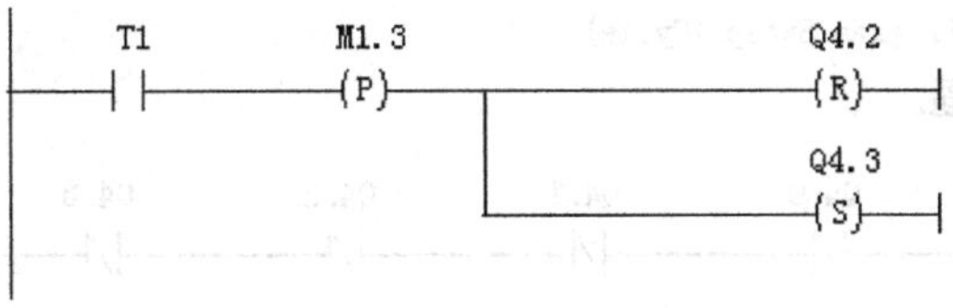

T1　M1.3 (P)　Q4.2 (R)　Q4.3 (S)

FC4 : 放料控制

程序段 1: 标题:

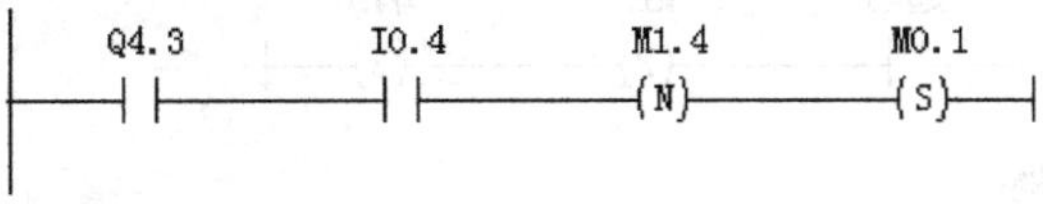

Q4.3　I0.4　M1.4 (N)　M0.1 (S)

程序段 2: 标题:

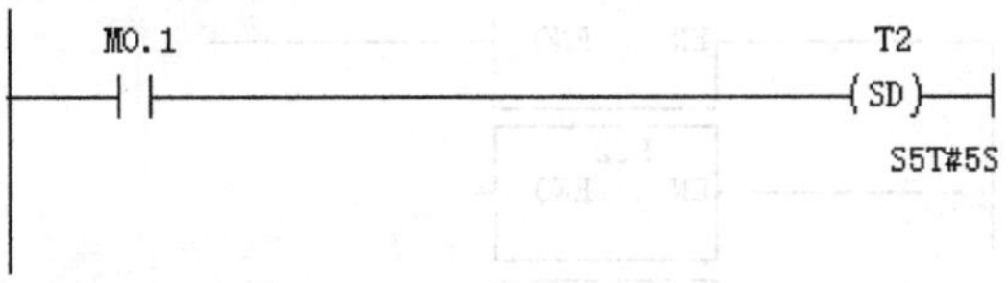

M0.1　T2 (SD) S5T#5S

程序段 3: 标题:

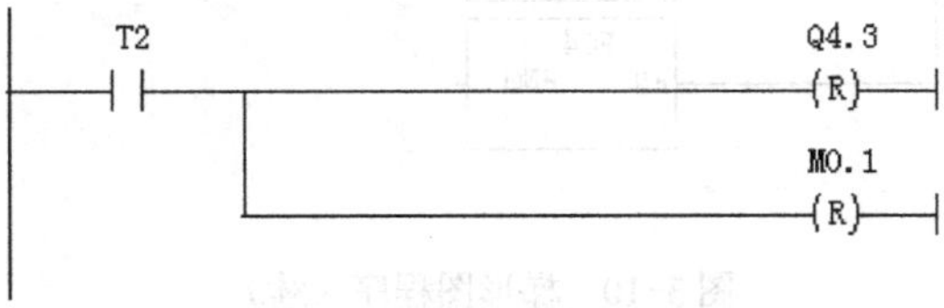

T2　Q4.3 (R)　M0.1 (R)

图 3-10　梯形图程序（续）

OB100 : "Complete Restart"

程序段 1: 标题:

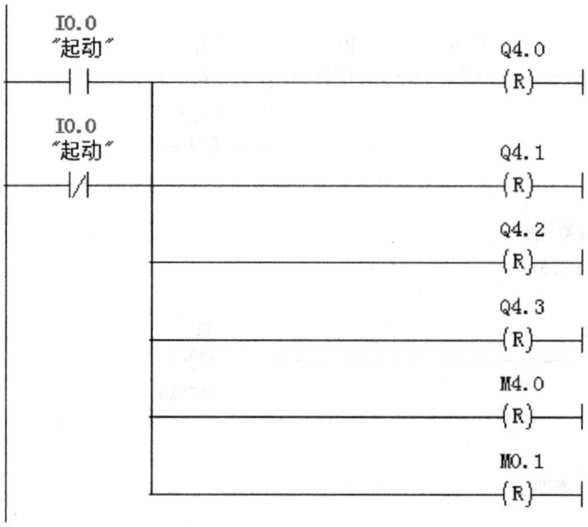

I0.0 "起动" —| |— → Q4.0 —(R)—

I0.0 "起动" —|/|— → Q4.1 —(R)—, Q4.2 —(R)—, Q4.3 —(R)—, M4.0 —(R)—, M0.1 —(R)—

OB1 : "Main Program Sweep (Cycle)"

程序段 1: 标题:

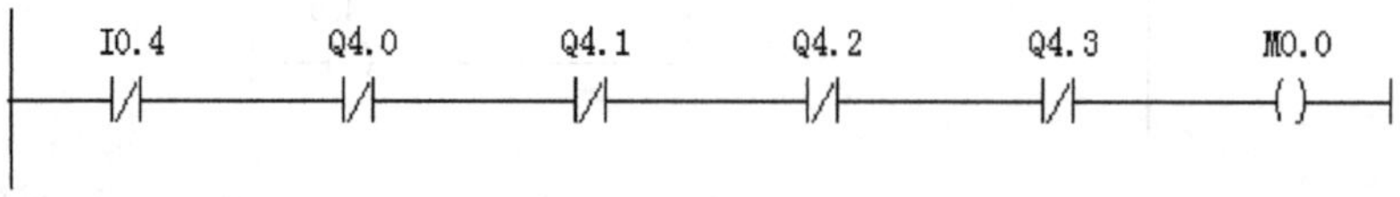

I0.4 —|/|— Q4.0 —|/|— Q4.1 —|/|— Q4.2 —|/|— Q4.3 —|/|— M0.0 —( )—

程序段 2: 标题:

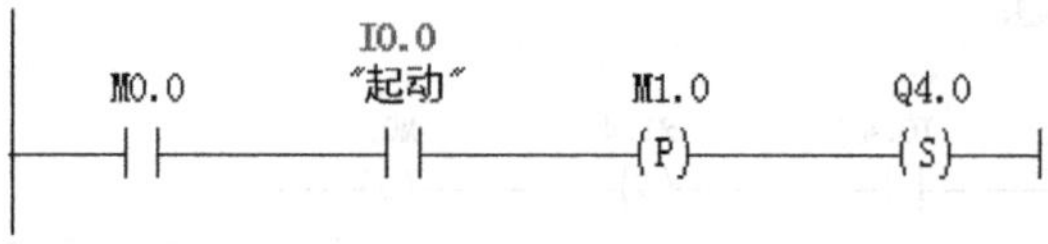

M0.0 —| |— I0.0 "起动" —| |— M1.0 —(P)— Q4.0 —(S)—

程序段 3: 标题:

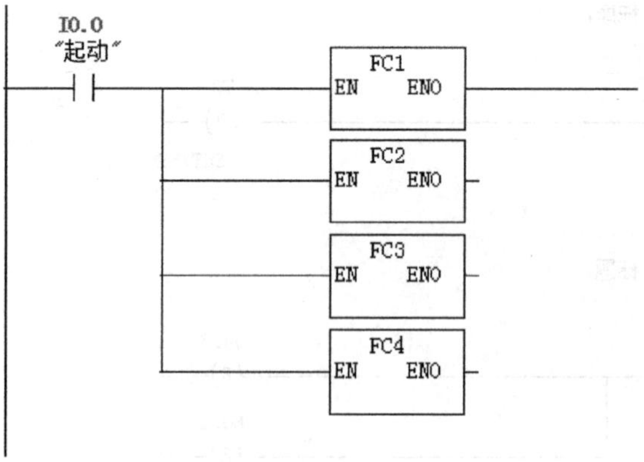

I0.0 "起动" —| |— → FC1 (EN ENO), FC2 (EN ENO), FC3 (EN ENO), FC4 (EN ENO)

图3-10 梯形图程序（续）

3.3　功能块的生成与调用

3.3.1　功能与功能块的区别

功能块（FB）和功能（FC）均为用户编写的子程序，局部变量表中均有 IN、OUT、IN_OUT 和 TEMP 变量。它们的区别主要有：

1）FB 有背景数据块，FC 没有背景数据块。

2）只能在 FC 内部访问 FC 的局部变量，而对于 FB，其他逻辑块可以访问 FB 的背景数据块中的变量。

3）FC 没有静态变量（STAT），功能块有保存在背景数据块中的静态变量。

FC 如果有执行完后需要保存的数据，只能存放在全局变量（例如全局数据块和 M 区）中，但是这样会影响功能的可移植性。如果 FC 或者 FB 的内部没有使用全局变量，只使用局部变量，就不需要任何修改，就可以将它们移植到其他的项目中。如果块的内部使用了全局变量，在移植时需要考虑每个块使用的全局变量是否与别的块产生地址冲突。

4）功能块的局部变量（不包括 TEMP）有初始值，功能的局部变量没有初始值。在调用功能块时如果没有设置某些输入、输出参数的实参，进入“RUN”模式时将使用背景数据块中的初始值。调用功能时应给所有的形参指定实参。

功能块（FB）的使用方法与功能（FC）的使用方法类似，同样是先建立功能块（FB），根据控制要求编辑功能块（FB）的内容，最后在主程序 OB1 中进行调用完成整个控制功能。

功能块（FB）与功能（FC）的区别是功能块（FB）有自己的存储区（背景数据块）。功能块的输入、输出参数和静态变量（STAT）用指定的背景数据块（DI）存放，临时变量存储在局部数据堆栈中。功能块执行完后，背景数据块中的数据不会丢失，但临时变量不会被保存。

在调用功能块时需要为它指定一个背景数据块，该背景数据块随功能块的调用而打开，在调用结束时自动关闭。

3.3.2　实训：电动机转速控制

【任务提出】

使用功能块（FB）实现电动机的如下功能：

按下起动按钮，电动机立即起动；

按下停止按钮，电动机断电的同时，电动机抱闸通电抱死电动机 8s，之后抱闸断电松开；

当电动机的转速值（存放在 MW2 中）超过 1500 时，报警指示灯亮。

【任务分析】

经过分析，我们可以利用功能块（FB）实现系统要求的所有功能，随后在 OB1 中调用该功能块（FB）即可，该系统不能使用功能（FC）来实现是因为系统需要实现当前转速与 1500（静态变量）的比较，该静态变量需要存储在功能块（FB）的背景数据块中。

【任务实施】

任务的新建、PLC 的硬件配置及接线、硬件组态方法与之前实训类似，在此不再赘述，本实训着重讲述 FB 的创建和使用。

1. 创建功能块（FB）

在 SIMATIC 管理器的菜单命令“插入”→“S7 块”→“功能块”，或者单击鼠标右键，在弹出的菜单中选择“插入新对象”，再选择功能块，即可弹出功能块属性对话框如图 3-11 所示，默认的名称为 FB1，将创建的语言设置为 LAD（梯形图）。不勾选“多重背景功能”复选框。单击“确定”按钮后，在 SIMATIC 管理器右侧窗口出现 FB1。

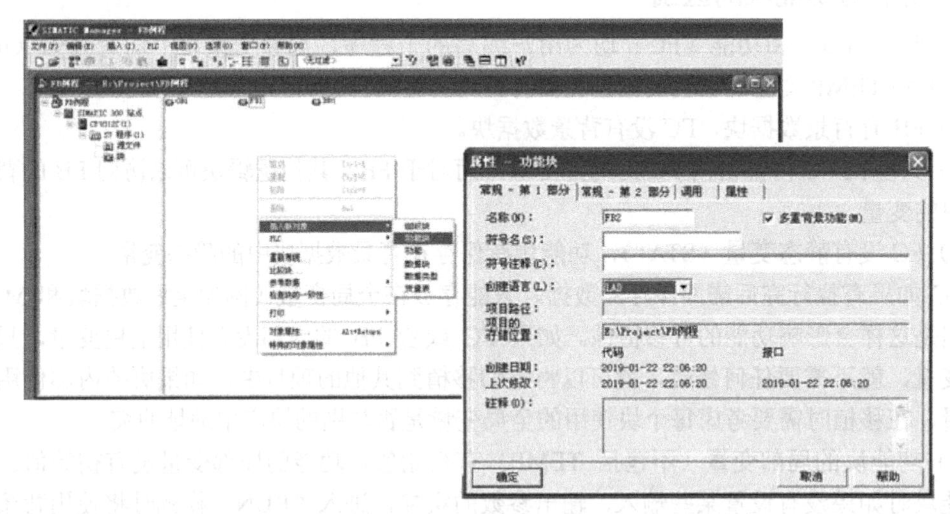

图 3-11　FB 块的创建

2．生成局部变量

双击 FB1，打开 FB1 的编辑界面，在编辑界面上部的局部变量声明表中定义 FB1 中要使用的局部变量，该过程与 FC1 的局部变量定义过程类似，如图 3-12 所示。在局部变量声明表左侧“IN”文件夹下建立“Start”“Stop”“TOF”“Speed”变量，它们的数据类型分别是 Bool、Bool、Timer、Int，因为局部变量“Start”和“Stop”在系统中为启动信号、停止信号为布尔型，“TOF”为 FB1 中要使用的定时器，它的变量类型为 Timer，变量“Speed”为一整数，所以类型为 Int。

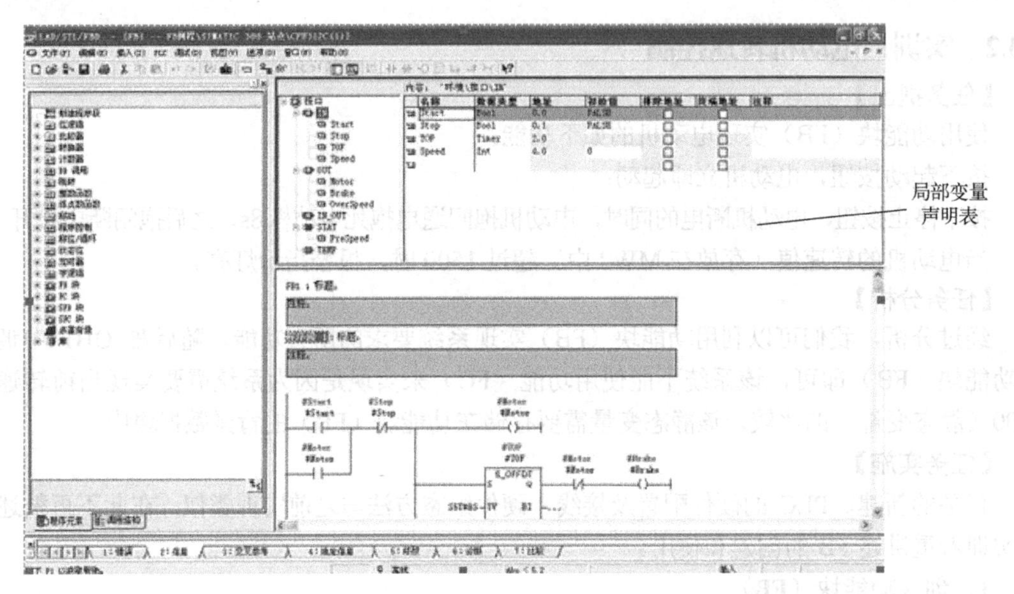

图 3-12　编辑局部变量

另外需要在“STAT”（静态变量）文件夹下编辑变量“Prespeed”数据类型定义为 Int，初始值为 1500，用来跟变量“Speed”做比较。

3．编写 FB1 程序

编写 FB1 程序如图 3-13 所示。

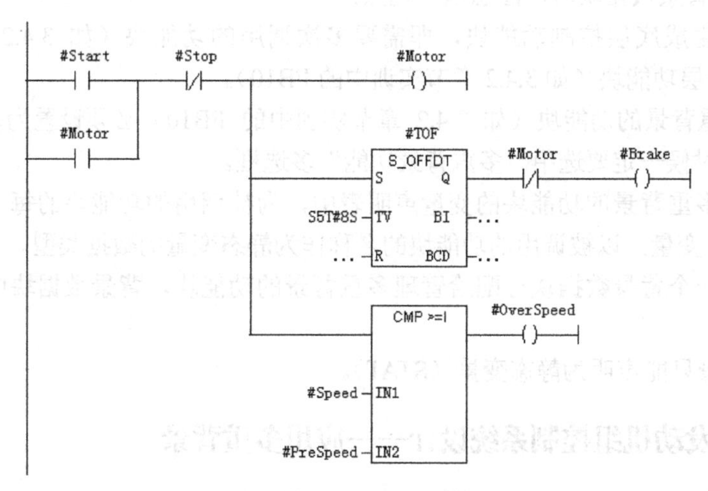

图 3-13　FB1 梯形图编辑

4．在 OB1 中调用 FB1

上一步 FB1 建立完成后，在 OB1 插入 FB1 进行调用，如图 3-14 所示。需要注意的是在插入 FB1 时，需要给 FB1 指定背景数据库 DB1，该背景数据库 DB1 经过用户指定后会根据 FB1 中定义的局部变量自动生成，随着 FB1 的调用被打开。

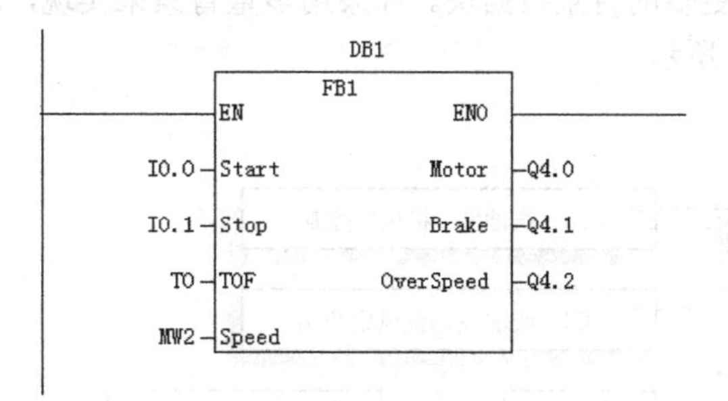

图 3-14　OB1 梯形图编辑

3.4　多重背景的应用

3.4.1　多重背景的概念

有时候需要多次调用同一个功能块来控制同一类型的被控对象，每次调用都需要一个背景数据块，但是这些背景数据块中的变量并不是很多，这样做项目中就会出现大量的背景数据块碎片。而使用多重背景数据块就可以大量减少背景数据块的数量。其编程思想是创建一个比 FB1 级别更高的功能块，如 FB10，将 FB1 作为一个“局部背景”，在 FB10 中调用。对于 FB1 的每一次调用，都将数据存储在 FB10 的背景数据块 DB10 中。这样就不需要为 FB1 分配任何背景数据块，如 DB1、DB2、DB3……而只需要为 FB10 分配一个背景数据块 DB10 即可。

在使用多重背景数据块时应注意以下几点：

1）首先应生成底层控制功能块，即需要多次调用的功能块（如 3.4.2 章节实训中的 FB1），再建立上层功能块（如 3.4.2 章节实训中的 FB10）。

2）管理多重背景的功能块（如 3.4.2 章节实训中的 FB10）必须设置为多重背景功能，即生成 FB10 的时候一定要选中“多重背景功能”多选框。

3）在管理多重背景的功能块的变量声明表中，为被调用的功能块的每一次调用定义一个静态（STAT）变量，以被调用的功能块的名称作为静态变量的数据类型。

4）必须有一个背景数据块分配给管理多重背景的功能块，背景数据块中的数据是自动生成的。

5）多重背景只能声明为静态变量（STAT）。

3.4.2 实训：发动机组控制系统设计——应用多重背景

【任务提出】

设某发动机组由 1 台汽油发动机和 1 台柴油发动机组成，现要求用 PLC 控制发动机组，使各台发动机的转速稳定在设定的速度（1500r/min）上，并控制散热风扇的起动和延时关闭。每台发动机均设置一个起动按钮和一个停止按钮。

【任务分析】

经过分析，虽然有两台发动机，但两台发动机的控制功能是相同的，如果用两个功能块 FB1 和 FB2 实现的话就需要配置两个背景数据块 DB1 和 DB2，如果系统中有很多个发动机需要控制，就需要配置更多的背景数据块。如果用多重背景来实现，就只需要一个背景数据块。程序结构如图 3-15 所示。

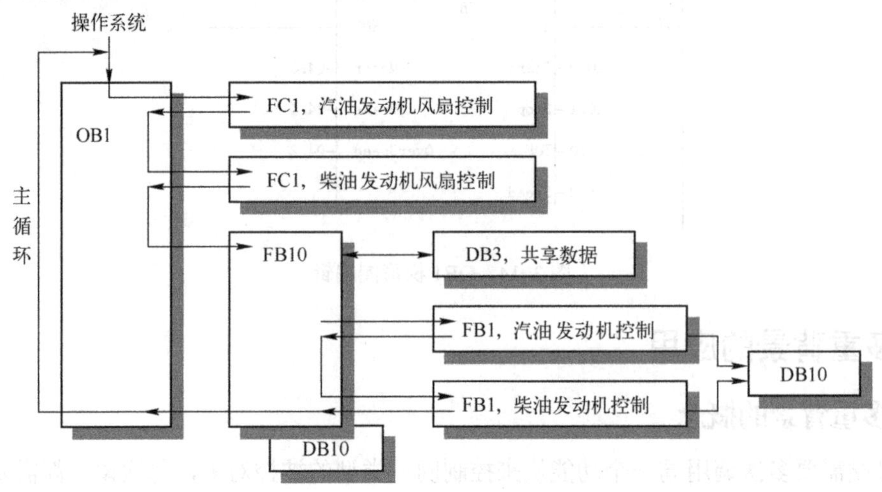

图 3-15 程序结构图

【任务实施】

任务的新建、PLC 的硬件配置及接线、硬件组态方法与之前实训类似，在此不再赘述，本实训着重讲述多重背景的使用。

1．编辑符号表

符号表编辑见图 3-16。

S7 程序(1) (符号) -- 多重背景汽柴油机\SIMATIC 300(1)\CPU 314C-2 DP

	状态	符号	地址	数据类型	注释
1		ACT_TINT	SFC 30	SFC ...	Activate Time-of-Day Interrupt
2		Auto mode	Q 4.2	BOOL	运行模式
3		Auto_ON	I 0.5	BOOL	自动运行按钮
4		DE-fan ON	Q 5.6	BOOL	启动柴油机风扇命令
5		DE－follor-on	T 2	TIMER	柴油发动机风扇继续运行的时间
6		DE－preset_speed	Q 5.5	BOOL	柴油机已达到预定转速
7		DE_actual_speed	MW 4	WORD	柴油机实际运行模式
8		DE_failure	I 1.6	BOOL	柴油机故障
9		DE_ON	Q 5.4	BOOL	柴油发动机启动命令
1		Engine	FB 1	FB ...	发动机控制
1		Engines	FB 10	FB ...	上层功能块
1		Fan	FC 1	FC ...	风扇控制
1		Manual_ON	I 0.6	BOOL	手动运行按钮
1		PE-failure	I 1.2	BOOL	汽油机故障
1		PE-fan ON	Q 5.2	BOOL	汽油机风扇启动命令
1		PE－actual-speed	MW 2	WORD	汽油机实际转速
1		PE－follor-on	T 1	TIMER	汽油发动机风扇继续运行的时间
1		PE－preset_speed	Q 5.1	BOOL	汽油机已达到预定转速
1		PE_ON	Q 5.0	BOOL	汽油发动机启动命令
2		QRY_TINT	SFC 31	SFC ...	Query Time-of-Day Interrupt
2		SET_TINT	SFC 28	SFC ...	Set Time-of-Day Interrupt
2		Switch-off-DE	I 1.5	BOOL	关闭柴油机
2		Switch-off-PE	I 1.1	BOOL	关闭汽油机
2		Switch-ON-DE	I 1.4	BOOL	启动柴油机
2		Switch-ON-PE	I 1.0	BOOL	启动汽油机
2		TOD_INT0	OB 10	OB ...	Time of Day Interrupt 0
2					

图 3-16　程序结构图

2．编辑功能 FC1

（1）定义局部变量声明表

FC1 用来实现发动机（汽油机或柴油机）的风扇控制，按照控制要求，当发动机起动时，风扇应立即起动；当发动机停机后，风扇应延时关闭。因此 FC1 需要一个发动机起动信号、一个风扇控制信号和一个延时定时器。编辑局部变量声明表如图 3-17 所示。

接口类型	变量名	数据类型	注释
In	Engine_On	BOOL	发动机的起动信号
In	Timer_Off	Timer	用于关闭延迟的定时器功能
Out	Fan_On	BOOL	起动风扇信号

图 3-17　FC1 局部变量

（2）编辑 FC1 的控制程序

FC1 所实现的控制要求：发动机起动时风扇起动，发动机关闭后，风扇继续运行 4s，然后停止。定时器采用断电延时定时器，控制程序如图 3-18 所示。

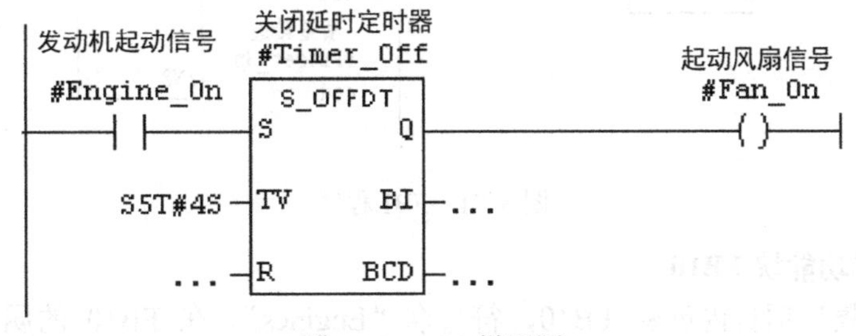

图 3-18　FC1 梯形图

3．编辑共享数据块

共享数据块 DB3 可为 FB10 保存发动机（汽油机和柴油机）的实际转速，当发动机转速都达到预设速度时，还可以保存该状态的标志数据。如图 3-19 所示。

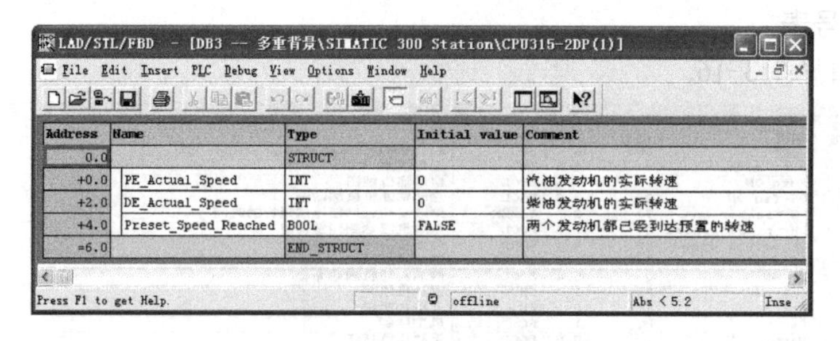

LAD/STL/FBD - [DB3 -- 多重背景\SIMATIC 300 Station\CPU315-2DP(1)]

File Edit Insert PLC Debug View Options Window Help

Address	Name	Type	Initial value	Comment
0.0		STRUCT		
+0.0	PE_Actual_Speed	INT	0	汽油发动机的实际转速
+2.0	DE_Actual_Speed	INT	0	柴油发动机的实际转速
+4.0	Preset_Speed_Reached	BOOL	FALSE	两个发动机都已经到达预置的转速
=6.0		END_STRUCT		

Press F1 to get Help. offline Abs < 5.2 Inse

图 3-19　共享数据块

4．编辑功能块（FB1）

在“多重背景”项目内创建 FB1，符号名“Engine”。定义功能块 FB1 的变量声明表如图 3-20 所示。

接口类型	变量名	数据类型	地址	初始值	扩展地址	结束地址	注释
IN	Switch_On	BOOL	0.0	FALSE	-	-	起动发动机
	Switch_Off	BOOL	0.1	FALSE	-	-	关闭发动机
	Failure	BOOL	0.2	FALSE	-	-	发动机故障，导致发动机关闭
	Actual_Speed	INT	2.0	0	-	-	发动机的实际转速
OUT	Engine_On	BOOL	4.0	FALSE	-	-	发动机已起动
	Preset_Speed_Reached	BOOL	4.1	FALSE	-	-	达到预置的转速
STAT	Preset_Speed	INT	6.0	1500	-	-	要求的发动机转速

图 3-20　FB1 局部变量声明表

FB1 主要实现发动机的起停控制及速度监视功能，编写功能块 FB1 的控制程序如图 3-21 所示。

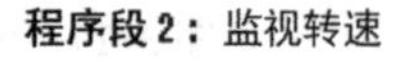

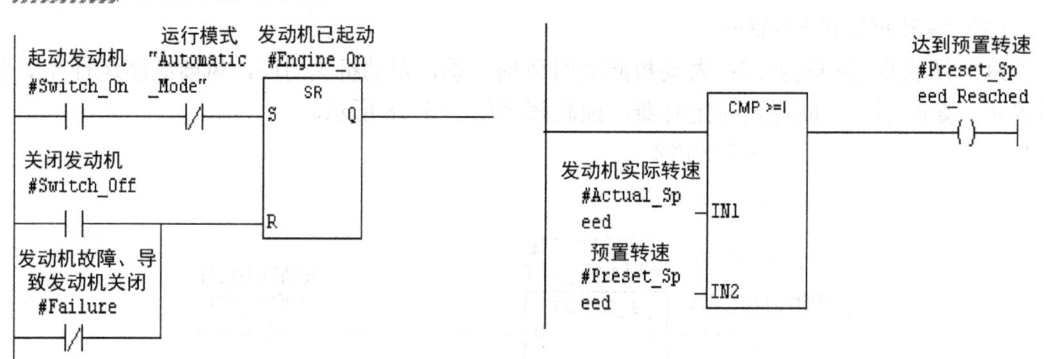

图 3-21　FB1 程序

5．编辑上层功能块 FB10

在“多重背景”项目内创建 FB10，符号名“Engines”。在 FB10 的属性对话框内激活

“Multi-instance capable”选项。如图 3-22 所示。

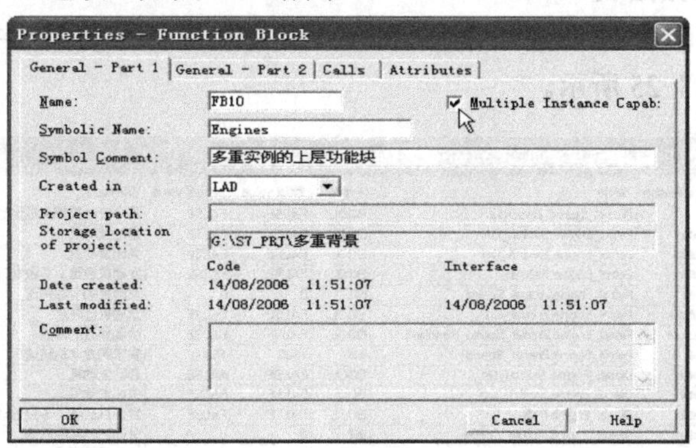

图 3-22　创建 FB10

下面定义功能块 FB10 的变量声明表。

要将 FB1 作为 FB10 的一个“局部背景”调用，需要在 FB10 的变量声明表中为 FB1 的调用声明不同名称的静态变量，数据类型为 FB1（或使用符号名“Engine”）。如图 3-23 所示。

接口类型	变量名	数据类型	地址	初始值	注释
OUT	Preset_Speed_Reached	BOOL	0.0	FALSE	两个发动机都已经到达预置的转速。
STAT	Petrol_Engine	FB1	2.0	-	FB1 "Engine" 的第一个局部实例
	Diesel_Engine	FB1	10.0	-	FB1 "Engine" 的第二个局部实例
TEMP	PE_Preset_Speed_Reached	BOOL	0.0	FALSE	达到预置的转速(汽油发动机)
	DE_Preset_Speed_Reached	BOOL	0.1	FALSE	达到预置的转速(柴油发动机)

图 3-23　FB10 局部变量声明表

编写功能块 FB10 的控制程序 如图 3-24 所示。

FB10 ： 多重背景

程序段 1：起动汽油发动机

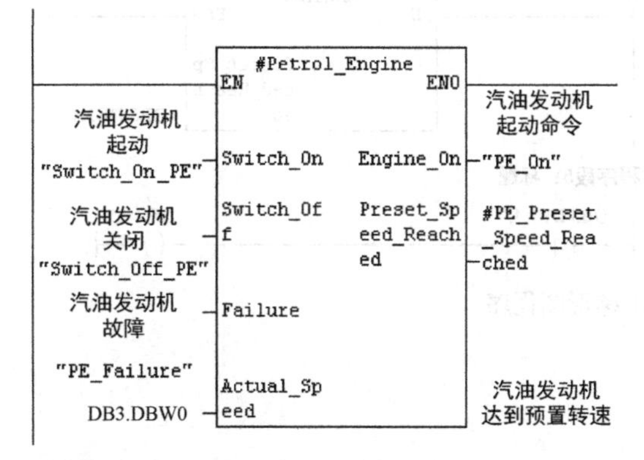

程序段 2：起动柴油发动机

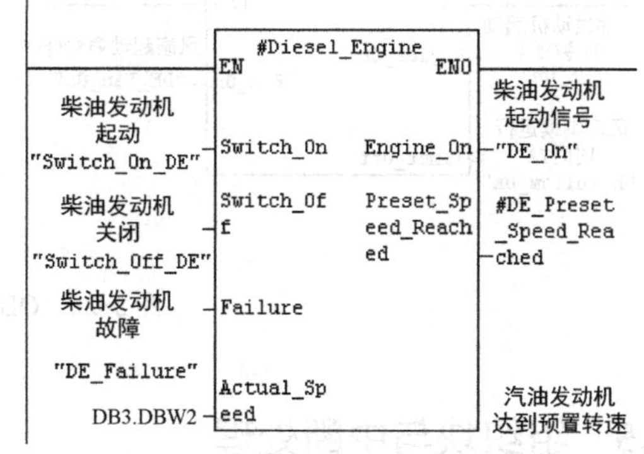

程序段 3：两台发动机均已达到设定转速

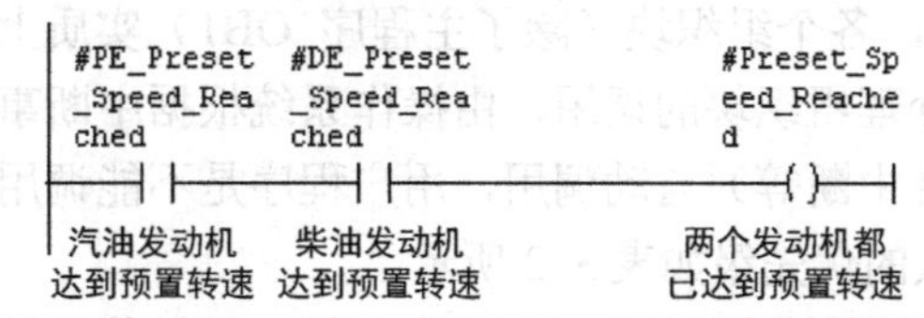

图 3-24　FB10 梯形图程序

6．生成多重背景数据块 DB10

在“多重背景”项目内创建一个与 FB10 相关联的多重背景数据块 DB10，符号名“Engine_Data”。如图 3-25 所示。

DB10 -- 多重背景\SIMATIC 300 Station\CPU315-2DP(1)

	Address	Declaration	Name	Type	Initial value	Actual value	Comment
1	0.0	in	Preset_Speed_Reached	BOOL	FALSE	FALSE	两个发动机都已经到达预置的转速
2	2.0	stat:in	Petrol_Engine.Switch_On	BOOL	FALSE	FALSE	启动发动机
3	2.1	stat:in	Petrol_Engine.Switch_Off	BOOL	FALSE	FALSE	关闭发动机
4	2.2	stat:in	Petrol_Engine.Failure	BOOL	FALSE	FALSE	发动机故障，导致发动机关闭
5	4.0	stat:in	Petrol_Engine.Actual_Speed	INT	0	0	发动机的实际转速
6	6.0	stat:out	Petrol_Engine.Engine_On	BOOL	FALSE	FALSE	发动机已开启
7	6.1	stat:out	Petrol_Engine.Preset_Speed_Reached	BOOL	FALSE	FALSE	达到预置的转速
8	8.0	stat	Petrol_Engine.Preset_Speed	INT	1500	1500	要求的发动机转速
9	10.0	stat:in	Diesel_Engine.Switch_On	BOOL	FALSE	FALSE	启动发动机
10	10.1	stat:in	Diesel_Engine.Switch_Off	BOOL	FALSE	FALSE	关闭发动机
11	10.2	stat:in	Diesel_Engine.Failure	BOOL	FALSE	FALSE	发动机故障，导致发动机关闭
12	12.0	stat:in	Diesel_Engine.Actual_Speed	INT	0	0	发动机的实际转速
13	14.0	stat:out	Diesel_Engine.Engine_On	BOOL	FALSE	FALSE	发动机已开启
14	14.1	stat:out	Diesel_Engine.Preset_Speed_Reached	BOOL	FALSE	FALSE	达到预置的转速
15	16.0	stat	Diesel_Engine.Preset_Speed	INT	1500	1500	要求的发动机转速

图 3-25　多重背景数据块 DB10

7．在 OB1 中调用功能（FC）及上层功能块（FB）

OB1 调用功能（FC）及上层功能块（FB）如图 3-26 所示。

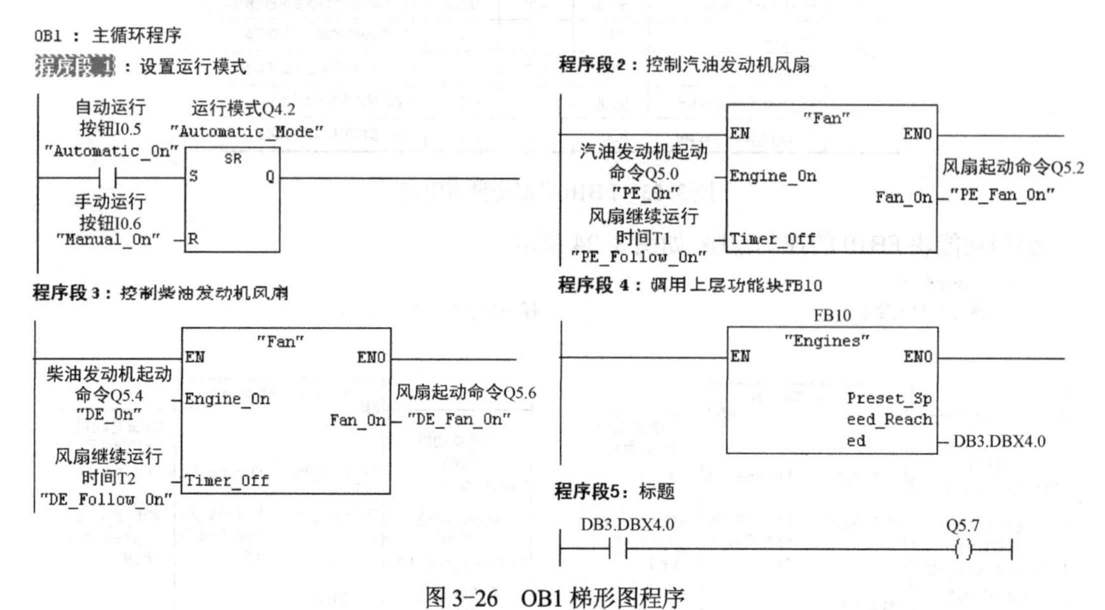

图 3-26　OB1 梯形图程序

3.5　组织块与中断处理

组织块（OB）是操作系统与用户程序的接口，各个组织块（除了主程序 OB1）实质上是用于各种中断处理的中断服务程序。对于中断处理组织块的调用，由操作系统根据中断事件（如日期时间中断、延时中断、循环中断、硬件中断等）自动调用，用户程序是不能调用组织块的。SIMATIC S7 系列 CPU 的组织块及默认的优先级如表 3-2 所示。

每一个组织块 OB 在程序的执行过程中可以被优先级别更高的事件中断，任何其他的

OB 都可以中断主程序 OB1 而去执行自己的程序，执行完毕后从断点处开始恢复执行 OB1。具有同等优先级的 OB 不能相互中断。

不是任何 CPU 都具有表 3-2 所示的全部组织块资源，CPU 型号不同，其所支持的组织块的数目也不同，具体需要查看产品说明书。在 SIMATIC 管理器中打开项目的硬件组态界面，双击 CPU，可以看到具体 CPU 所支持的组织块及默认的优先级。S7-300 CPU（除 CPU318 外）组织块的优先级是固定的，不能修改。S7-400 CPU 和 CPU318 中的组织块的优先级可以用 STEP 7 进行修改。

每个组织块都有 20B 的局部变量，其中包含组织块的启动信息。这些信息在组织块启动时由操作系统提供，包括启动事件、启动日期与时间、错误及诊断事件等。

该节内容主要介绍启动组织块、日期时间中断组织块、延时中断组织块、循环中断组织块、硬件中断组织块。

3.5.1　启动组织块

启动组织块用于系统初始化。CPU 上电或运行模式由 STOP 切换到 RUN 时，CPU 只是在第一个扫描周期执行一次启动组织块，所以启动组织块经常被用来执行系统初始化的程序。

打开 CPU 模块的属性对话框的“启动”选项卡，如图 3-27 所示。S7-400 的 CPU 可以选择暖启动、热启动和冷启动这 3 种启动方式，但大多数 S7-300 的 CPU 只有暖启动这一种启动方式。

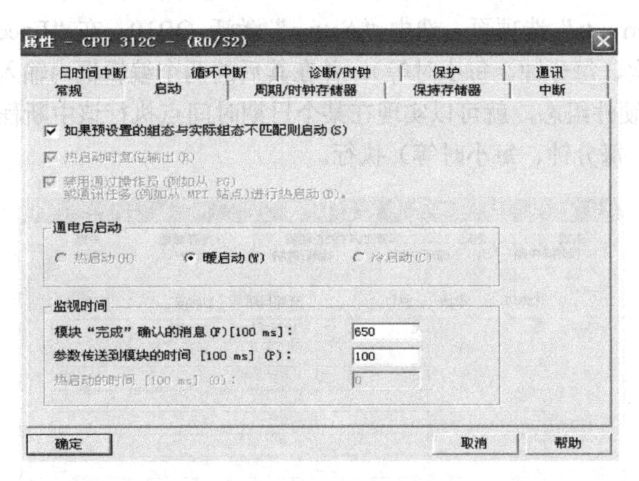

图 3-27　CPU 属性对话框启动选项卡

那么，什么是暖启动、热启动和冷启动呢？

（1）OB100——暖启动（Warm restart）

系统启动时，过程映像数据以及非保持性位存储器（M）、定时器（T）和计数器（C）会被复位。定义的保持性存储器(M)、定时器（T）和计数器（C）会保存其最后有效值。在有后备电池时，所有 DB 块数据被保存。没有后备电池时，由于没有非易失性存储区，DB 数据和 M、T、C 均无法保持，这是 S7-300 PLC 与 S7-400 PLC 最大的不同。首先执行启动组织块 OB100。

（2）OB101——热启动（Hot restart）

只有在有后备电池时才能实现热启动，所有的数据都会保持其最后有效值。程序从断点处执行，在当前循环完成之前，输出不会改变其状态。启动时执行 OB101。只有 S7-400 CPU 才能进行热启动。

（3）OB102——冷启动（Cold restart）

所有的数据（过程映像、位存储器、定时器和计数器）都被初始化，包括数据块均被重置为存储在装载存储器（Load memory）中的初始值，与这些数据是否被组态为可保持还是不可保持无关。首先执行启动组织块 OB102，并不是所有 S7-400 CPU 都支持此功能。

3.5.2 日期时间中断组织块

日期时间中断组织块可以根据设定的日期时间执行中断。比如，在指定的日期和时间点执行某个程序。

S7-300 系列 CPU 中，CPU318 可以使用 OB10 和 OB11，其余 S7-300 CPU 只能使用 OB10。S7-400 系列中的高级 CPU 才可以使用 8 个日期时间中断组织块。这 8 个日期时间中断具有相同的优先级，CPU 按启动事件发生顺序进行处理。

在启动日期时间中断时，首先应设置中断，然后再激活中断。设置、激活中断有以下 3 种方法。

1）在 STEP 7 的硬件组态窗口设置并激活日期时间中断。如图 3-28 所示，在 HW Config（硬件组态窗口）中，双击机架中的 CPU 型号，在弹出的 CPU 属性窗口中选择“Timer-Of-Day Interrupts”选项页，选中“Active”激活 OB10，在“Execution”中选择执行方式（不执行、1 次、每分钟、每小时等），并在其后的两个编辑框内输入启动中断的日期和时间。保存并下载硬件组态，就可以实现在某个日期时间点执行该中断程序并从该时间点开始（不执行、1 次、每分钟、每小时等）执行。

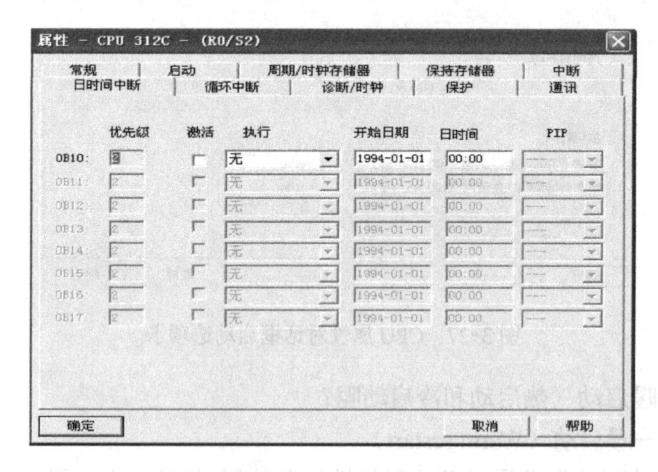

图 3-28　日期时间中断选项卡

2）在 STEP 7 的硬件组态窗口设置但不激活日期时间中断。方法同 1），只是不选中“激活”，之后通过在用户程序中调用系统功能 SFC30 “ACT-TINT”对日期时间中断进行激活。

3）调用系统功能 SFC28“SET-TINT”设置日期时间中断参数，调用系统功能 SFC30“ACT-TINT”激活日期时间中断。这样就不需要在硬件组态中预先设置。

3.5.3　实训：通过调用系统功能实现日期时间中断应用

【任务提出】

在 I0.0 的上升沿时启动日期时间中断 OB10，在 I0.1 为 1 时禁止日期时间中断，每次中断使用 MW2 加 1。从 2010 年 2 月 27 日 8 时开始，每分钟中断一次，每次中断 MW2 被加 1。

【任务分析】

跟日期时间中断相关的系统功能有：

SFC28“SET-TINT”：用来设置日期时间中断；

SFC30　“ACT-TINT”：用来对日期时间中断进行激活；

SFC29“CAN-TINT”：取消日期时间中断。

除此之外，该系统还要应用到 IEC 功能 FC3“D-TOD-DT”，它的作用是将日期和时间两个数据合成一个数据。

3-2　日期时间中断 FC12

【任务实施】

硬件组态部分与以往实训类似，不再赘述。

1．建立功能 FC12

用户建立 FC12 的目的有三个：第一，完成日期时间数据合并，为设置日期时间中断参数做准备；第二，设置日期时间参数；第三，完成取消日期时间中断功能。功能 FC12 具体实现如图 3-29 所示。

FC12：对日期时间中断操作程序

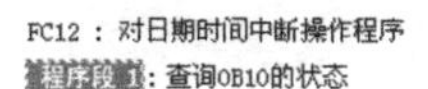

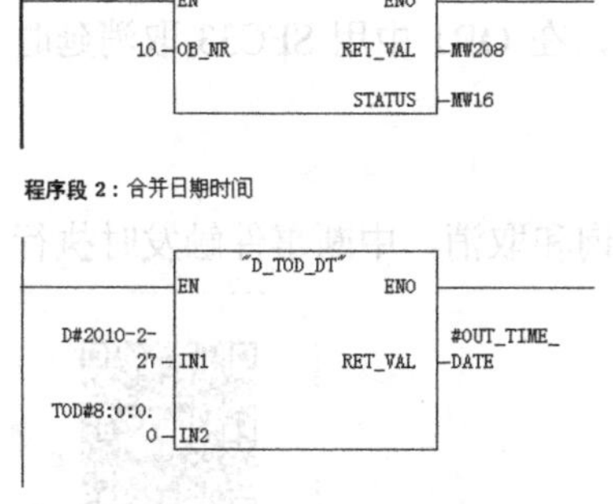

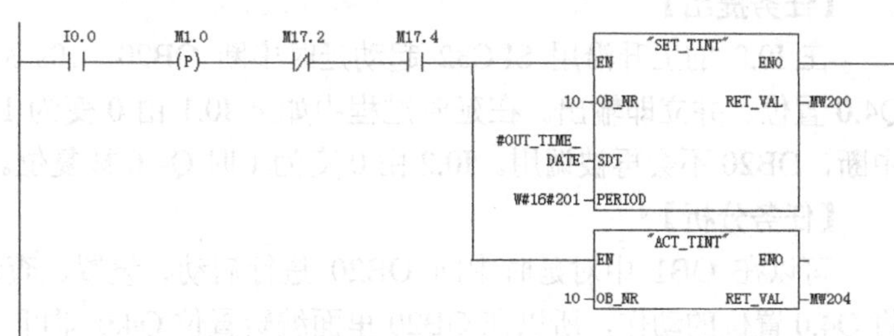

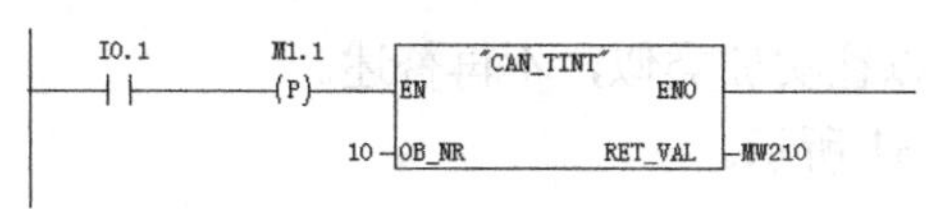

图 3-29　FC12 梯形图程序

2．编辑 OB10 和 OB1 程序

在 OB10 内编辑将 MW2 的值加 1 的功能，主程序 OB1 只需要调用 FC12 即可。如图 3-30 所示。

3-3　日期时间中断 OB10 和 OB1

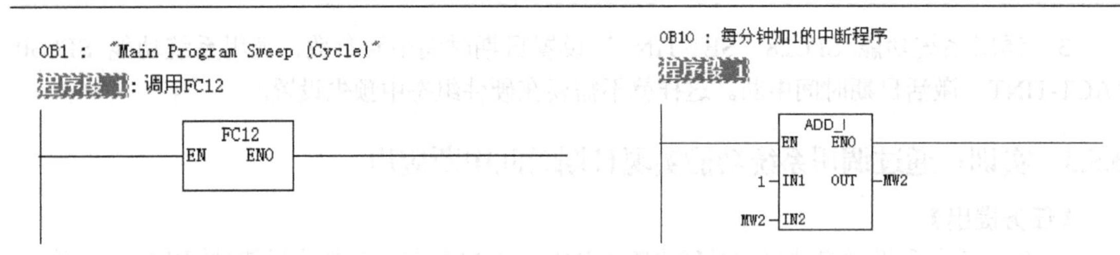

图 3-30　OB1、OB10 梯形图程序

3.5.4　延时中断组织块

延时中断组织块从某个日期时间点开始延时执行一次该中断。用户可以将需要延时执行的程序编写在延时中断组织块中。使用延时中断可以达到以 ms 为单位的高精度的延时，大大优于定时器精度。

S7-300 系列中，CPU318 能使用 OB20 和 OB21，其余 S7-300 CPU 只能使用 OB20。S7-400 系列 CPU 能够使用的延时中断与 CPU 型号有关。在 STEP 7 的硬件组态窗口可以看 CPU 支持的延时中断。

可以通过调用系统功能 SFC32“SRT_DINT”触发执行延时中断，延时时间在 SFC32 参数中进行设定，延时时间为 1～60000ms，大大优于定时器精度。

如果延时中断已经启动，而延时时间尚未到达时，可通过调用系统功能 SFC33“CAN_DINT”取消延时中断，还可以通过调用系统功能 SFC34“QRY_DINT”查询延时中断的状态。

3.5.5　实训：延时中断应用

【任务提出】

在 I0.0 的上升沿用 SFC32 起动延时中断 OB20，10s 后 OB20 被调用，在 OB20 中将 Q4.0 置位，并立即输出。在延时过程中如果 I0.1 由 0 变为 1，在 OB1 中用 SFC33 取消延时中断，OB20 不会再被调用。I0.2 由 0 变为 1 时 Q4.0 被复位。

【任务分析】

可以在 OB1 中对延时中断 OB20 进行启动、设置、查询和取消，中断事件触发时执行将 Q4.0 置位的动作，所以在 OB20 里面编辑置位 Q4.0 即可。

【任务实施】

硬件组态部分与以往实训类似，不再赘述。

程序设计如图 3-31 所示。

3-4　延时中断程序

3.5.6　循环中断组织块

循环中断组织块用于按精确的时间间隔循环执行中断程序，例如数据的周期性发送，PID 功能块的周期性调用等。间隔时间从“STOP”切换到“RUN”模式时开始计算，时间间隔不能小于 5ms，最大不能超过 60000ms（1min）。如果时间间隔过短，还没有执行完循环中断程序又开始调用它，将会产生时间错误事件，此时会调用时间错误事件 OB80。如果没有下载 OB80，CPU 会自动进入“STOP”模式。

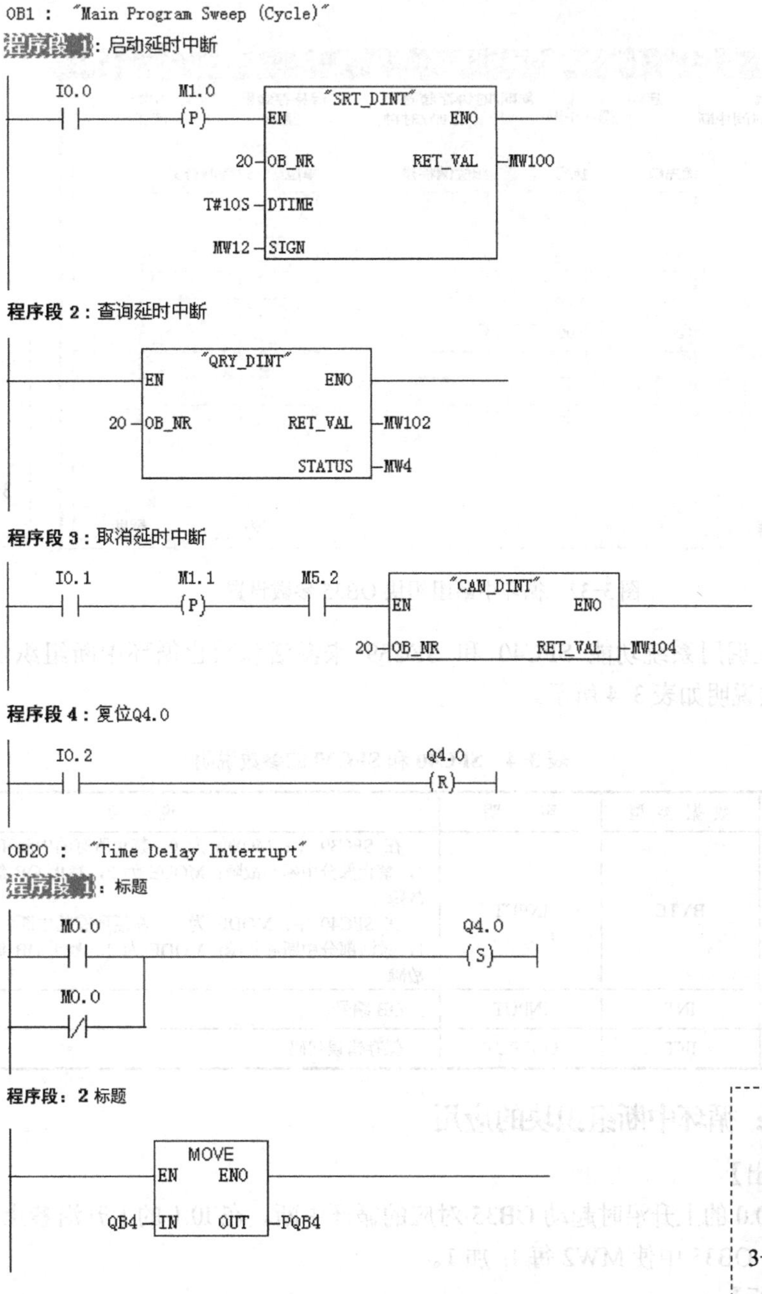

OB1 : "Main Program Sweep (Cycle)"

程序段 1：启动延时中断

I0.0　M1.0　(P)　"SRT_DINT"　EN　ENO
20 - OB_NR　RET_VAL - MW100
T#10S - DTIME
MW12 - SIGN

程序段 2：查询延时中断

"QRY_DINT"　EN　ENO
20 - OB_NR　RET_VAL - MW102
STATUS - MW4

程序段 3：取消延时中断

I0.1　M1.1　(P)　M5.2　"CAN_DINT"　EN　ENO
20 - OB_NR　RET_VAL - MW104

程序段 4：复位Q4.0

I0.2　Q4.0　(R)

OB20 : "Time Delay Interrupt"

程序段 1：标题

M0.0　Q4.0　(S)
M0.0

程序段：2 标题

MOVE　EN　ENO
QB4 - IN　OUT - PQB4

3-5　延时中断仿真

图 3-31　梯形图程序

大多数 S7-300 CPU 只有循环中断组织块 OB35，其余的 CPU 可以使用的循环中断组织块的个数跟 CPU 型号有关。OB35 默认的时间间隔为 100ms，在 OB35 中的用户程序将每隔 100ms 被调用一次，时间间隔可以根据需要进行更改。设置中断时间间隔的方法是：在硬件组态界面，双击机架中的 CPU 型号，在弹出的 CPU 属性窗口中选择“循环中断”标签，如图 3-32 所示。

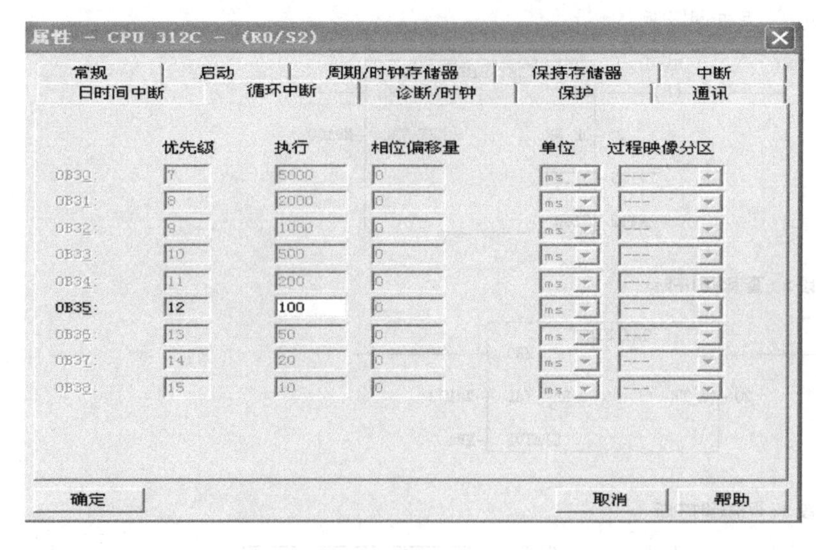

3-6 循环中断组织块

图 3-32 循环中断组织块 OB35 参数设置

可以通过调用系统功能 SFC40 和 SFC39 来激活和禁止循环中断组织块。SFC40 和 SFC39 的参数说明如表 3-4 所示。

表 3-4 SFC40 和 SFC39 的参数说明

参 数	数据类型	声 明	说 明
MODE	BYTE	INPUT	在 SFC39 中：MODE 为 0，禁止所有的中断和故障；MODE 为 1，禁止部分中断和故障；MODE 为 2，禁止 OB 编号指定的中断和故障 在 SFC40 中：MODE 为 0，激活所有的中断和故障；MODE 为 1，激活部分中断和故障；MODE 为 2，激活 OB 编号指定的中断和故障
OB_NR	INT	INPUT	OB 编号
RET_VAL	INT	OUTPUT	保存错误代码

3.5.7 实训：循环中断组织块的应用

【任务提出】

要求在 I0.0 的上升沿时起动 OB35 对应的循环中断，在 I0.1 的上升沿禁止 OB35 对应的循环中断，在 OB35 中使 MW2 每 1s 加 1。

【任务分析】

根据系统的控制要求，首先需要在硬件组态中将 OB35 的循环时间间隔修改为 1s，然后建立 OB35 组织块，在 OB35 中编辑 MW2 加 1 的程序，最后在主程序 OB1 中实现对 OB35 的调用、激活和禁止。

【任务实施】

硬件组态部分与以前实训类似，不再赘述。

程序设计如图 3-33 所示。

OB1 : "Main Program Sweep (Cycle)"

程序段 1：在I0.0的上升沿激活循环中断

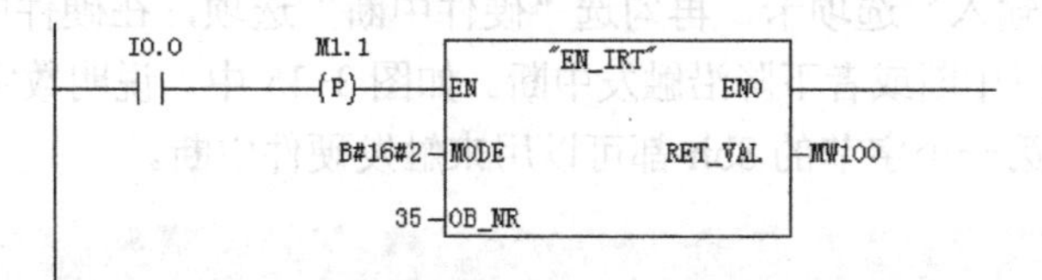

程序段 2：在I0.1的上升沿禁止循环中断

I0.1　M1.1　"DIS_IRT"

(P)　EN　ENO

B#16#2　MODE　RET_VAL　MW102

35　OB_NR

OB35 : "Cyclic Interrupt"

程序段 1：标题:

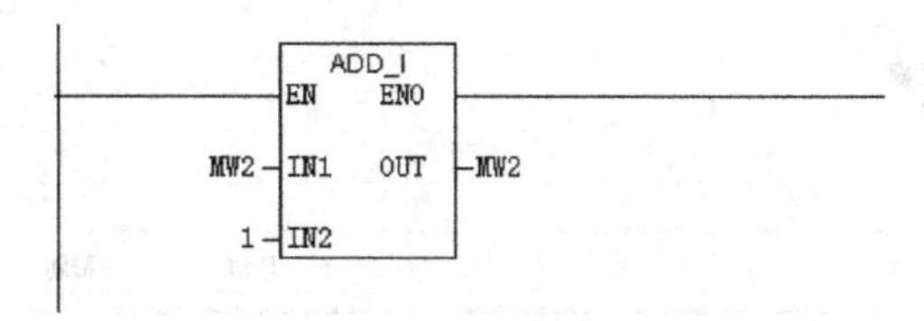

图 3-33　梯形图程序设计

3.5.8　硬件中断组织块

硬件中断组织块（OB40～OB47）用于快速响应输入模块、点对点通信处理模块（CP）和功能模块（FM）的信号变化。具有硬件中断功能的上述模块将中断信号传送到 CPU 时，将触发硬件中断。

S7-300 系列中，CPU318 可以使用 OB40 和 OB41，其余 S7-300 的 CPU 只能使用 OB40。S7-400 系列 CPU 可以使用的硬件中断 OB 的个数与其具体的 CPU 型号有关。

1）查看 CPU 支持的硬件中断组织块的方法如下：打开硬件组态界面，双击机架中的 CPU 型号，在弹出的 CPU 属性窗口中选择“中断”选项卡，如图 3-34 所示。CPU312C 只能使用 OB40。

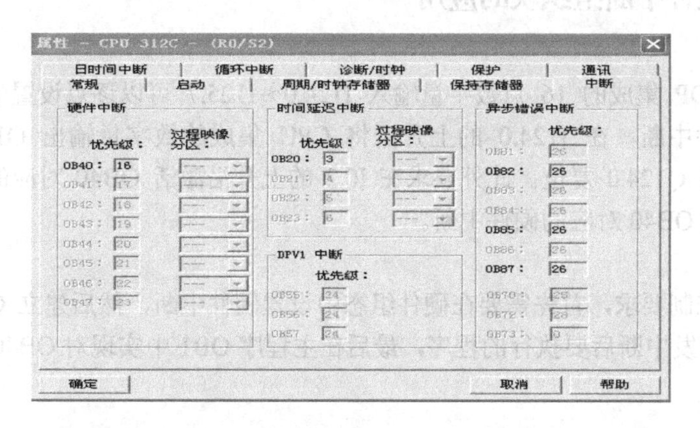

图 3-34　CPU 属性窗口“中断”选项卡

3-7　硬件中断组织块

2）设置中断触发信号的方法是：对于数字量输入模块，双击机架中的该模块，在弹出的属性窗口中选择“输入”选项卡，再勾选“硬件中断”选项，在硬件中断触发器中分别勾选逐点设置上升沿触发中断或者下降沿触发中断。如图3-35中，说明数字量输入模块DI14×DC24V，Interrupt的第一个字节的8bit都可以用来触发硬件中断。

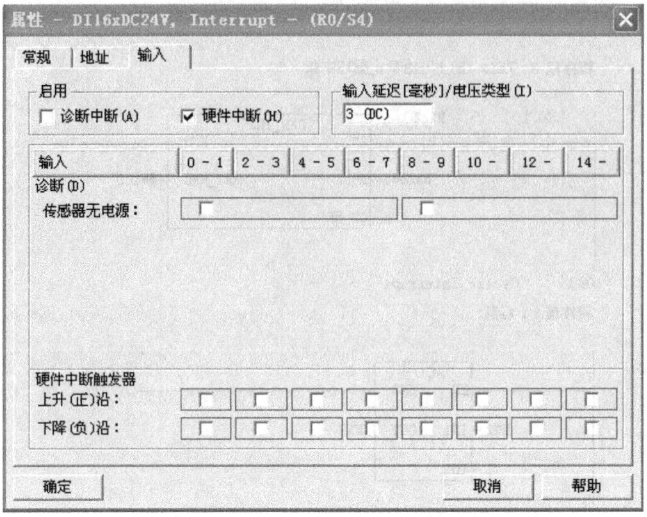

图3-35　硬件中断组织块OB40中断触发条件设置界面

除此之外，也可以使用循环中断组织块中的方法，用SFC39和SFC40来取消和激活中断，具体方法参考下面实训。

3）在OB40中编写硬件中断程序。

OB40有两个临时变量OB_MDL_ADDR和OB_POINT_ADDR，操作系统调用OB40中的程序时，用OB40的OB40_MDL_ADDR（字）向用户提供模块的起始字节地址，用OB40_POINT_ADDR（双字）提供数字量输入模块产生硬件中断的点的编号。OB40通过OB40_MDL_ADDR和OB40_POINT_ADDR提供的地址信息，用比较指令判断是哪个模块、模块中哪个点产生的硬件中断，然后对中断事件做出相应的处理。

3.5.9　实训：硬件中断组织块的应用

【任务提出】

CPU 313C-2DP集成的16点数字量输入I124.0～I125.7可以逐点设置中断特性，通过OB40对应的硬件中断，在I124.0的上升沿将CPU集成的数字量输出Q124.0置位，在I124.1的下降沿将Q124.0复位。此外要求在I0.2的上升沿激活OB40对应的硬件中断，在I0.3的下降沿禁止OB40对应的硬件中断。

【任务分析】

根据系统的控制要求，首先需要在硬件组态中设置硬件中断，然后建立OB40组织块，在OB40中编辑触发中断后要执行的程序，最后在主程序OB1中实现对OB40的调用、激活和禁止。

【任务实施】

1. 硬件组态

硬件组态过程如图 3-36、图 3-37 所示。在硬件组态界面双击 I/O 模块，弹出属性对话框，选择“Inputs”标签，在“Hardware interrupt”选项中选择触发硬件中断的输入点，并勾选触发中断的上升沿或者下降沿。

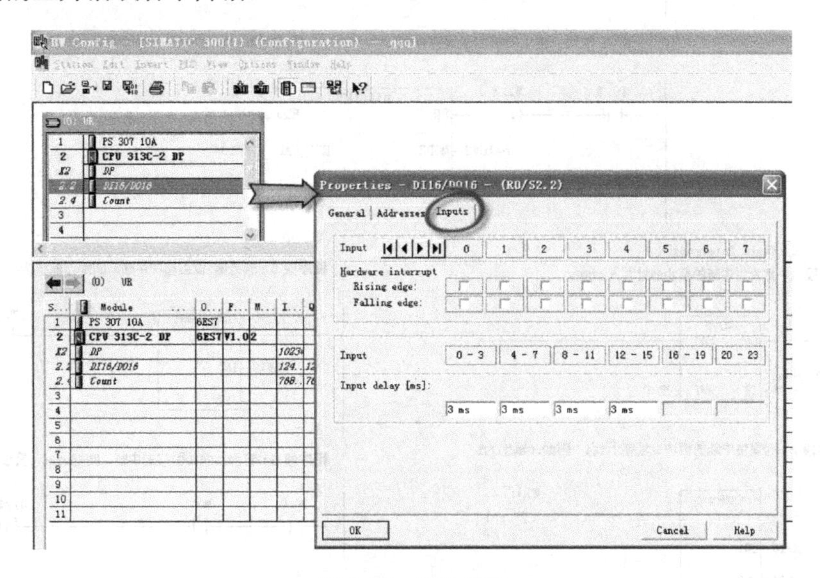

图 3-36　硬件组态

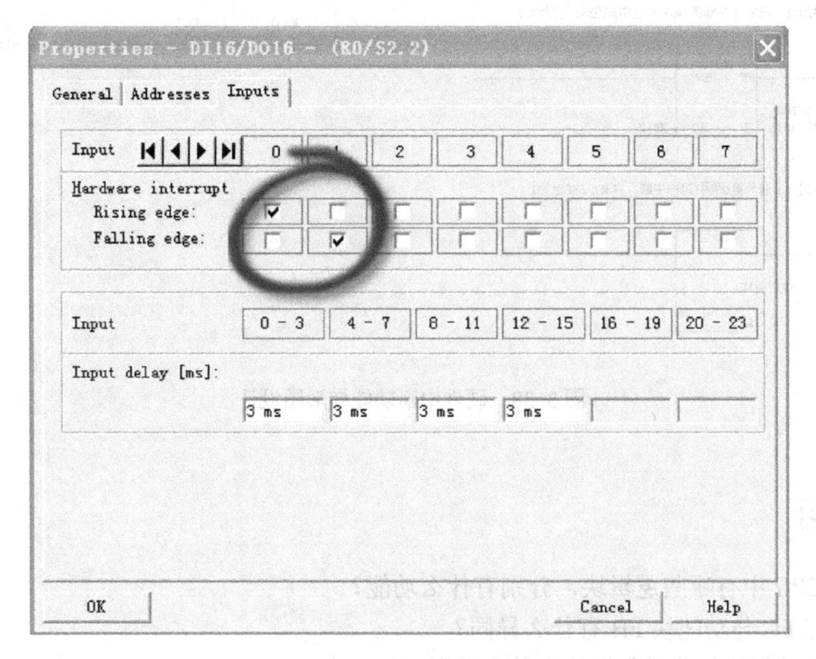

图 3-37　硬件中断组织块 OB40 中断触发条件设置

2. 程序设计

组织块 OB1、OB40 程序设计如图 3-38 所示。

OB1 : "Main Program Sweep (Cycle)"

程序段 1：在I0.2的上升沿激活硬件中断

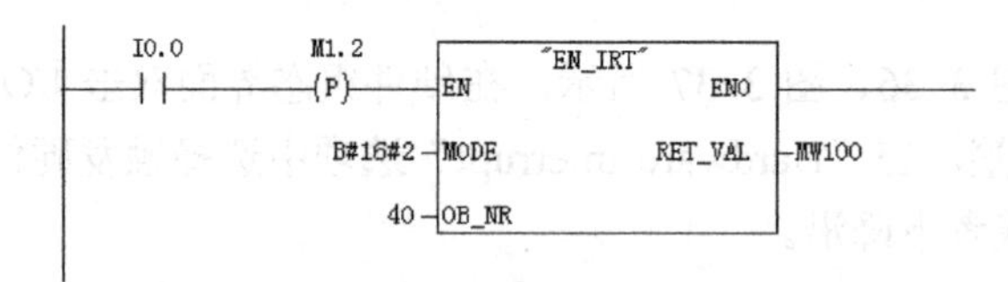

程序段 2：在I0.3的上升沿禁止硬件中断

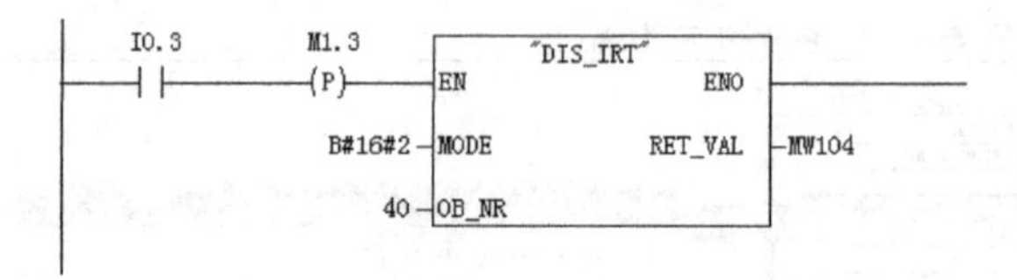

OB40 : "Hardware Interrupt"

程序段 1：把发生中断的模块地址写入到MW10

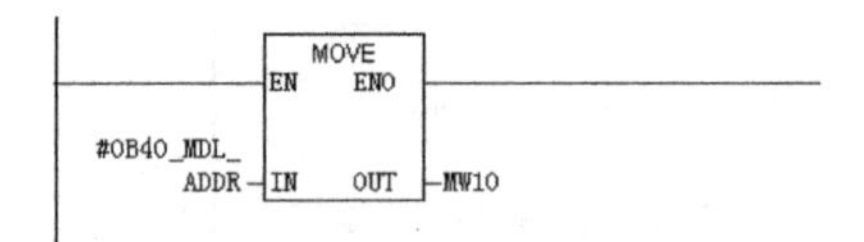

程序段 2：若发生中断的模块地址等于124，则M0.0输出为1

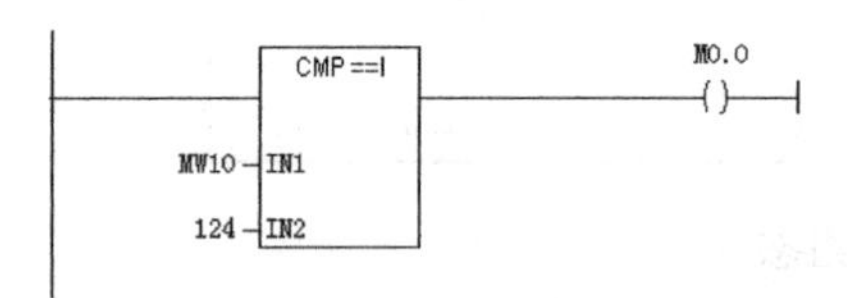

程序段 3：把发生中断的模块地址中的位写入到MW12

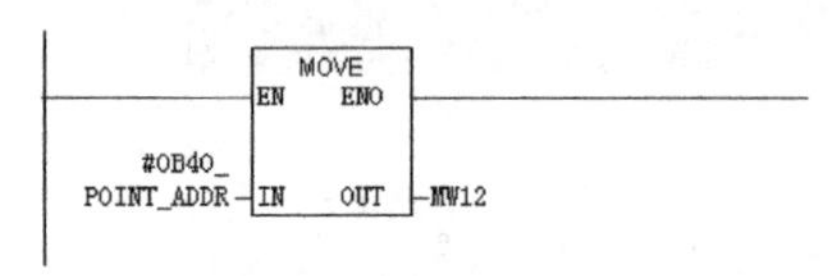

程序段 4：若为第0位引起的中断，则M0.1输出为1

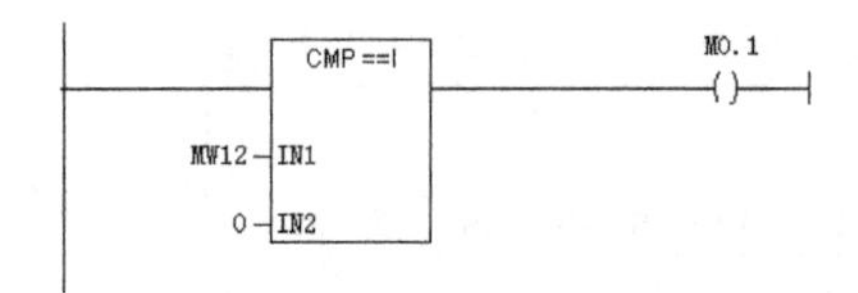

程序段 5：若为第1位引起的中断，则M0.1输出为1

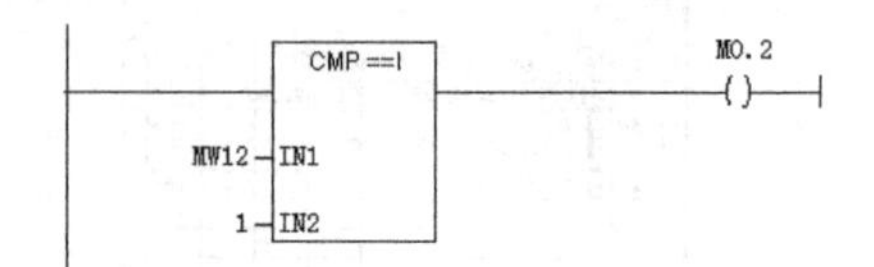

程序段 6：若为I124.0引起的中断，则把Q124.0置位

M0.0　M0.1　Q124.0 (S)

程序段 7：若为I124.1引起的中断，则把Q124.0置位

M0.0　M0.2　Q124.0 (R)

图 3-38　硬件中断功能梯形图设计

3.6　练习

1. STEP 7 中有哪些逻辑块，分别有什么功能？
2. 功能 FC 与功能块 FB 有什么异同？
3. 共享数据块与背景数据块有什么异同？
4. 变量声明表中为什么要定义临时变量？
5. 延时中断有什么功能，它与定时器字的功能有什么区别？

第4章 顺序控制设计法与S7-GRAPH

用经验设计法设计梯形图时，没有固定的方法和步骤可以遵循，具有很大的试探性和偶然性，对设计人员的经验依赖性很大。经验设计法比较适合较为简单的系统和经验丰富的设计者。在设计复杂系统的梯形图时，需要用大量的中间单元来完成记忆、自锁、互锁等功能，由于需要考虑的因素太多，它们往往又交织在一起，分析起来非常困难，很容易遗漏。当修改某一局部电路时，很可能对系统其他电路造成意想不到的影响。所以用经验法设计的复杂电路往往很难阅读，给系统的维护和改进带来很大困难。

在面对复杂的控制系统时，可以将整个控制任务按照时间划分成能够实现不同功能的阶段（或者叫作工序），通过转换条件使各阶段相互衔接，按顺序依次执行。这就是顺序控制设计法的思想。

【本章学习目标】

① 了解顺序控制设计法及顺序功能图；

② 掌握顺序功能图的设计方法和设计步骤；

③ 掌握在S7-GRAPH编程语言环境下完成顺序控制系统的设计及调试方法；

④ 利用S7-GRAPH语言完成十字路口交通灯控制系统的设计与调试。

4.1 顺序控制设计法

所谓顺序控制，就是按照生产工艺预先规定的顺序，在各个输入信号的作用下，根据内部状态和时间的顺序，在生产过程中各个执行机构自动地有秩序地进行操作。使用顺序控制设计法首先根据系统的工艺过程，画出顺序功能图，然后根据顺序功能图编写梯形图程序。

顺序功能图（Sequential Function Chart，SFC）是描述控制系统的控制过程、功能和特性的一种图形，S7-300的S7-GRAPH就是一种顺序功能图语言。西门子S7-200系列PLC没有配备顺序功能图语言，但是可以用顺序功能图来描述系统的功能，帮助分析控制过程，再根据顺序功能图来编写梯形图。S7-300系列PLC利用S7-GRAPH语言完成的顺序功能图可以直接下载到硬件中执行。本节内容主要介绍顺序功能图的画法和顺序控制设计步骤。

4.1.1 顺序功能图

1. 步的概念

顺序控制设计法最基本的思想是将系统的一个工作周期划分为若干个顺序相连的阶段，这些阶段称为步（Step），并用编程元件（例如位存储器M）来代表各步。步是根据输出量的状态变化来划分的，在任何一步之内，每个输出量的状态不变，但是相邻两步的输出量状态应该是不同的，步的这种划分方法使代表各步的编程元件的状态与各输出量的状态之间有着极为简单的逻辑关系。

顺序控制设计法用转换条件控制代表各步的编程元件，让它们的状态按规定的顺序变化，然后用代表各步的编程元件区控制 PLC 的各输出位。

举例如下：有两台风机，一台为引风机，另一台为鼓风机。要求按下起动按钮 I0.0 后，引风机开始工作，5s 后鼓风机开始工作，按下停止按钮 I0.1 后，鼓风机停止工作，5s 后引风机再停止工作。分析控制要求，整个控制周期可以分为四个阶段（四步）：第一步，按下起动按钮之前，此时控制引风机的 Q0.0 为 0，控制鼓风机的 Q0.1 为 0；第二步，按下起动按钮后 5s 内，Q0.0 为 1，Q0.1 为 0；第三步，按下起动按钮后 5s 后，Q0.0 为 1，Q0.1 为 1；第四步，按下停止按钮 I0.1 后 5s 内，Q0.0 为 1，Q0.1 为 0；按下停止按钮 I0.1 后 5s 后，循环回到第一步。整个控制过程波形图如图 4-1 所示。

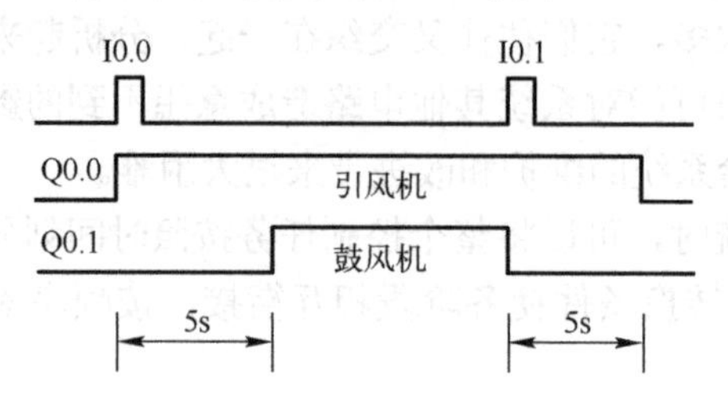

图 4-1 控制过程波形图

把该过程画成顺序功能图如图 4-2 所示，用 M0.0～M0.3 分别表示四步。M0.0 表示初始步，初始步一般是系统等待启动命令的相对静止的状态，用双线框表示。当系统正处于某一步所在的阶段时，称该步处于活动状态，该步为“活动步”。

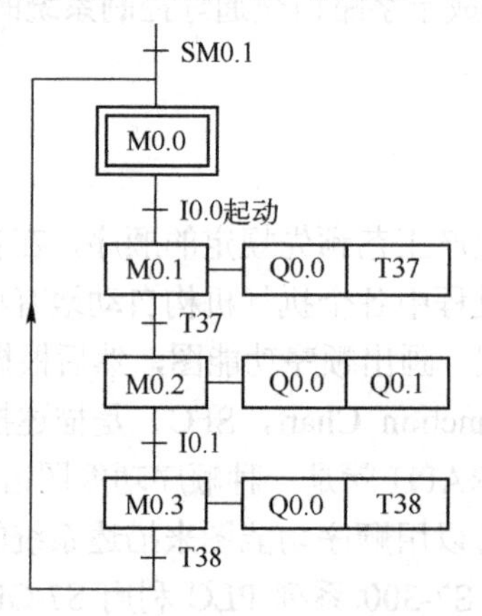

图 4-2 引风机鼓风机控制顺序功能图

2．与步对应的动作

在顺序功能图中，PLC 的输出被称为“动作”，动作放在矩形框内，并与其所在的步对应的方框相连。步允许有多个动作，如图 4-3 所示。

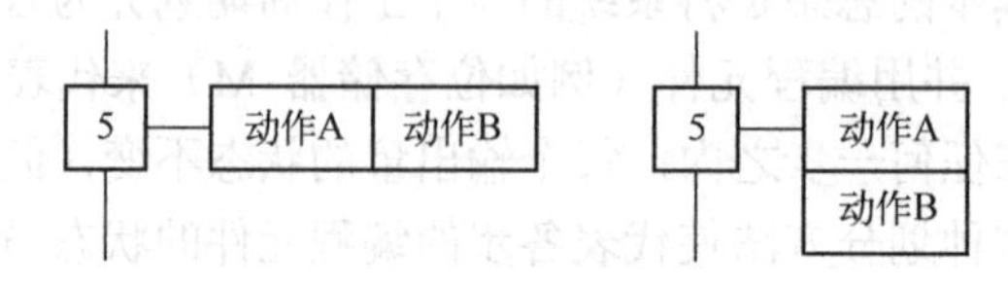

图 4-3 步对应多个动作

3．有向连线

在顺序功能图中，随着时间的推移和转换条件的实现，将会发生步的活动状态的进展，这种进展按有向连线规定的路线和方向进行。在画顺序功能图的时候，将代表各步的方框按它们成为活动步的先后次序顺序排列，并用有向连线将它们连接起来。步的活动状态默认的进展方向是从上到下或从左到右，在这两个方向有向连线上的箭头可以省略。如果不是上述的方向，则应在有向连线上用箭头注明进展方向，比如最后一步循环回初始步的时候应在有向连线上标上向上的箭头。

4．转换与转换条件

步与下一步之间需要转换，否则系统无法进行下去，转换需要条件，也就是某种条件满足的情况下系统才会从上一步转换到下一步。转换用有向连线上与有向连线相垂直的短画线来表示，转换将相邻的两步分隔开。

使系统由当前所在的步进入下一步的信号称为转换条件，转换条件可以是外部的输入信号，也可以是 PLC 内部产生的信号，例如定时器、计数器触点的通断等，转换条件还可以是若干个信号的与、或、非逻辑组合。顺序功能图各部分构成如图 4-4 所示。

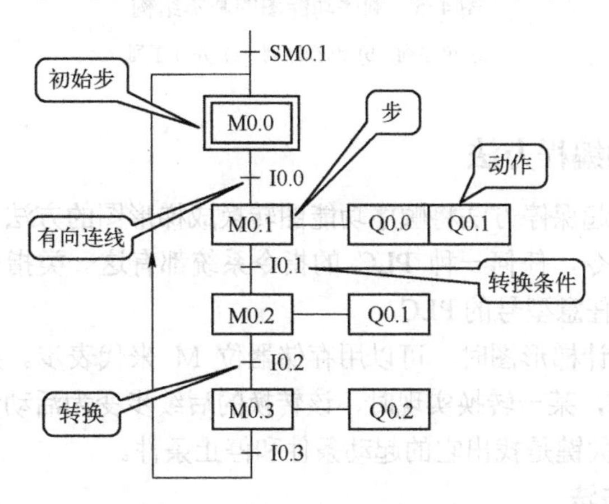

图 4-4　顺序功能图各部分构成

4.1.2　顺序功能图的基本结构

顺序功能图的基本结构有单序列、选择序列和并行序列。单序列是最为简单的结构（图 4-5a），由初始步开始从上而下依次执行，执行到最后一步再循环回初始步；选择序列是指在系统某一步跳转时产生分支，可以跳到某一分支，也可以跳往其他分支，满足哪一分支的转换条件就跳转到哪一分支，但只能跳转到其中一个分支（图 4-5b）。而并行序列指某一步的下一步变为多个分支并行的情况，当满足转换条件时，同时跳转到多个分支，多个分支并行执行。需要注意的是，只有在多个分支都执行完毕，同时满足转换条件的情况下，才能由多个分支同时汇合到主干支路上（图 4-5c）。

连接顺序功能图时的注意事项：

① 两个步绝对不能直接相连，必须用一个转换将它们分隔开。

② 两个转换也不能直接相连，必须用一个步将它们分隔开。

③ 不要漏掉初始步。

④ 在顺序功能图中一般应有由步和有向连线组成的闭环。

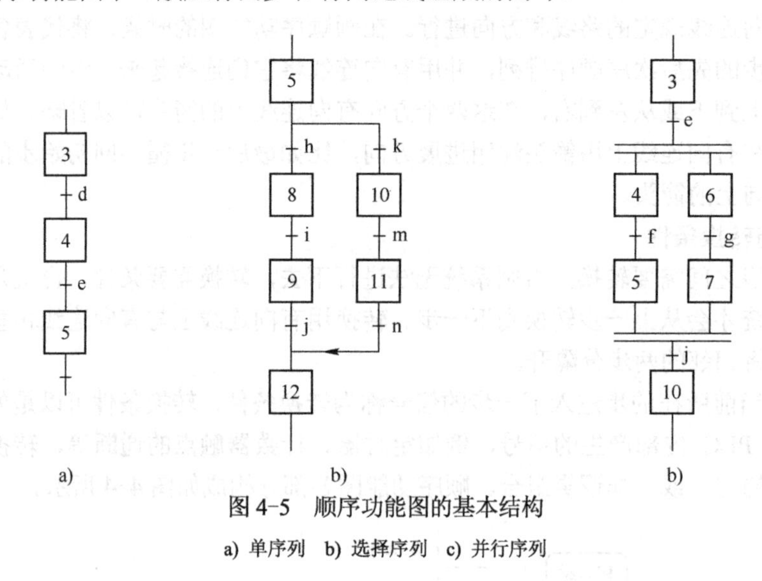

图 4-5　顺序功能图的基本结构

a) 单序列　b) 选择序列　c) 并行序列

4.1.3　顺序功能图的编程方法

本节着重介绍利用起保停方法将顺序功能图转换成梯形图的方法，起保停电路仅仅使用与触点和线圈有关的指令，任何一种 PLC 的指令系统都有这一类指令，因此这是一种通用的编程方法，可以用于任意型号的 PLC。

根据顺序功能图设计梯形图时，可以用存储器位 M 来代表步。某一步为活动步时，对应的存储器位为 1 状态，某一转换实现时，该转换的后续步变为活动步，前级步变为不活动步。设计起保停电路的关键是找出它的起动条件和停止条件。

1．单序列的编程方法

图 4-6 为起保停电路顺序控制单序列梯形图设计，图中步 M_i 有前一步 M_{i-1} 和后一步 M_{i+1}，如 M_i 为活动步，转换条件 X_i 满足时，则步 M_i 转换到步 M_{i+1}。

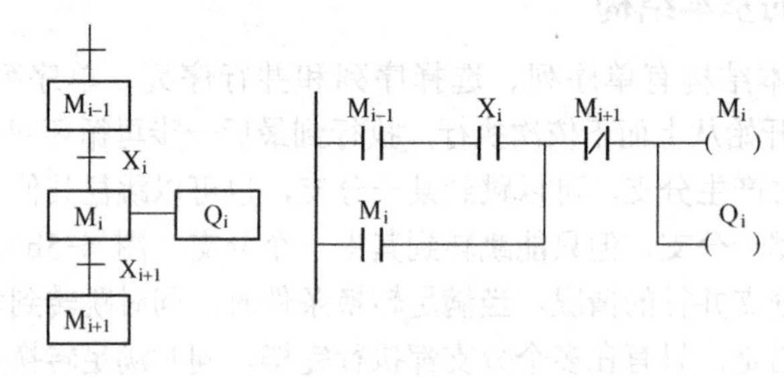

图 4-6　起保停电路顺序控制单序列梯形图设计

2．选择序列的编程方法

图 4-7 为选择序列顺序功能图与梯形图，图中步 M_i 向下转换有两条路径可以选择，根据转换条件，如果 L_{i+1} 条件满足，则步 M_i 转换到步 M_{i+1}；如果 L_{i+2} 条件满足，则步 M_i 转换

到步 M_{i+3}，但 M_i 不会同时向两步转换。合并时，只要步 M_{i+2} 为活动步有转换条件 L_{i+5} 满足，步 M_{i+2} 就能转换到步 M_{i+5}；同样只要步 M_{i+4} 为活动步有转换条件 L_{i+6} 满足，步 M_{i+4} 就能转换到步 M_{i+5}。

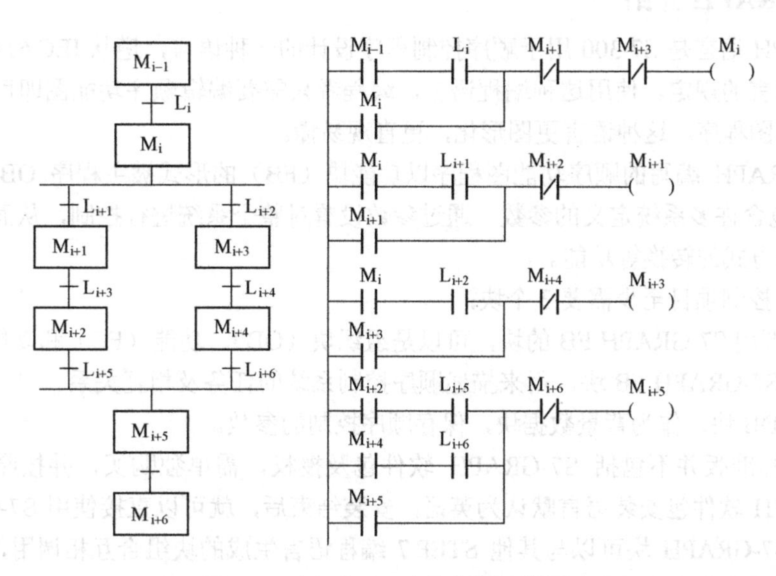

图 4-7　选择序列顺序功能图与梯形图

3．并行序列的编程方法

图 4-8 为并行序列的顺序功能图与梯形图，与选择序列不同的是，并行序列的分支是同时进行的，步 M_i 为活动步且转换条件 L_{i+1} 满足，则步 M_{i+1} 和 M_{i+3} 同时变为活动步。合并时，只有步 M_{i+2} 和步 M_{i+4} 都为活动步，同时转换条件 L_{i+4} 满足，才能转换到步 M_{i+5} 为活动步。

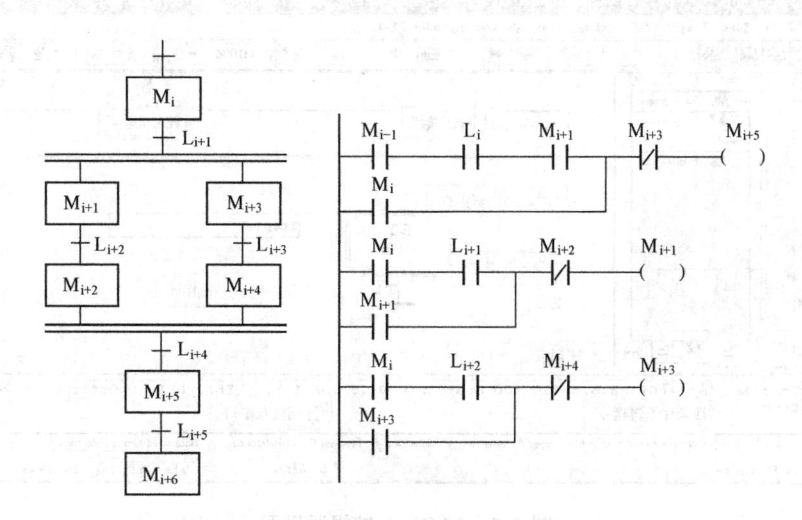

图 4-8　并行序列的顺序功能图与梯形图

4.2 西门子 S7-GRAPH 应用

4.2.1 S7-GRAPH 介绍

S7-GRAPH 语言是 S7-300 用于顺序控制程序设计的一种语言，遵从 IEC 61131-3 标准中的顺序控制语言的规定。使用这种编程语言，编程者只需要编辑顺序功能图即可执行，不需要转换为梯形图程序。这种语言更图形化，更直观易懂。

用 S7-GRAPH 编写的顺序功能图程序以功能块（FB）的形式被主程序 OB1 调用。S7-GRAPH FB 包含许多系统定义的参数，通过参数设置对整个系统进行控制，从而实现系统的初始化和工作方式的转换等功能。

一个顺序控制项目至少需要 3 个块：

1）一个调用 S7-GRAPH FB 的块，可以是组织块（OB）、功能（FC）和功能块（FB）。

2）一个 S7-GRAPH FB 块，用来描述顺序控制系统的任务及相互关系。

3）一个 DB 块，作为背景数据块，保存顺序控制的参数。

STEP 7 标准版并不包括 S7-GRAPH 软件包及授权，需单独购买，并按照提示进行安装。S7-GRAPH 软件包安装语言默认为英语，安装结束后，就可以直接使用 S7-GRAPH。在 S7 程序中，S7-GRAPH 块可以与其他 STEP 7 编程语言生成的块组合互相调用，S7-GRAPH 生成的块也可以作为库文件被其他语言引用。

4.2.2 了解 S7 Graph 编辑器

1. S7 Graph 编辑器界面

如图 4-9 所示，S7 Graph 编辑器由生成和编辑程序的工作区、标准工具栏、视窗工具栏、浮动工具栏、详细信息窗口和浮动的浏览窗口等组成。

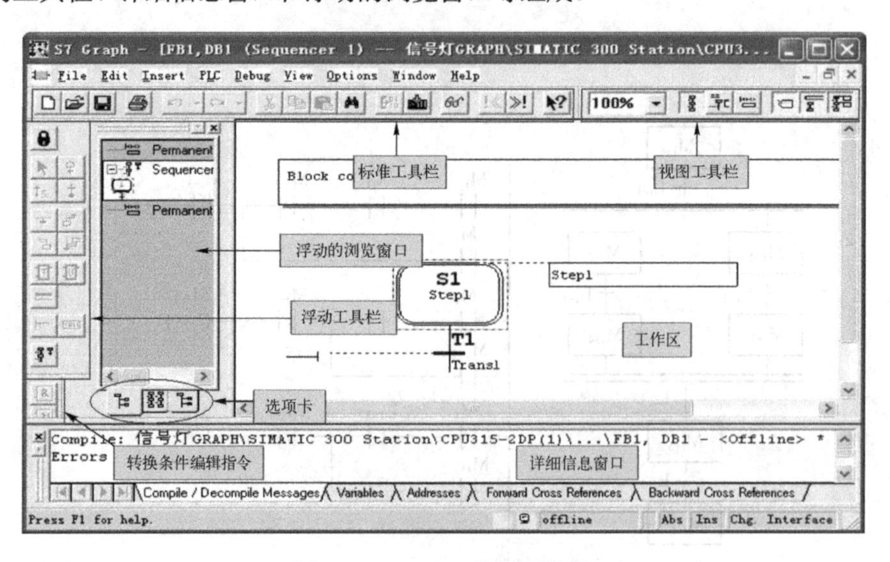

图 4-9 S7 Graph 编辑器界面

2. 视窗工具栏

视窗工具栏各按钮功能如图 4-10 所示。

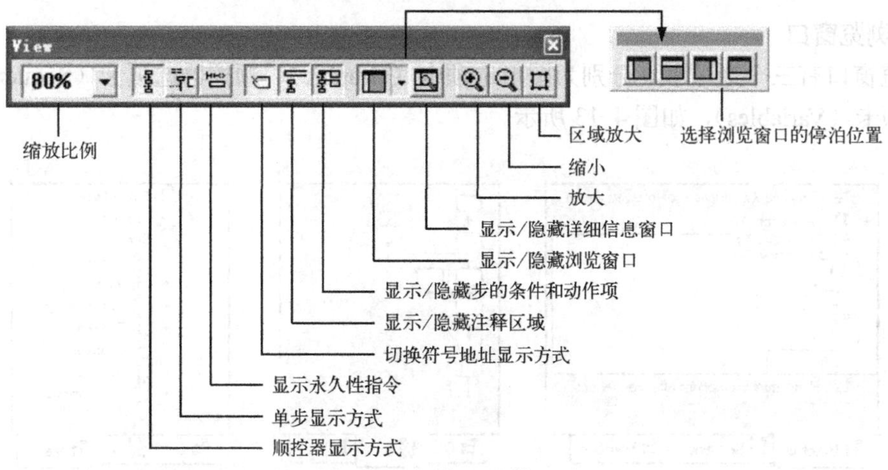

图 4-10　视窗工具栏界面

3. Sequencer 浮动工具栏

Sequencer 浮动工具栏中各按钮功能如图 4-11 所示。

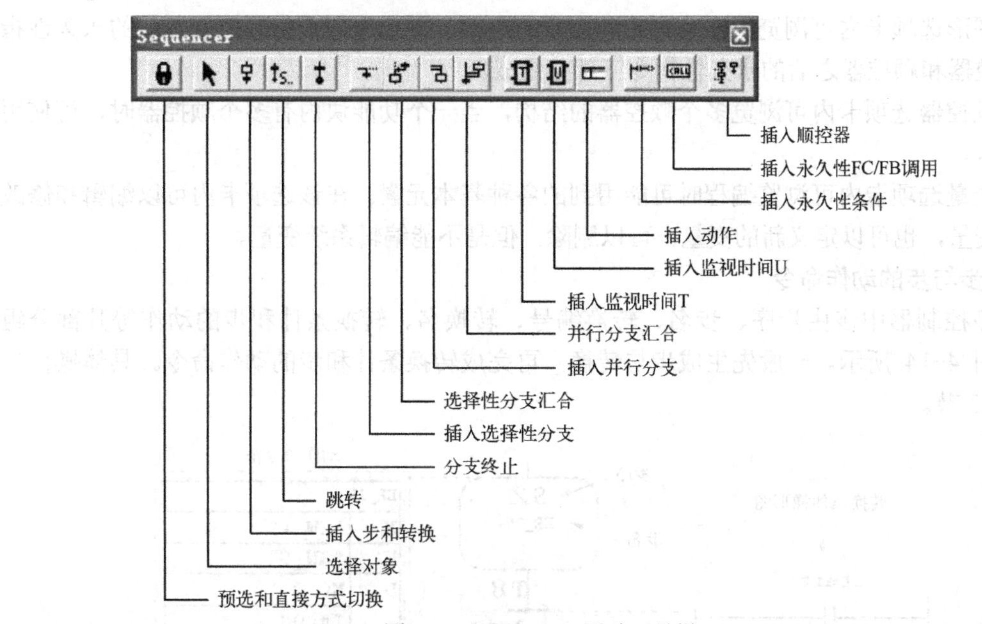

图 4-11　Sequencer 浮动工具栏

4. 转换条件编辑工具栏

转换条件编辑工具栏中各按钮功能如图 4-12 所示。

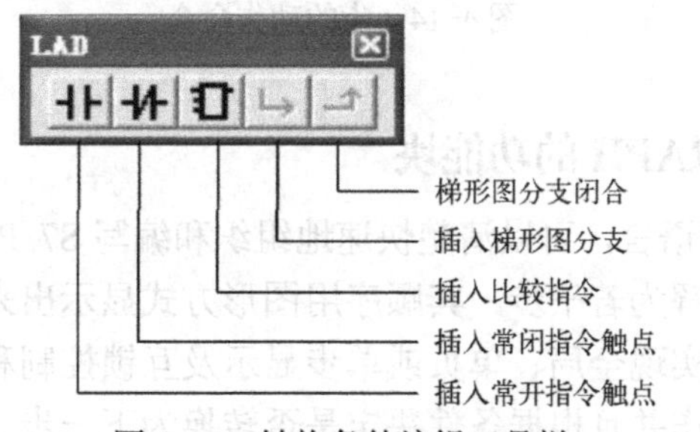

图 4-12　转换条件编辑工具栏

5. 浏览窗口

浏览窗口有三个选项卡，分别为图形选项卡（Graphic）、顺控器选项卡（Sequencer）和变量选项卡（Variables），如图 4-13 所示。

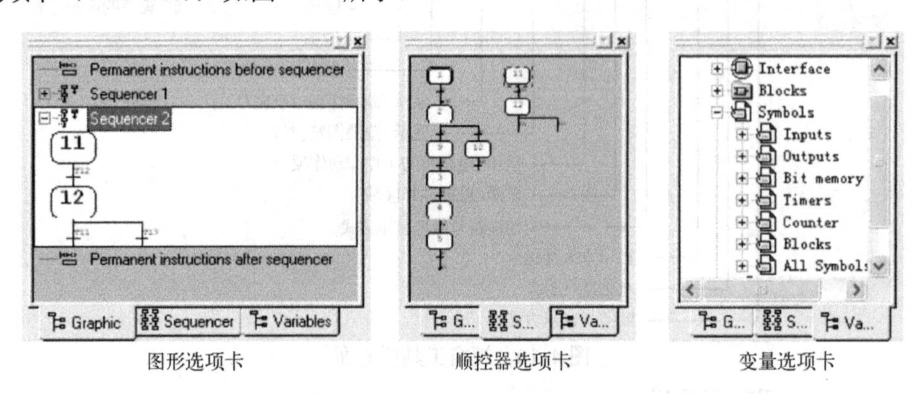

图 4-13　浏览窗口

在图形选项卡内可浏览正在编辑的顺控器的结构，图形选项卡由顺控器之前的永久性指令、顺控器和顺控器之后的永久性指令三部分组成。

在顺控器选项卡内可浏览多个顺控器的结构，当一个功能块内有多个顺控器时，可使用该选项卡。

在变量选项卡内可浏览编程时可能用到的各种基本元素。在该选项卡内可以编辑和修改现有的变量，也可以定义新的变量；可以删除，但是不能编辑系统变量。

6. 步与步的动作命令

顺序控制器中步由步序、步名、转换编号、转换名、转换条件和步的动作等几部分组成，如图 4-14 所示。一般先生成步与转换，再完成转换条件和步的动作命令。具体操作方法见 4.2.3 节。

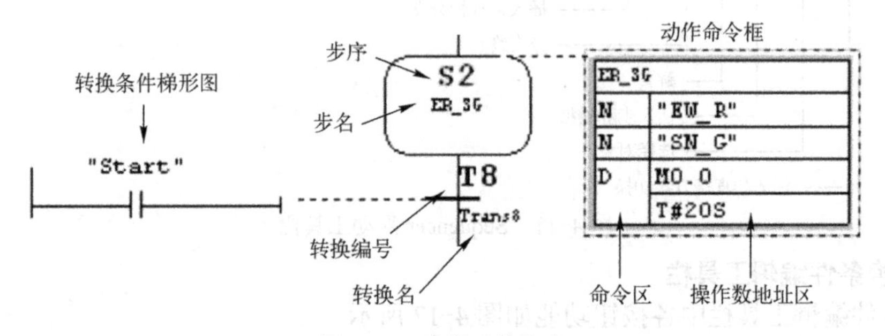

图 4-14　步的动作命令

4.2.3　创建使用 S7-GRAPH 的功能块

利用 S7-GRAPH 编程语言，可以清楚快速地组织和编写 S7 PLC 系统的顺序控制程序。它根据功能将控制任务分解为若干步，其顺序用图形方式显示出来并且可形成图形和文本方式的文件。可非常方便地实现全局、单页或单步显示及互锁控制和监视条件的图形分离。在每一步中要执行相应的动作并且根据条件决定是否转换为下一步。它们的定义、互锁或监视功能用 STEP 7 的编程语言 LAD 或 FBD 来实现。下面用运输带控制系统的例子来介绍 S7-GRAPH 编程。

如图 4-15 中的两条运输带顺序相连，为了避免运送的物料在 1 号运输带上堆积，起动时应先起动 1 号运输带，延时 6s 后自动起动 2 号运输带。

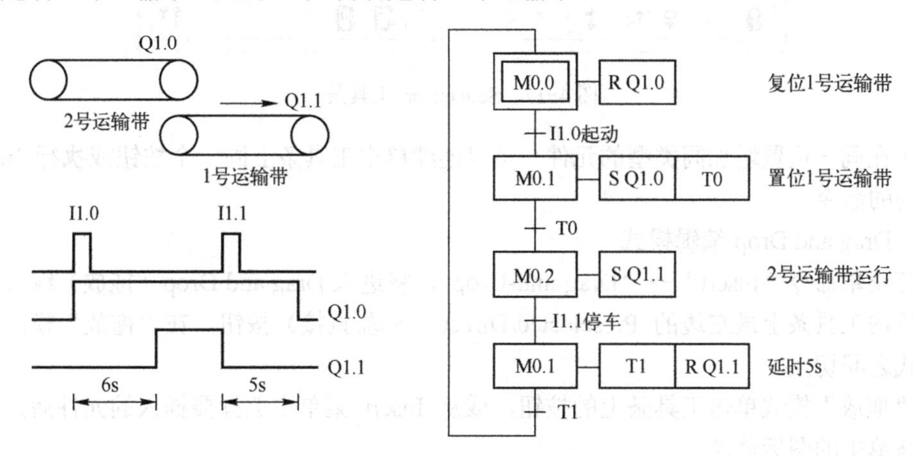

图 4-15　运输带控制系统示意图与顺序功能图

停机时为了避免物料的堆积，应尽量将皮带上的余料清理干净，使下一次可以轻载起动，停机的顺序应与起动的顺序相反，即按了停止按钮后，先停 2 号运输带，5s 后再停 1 号运输带。图 4-15 给出了输入输出信号的波形图和顺序功能图。控制 1 号运输带的 Q1.0 在步 M0.1～M0.3 中都应为 1。为了简化顺序功能图和梯形图，在步 M0.1 将 Q1.0 置为 1，在初始步将 Q1.0 复位为 0。

1．创建使用 S7-GRAPH 语言的功能块 FB

1）打开 SIMATIC 管理器中的“Blocks”文件夹。

2）用右键单击屏幕右边的窗口，在弹出的菜单中执行命令“Insert New Object”→“Function Block”。

3）在“Properties”→“Function Block”对话框中选择编程语言为 GRAPH，功能块的编号为 FB1，如图 4-16 所示。单击 OK 按钮确认后，自动打开刚生成的 FB1，FB1 中有自动生成的第 1 步 Step 1 和第 1 个转换 Trans1。

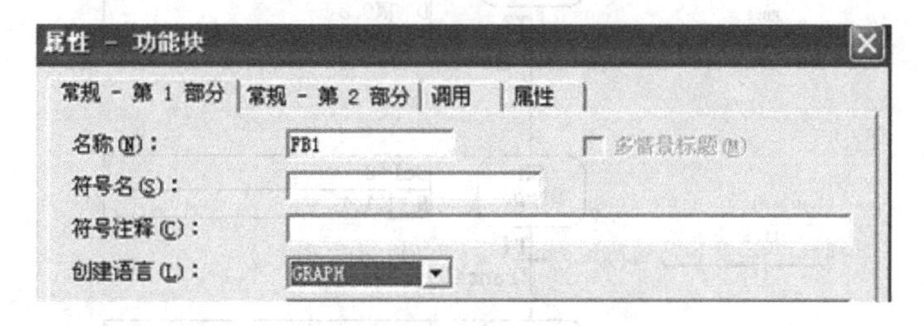

图 4-16　功能块属性对话框

2．S7-GRAPH 的两种编辑模式

（1）Direct（直接）编辑模式

执行菜单命令“Insert”→“Direct”将进入 Direct 编辑模式。

如果希望在某一元件的后面插入新的元件，首先用鼠标选择该元件，单击工具条上希望插入的元件对应的按钮（如图 4-17），或从 Insert 菜单中选择要插入的元件。

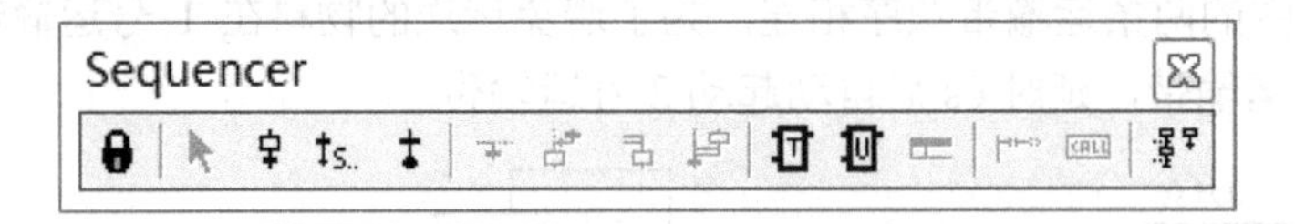

图 4-17　Sequencer 工具条

为了在同一位置增加同类型的元件，可以连续单击工具条上同一个按钮或执行 Insert 菜单中相同的命令。

（2）Drag and Drop 编辑模式

执行菜单命令“Insert”→“Drag-and-Drop”，将进入 Drag and Drop（拖放）编辑模式。也可以单击工具条上最左边的 Preselected/Direct（预选/直接）按钮，在“拖放”模式和“直接”模式之间切换。

在“拖放”模式单击工具条上的按钮，或从 Insert 菜单中选择要插入的元件后，鼠标将会带着被单击的图标移动。

如果鼠标附带的图形有 prohibited（禁止）信号，即“⊘”（带红色边框的圆圈中间有一条 45° 的红线），则表示该元件不能插在鼠标当前的位置。在允许插入该元件的区域“禁止”标志消失，单击鼠标便可以插入一个拖动的元件。插入完同类元件后，在禁止插入的区域单击鼠标的左键，跟随鼠标移动的图形将会消失。

3．生成顺序控制器的基本框架

1）在 Direct 编辑模式，用鼠标选中刚打开的 FB 1 窗口中工作区内初始步下面的转换，该转换变为浅紫色。单击 3 次工具条中的步与转换按钮，将自上而下增加 3 个步和 3 个转换（见“图 4-18”）。

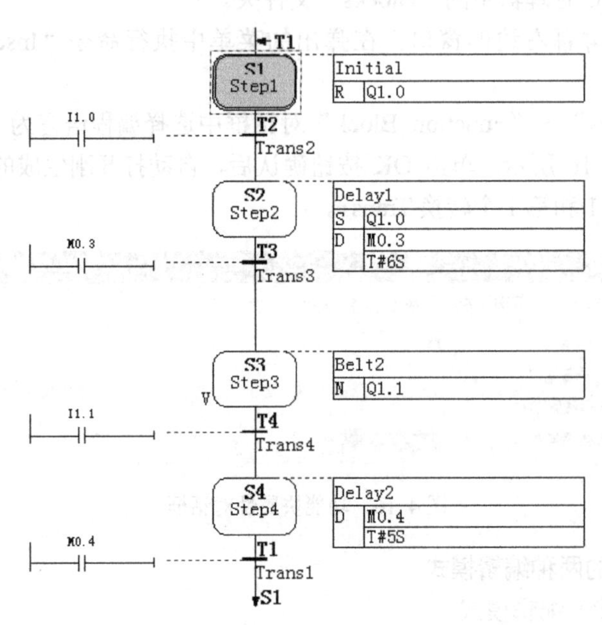

图 4-18　运输带控制系统的顺序功能图

2）用鼠标选中最下面的转换，单击工具条中的跳步按钮，输入跳步的目标步 S1。在步 S1 上面的有向连线上，自动出现一个水平的箭头，它的右边标有转换 T4，相当于生成了一条起于 T4，止于步 S1 的有向连线（见图 4-18）。至此步 S1～S4 形成了一个闭环。

4．步与动作的编程

表示步的方框内有步的编号（例如 S2）和步的名称（例如 Delay1），单击后可以修改它们，不能用汉字作步和转换的名称。

执行菜单命令“View”→“Display with”→“Conditions and Actions”，可以显示或关闭各步的动作和转换条件。在“直接”模式，用鼠标右键单击步右边的动作框，在弹出的菜单中执行命令“Insert New Object”→“Action”，将插入一个空的动作行。

一个动作行由命令和地址组成，它右边的方框用来写入命令，下面是一些常用的命令：

1）命令 S：当步为活动步时，使输出置位为 1 状态并保持。

2）命令 R：当步为活动步时，使输出复位为 0 状态并保持。

3）命令 N：当步为活动步时，输出为 1；该步变为不活动步时，输出被复位为 0。

4）命令 L：用来产生宽度受限的脉冲，当该步为活动步时，该输出被置 1 并保持一段时间，该时间由 L 命令下面一行中的时间常数决定，格式为“T#n”，n 为延时时间，例如 T#5S。

5）命令 CALL：用来调用块，当该步为活动步时，调用命令中指定的块。

6）命令 D：使某一动作的执行延时，延时时间在该命令右下方的方框中设置，例如 T#5S 表示延时 5s。延时时间到时，如果步仍然保持为活动步，则使该动作输出为 1；如果该步已变为不活动步，使该动作输出为 0。

在“直接”模式用鼠标右键单击图 4-18 中第 2 步（S2）的动作框，在弹出的菜单中选择插入动作行，在新的动作行中输入命令 S，地址为 Q1.0，即在第 2 步将控制 1 号运输带的 Q1.0 置位。

第 2 步需要延时 6s，用右键单击第 2 步的动作框，生成新的动作行，输入命令 D（延时），地址为 M0.3，在地址下面的空格中输入时间常数“T#6S”（6s）。

M0.3 是步 S2 和 S3 之间的转换条件。起动延时时间到时，M0.3 的常开触点闭合，使系统从步 S2 转换到步 S3。

5．对转换条件编程

转换条件可以用梯形图或功能块图来表示，在 View 菜单中用 LAD 或 FBD 命令来切换两种表示方法，下面介绍用梯形图来生成转换条件的方法。

单击用虚线与转换相连接的转换条件中要放置元件的位置，在“图 4-19”的窗口最左边的工具条中单击常开触点、常闭触点或方框形的比较器（相当于一个触点），用它们组成的串并联电路来对转换条件编程。生成触点后，单击触点上方的“??.?”，输入绝对地址或符号地址。用左键选中某一地址，再用右键单击它，在弹出的菜单中执行命令“insert symbols”，将会出现符号表，使符号地址的输入更加方便。

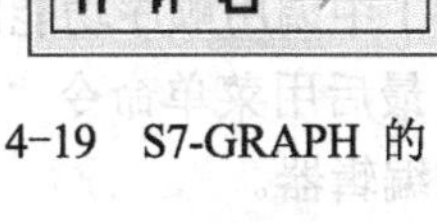

LAD

图 4-19　S7-GRAPH 的 LAD

在用比较器编程时，可以将步的系统信息作为地址来使用。下面是这些地址的意义：

Step_name.T：步当前或最后一次被激活的时间。

Step_name.U：步当前或最后一次被激活的时间，不包括有干扰（disturbance）的时间。

如果监控条件的逻辑运算满足，表示有干扰事件发生。

6. 对监控功能编程

双击步 S3 后，切换到单步视图（见图 4-20），选中 Supervision（监控）线圈左边的水平线的缺口处，单击图 4-19 最左边的工具条中用方框表示的比较器图标，在比较器左边第一个引脚输入 Belt2.T，Belt2 是第 3 步的名称（2 号运输带），在比较器左边下面的引脚输入“T#2H”，设置的监视时间为 2h。如果该步的执行时间超过 2h，认为该步出错，出错步显示为红色。

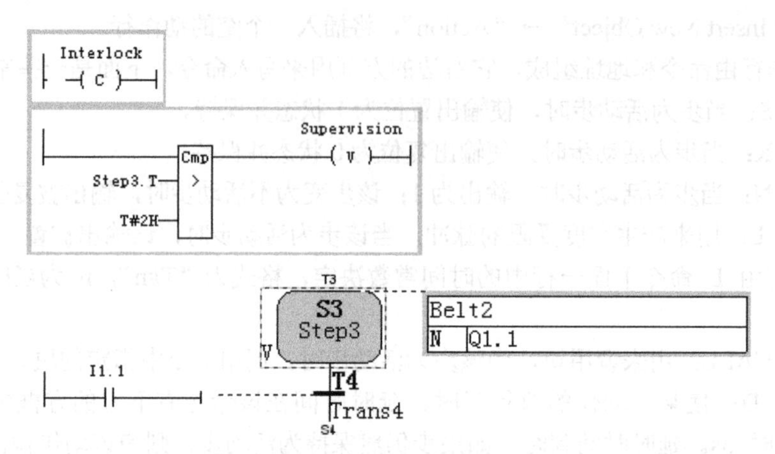

图 4-20　单步显示模式中的监控与互锁条件

7. 保存和关闭顺序控制器编辑窗口

用菜单命令“File”→“Save”保存顺序控制器时，它将被自动编译。如果程序有错误，在“Details”窗口给出错误提示和警告，改正错误后才能保存。选择菜单命令“File”→“Close”关闭顺序控制器编辑窗口。

8. 在主程序中调用 S7-GRAPH FB

完成了对 S7-GRAPH 程序 FB1 的编程后，需要在主程序 OB1 中调用 FB1，同时应指定 FB1 对应的背景数据块。为此应在 SIMATIC 管理器中首先生成 FB1 的背景数据块 DB1。

在管理器中打开“Blocks”文件夹，双击 OB1 图标，打开梯形图编辑器。选中网络 1 中用来放置元件的水平“导线”。

在 S7 Graph 编辑器中将 FB1 的参数设为 Minimum（最小），如图 4-21 所示。调用它时 FB1 只有一个参数 INIT_SQ，指定用 M0.0 作 INIT_SQ 的实参。在线模式时可以用这个参数来对初始步 S1 置位。

打开编辑器左侧浏览窗口中的“FB Blocks”文件夹，双击其中的 FB1 图标，在 OB1 的网络 1 中调用顺序功能图程序 FB1，在模块的上方输入 FB1 的背景功能块 DB1 的名称。

最后用菜单命令“File”→“Save”保存 OB1，用菜单命令“File”→“Close”关闭梯形图编辑器。

9. 用 S7-PLCSIM 仿真软件调试 S7-GRAPH 程序

使用 S7-PLCSIM 仿真软件调试 S7-GRAPH 程序的步骤如下：

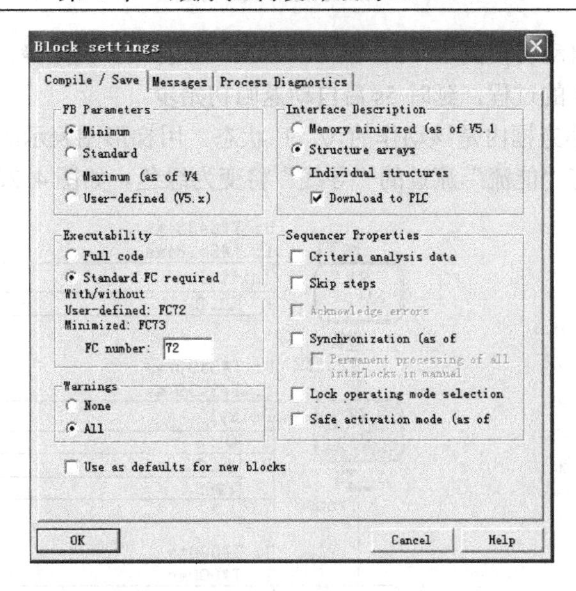

图 4-21　块设置对话框

1）在 STEP 7 编程软件中生成前述的名为“运输带控制”的项目，用 S7-GRAPH 语言编写控制程序 FB1，其背景数据块为 DB1，在组织块 OB1 中编写调用 FB1 的程序并保存。

2）单击 SIMATIC 管理器工具条中的 Simulation on/off 按钮，或执行菜单命令“Options”→“Simulate Modules”，打开 S7-PLCSIM 窗口，窗口中自动出现 CPU 视图对象。与此同时，自动建立了 STEP 7 与仿真 CPU 的连接。

3）在 S7-PLCSIM 窗口中单击 CPU 视图对象中的 STOP 框，令仿真 PLC 处于 STOP 模式。执行菜单命令“Execute”→“Scan Mode”→“Continuous Scan”或单击 Continuous Scan 按钮，令仿真 PLC 的扫描方式为连续扫描。

4）在 SIMATIC 管理器左边的窗口中选中“Blocks”对象，单击工具条中的“下载”按钮，或执行菜单命令“PLC”→“Download”，将块对象下载到仿真 PLC 中。

5）单击 S7-PLCSIM 工具条中标有“I”的按钮，或执行菜单命令“Insert”→“Input Variable”（插入输入变量），创建输入字节 IB1 的视图对象。用类似的方法生成输出字节 QB1、IB1 和 QB1 以位的方式显示。

图 4-22 是在 RUN 模式时监控顺序控制器的画面，图中 M0.3 和 M0.4 分别是“起动延时”和“停止延时”的符号地址。

6）在 S7-PLCSIM 中模拟实际系统的操作。

单击 CPU 视图对象中标有 RUN 或 RUN-P 的小框，将仿真 PLC 的 CPU 置于运行模式。在 S7 Graph 编辑器中执行菜单命令“Debug”→“Monitor”，或单击工具条内标有眼镜符号的“监控”图标，对顺序控制器的工作进程进行监控。刚开始监控时只有初始步为绿色，表示它为活动步。单击 PLCSIM 中 I1.0 对应的方框（按下起动按钮），接着再单击 1 次，使方框内的“√”消失，模拟放开起动按钮。可以看到步 S1 变为白色，步 S2 变为绿色，表示由步 S1 转换到了步 S2。

进入步 S2 后，它的动作方框上方的两个监控定时器开始定时。它们用来计算当前步被激活的时间，其中定时器 U 不包括干扰出现的时间。定时时间达到设定值 6s 时，步 S2 下面的转换条件满足，将自动转换到步 S3。在 PLCSIM 中用 I1.1 模拟停止按钮的操作，将会观察到由步 3 转换到步 4 的过程，延时 5s 后自动返回初始步。

各个动作右边的小方框内是该动作的 0、1 状态。用梯形图表示的转换条件中的触点接通时，触点和它右边有“能流”流过的“导线”将变为绿色。如图 4-22 所示。

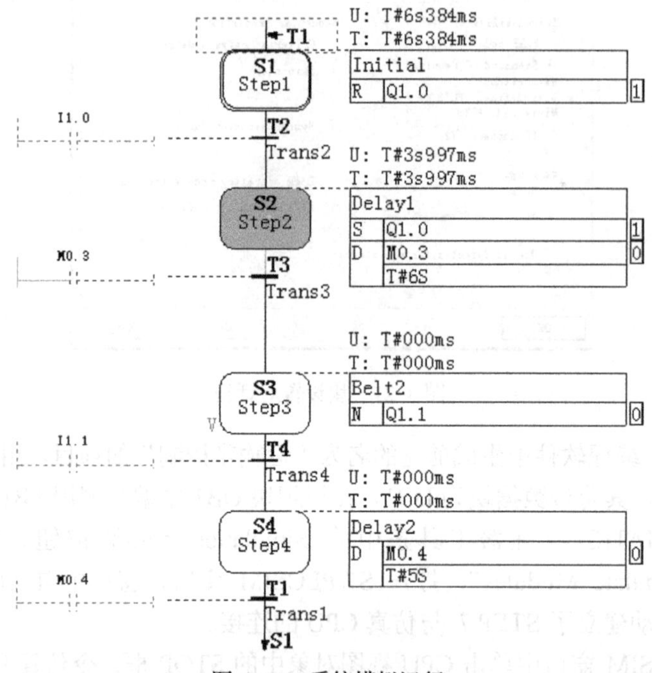

图 4-22　系统模拟运行

4.3 实训：十字路口交通灯控制系统的设计与调试

【任务提出】

使用 S7-GRAPH 的功能块实现十字路口交通灯控制系统功能。

如图 4-23 所示，交通灯系统由一个启动开关控制，当启动开关接通时，该信号灯系统开始工作，控制过程循环进行。当启动开关关断时，执行完该周期后信号灯都熄灭。

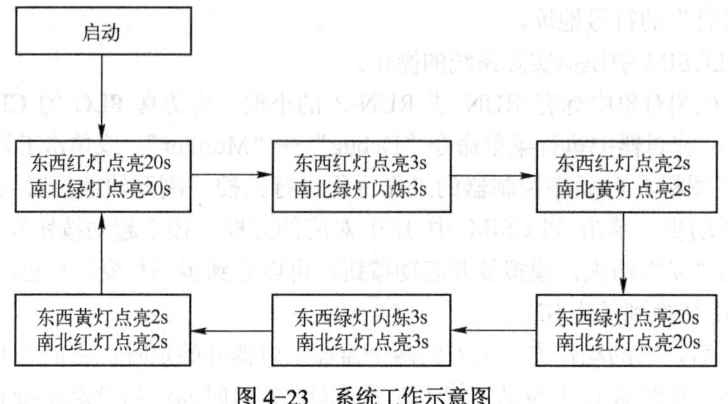

图 4-23　系统工作示意图

【任务分析】

经过分析，十字路口交通灯系统的整个控制过程先后逻辑关系非常明显，非常适合使用顺序控制设计法来设计。利用 S7-GRAPH 的功能块实现系统要求的所有功能，先建立用 GRAPH 语言编辑的 FB1，将系统要求的功能都在 FB1 中用 GRAPH 语言编辑，只需在 OB1 中调用 FB1 即可。

【任务实施】

任务的新建、PLC 的硬件配置及接线、硬件组态方法与之前实训类似，本实训着重讲述 FB 的创建和使用。

1．创建 S7 项目

打开 SIMATIC Manager，然后执行菜单命令“File”→“New”创建一个项目，并命名为“信号灯 Graph”。

4-1　交通灯-硬件配置

2．硬件配置

选择“信号灯 Graph”项目下的“SIMATIC 300 Station”文件夹，进入硬件组态窗口按图完成硬件配置，最后编译保存并下载到 CPU。如图 4-24 所示。

S...	Module	Order number	Firmware	MPI address	I address	Q address	Comment
1	PS 307 5A	6ES7 307-1EA00-0AA0					
2	**CPU315-2DP**	**6ES7 315-2AG10-0AB0**	**V2.0**	2			
X2	*DP*				*2047**		
3							
4	DI32xDC24V	6ES7 321-1BL00-0AA0			0...3		
5	DO32xDC24V/0.5A	6ES7 322-1BL00-0AA0				4...7	

图 4-24　硬件配置表

3．编辑符号表

编辑符号表如图 4-25 所示。

4-2　交通灯-符号表

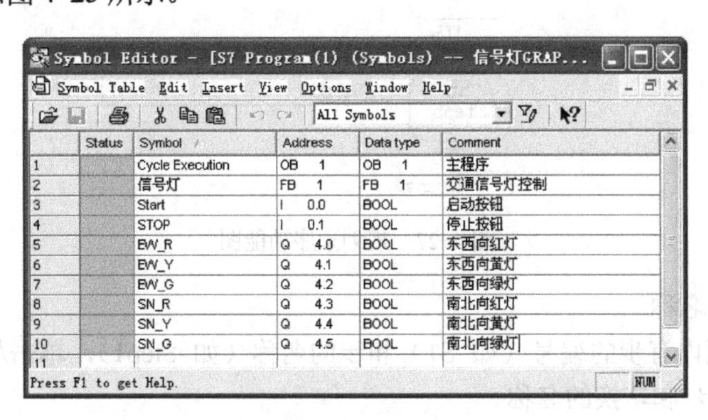

Symbol Editor - [S7 Program(1) (Symbols) -- 信号灯GRAP...

	Status	Symbol	Address	Data type	Comment
1		Cycle Execution	OB 1	OB 1	主程序
2		信号灯	FB 1	FB 1	交通信号灯控制
3		Start	I 0.0	BOOL	启动按钮
4		STOP	I 0.1	BOOL	停止按钮
5		EW_R	Q 4.0	BOOL	东西向红灯
6		EW_Y	Q 4.1	BOOL	东西向黄灯
7		EW_G	Q 4.2	BOOL	东西向绿灯
8		SN_R	Q 4.3	BOOL	南北向红灯
9		SN_Y	Q 4.4	BOOL	南北向黄灯
10		SN_G	Q 4.5	BOOL	南北向绿灯
11					

Press F1 to get Help.

图 4-25　符号表

4-3　交通灯-FB 建立

4．插入 S7-GRAPH 功能块（FB）

插入功能块 FB1，选择使用 GRAPH 语言，如图 4-26 所示。

5．编辑 S7-GRAPH 功能块（FB）

双击“FB1”进入编辑界面。

（1）规划顺序功能图

插入“步及步的转换”及 步的“跳转”，如图 4-27 左所示。

4-4　交通灯-FB 编辑

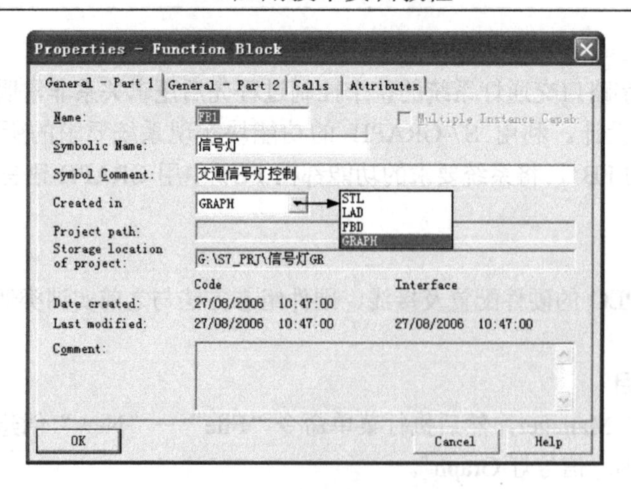

图4-26 功能块属性对话框

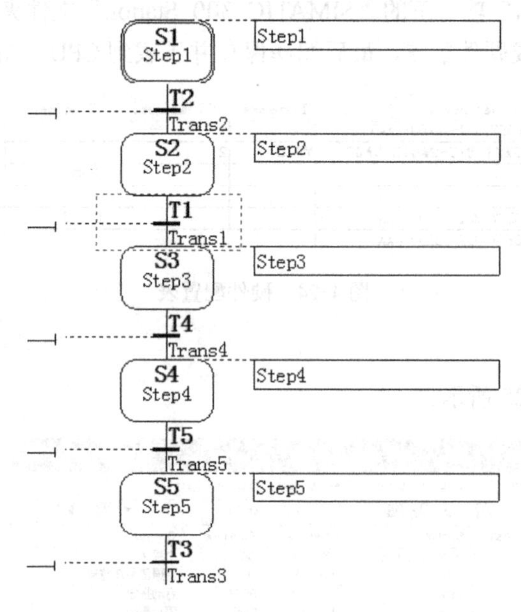

图4-27 规划顺序功能图

（2）编辑步的名称

表示步的方框内有步的编号（如 S1）和步的名称（如 Step1），单击相应项可以进行修改，不能用汉字作步和转换的名称。

将步 S1～S5 的名称依次改为“Initial（初始化）”“ER_SG（东西向红灯-南北向绿灯）”“ER_SY（东西向红灯-南北向黄灯）”“EG_SR（东西向绿灯-南北向红灯）”“EY_SR（东西向黄灯-南北向红灯）”。如图4-28所示。

（3）动作的编辑

① 用鼠标单击 S2 的动作框线，然后单击动作行工具，插入 3 个动作行；在第 3 个动作行中输入命令“D”回车，第 2 行的右栏自动变为 2 行，在第 1 行内输入位地址，如 M0.0，然后回车；在第 2 行内输入时间常数，如 T#20S（表示延时 20s），然后回车。

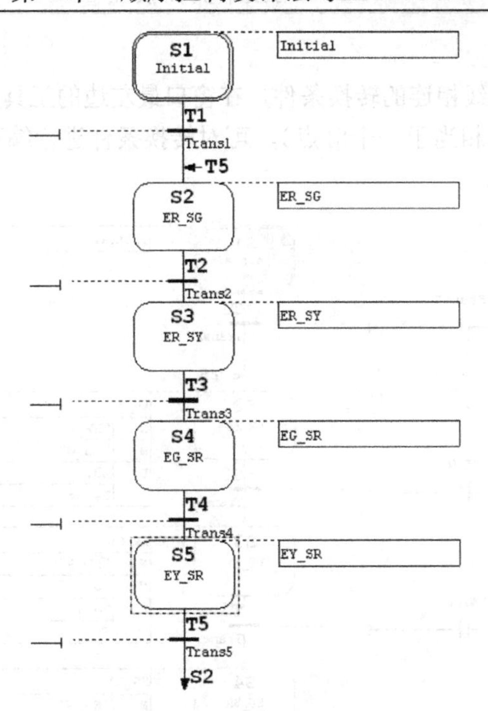

图 4-28　步名称编辑

② 按照同样的方法，完成 S3～S5 的命令输入。如图 4-29 所示。

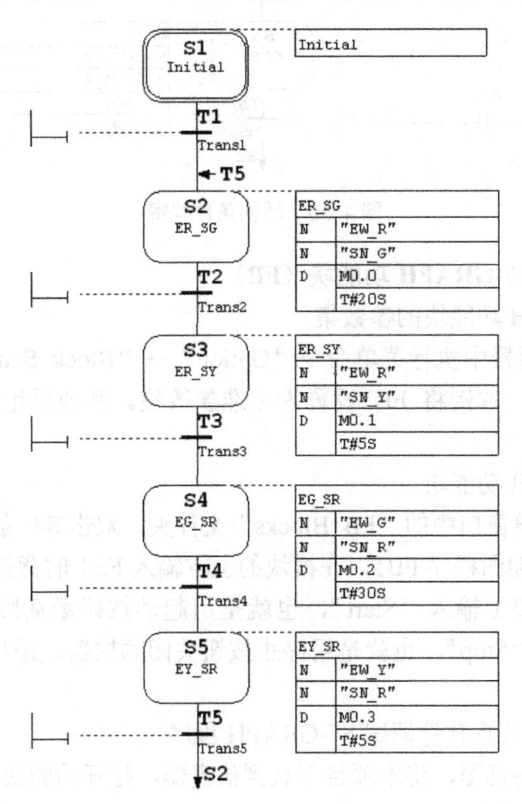

图 4-29　步动作编辑

6. 编程转换条件

单击转换名右边与虚线相连的转换条件，在窗口最左边的工具条中单击常开触点、常闭触点或方框形的比较器（相当于一个触点），可对转换条件进行编程，编辑方法同梯形图语言。如图 4-30 所示。

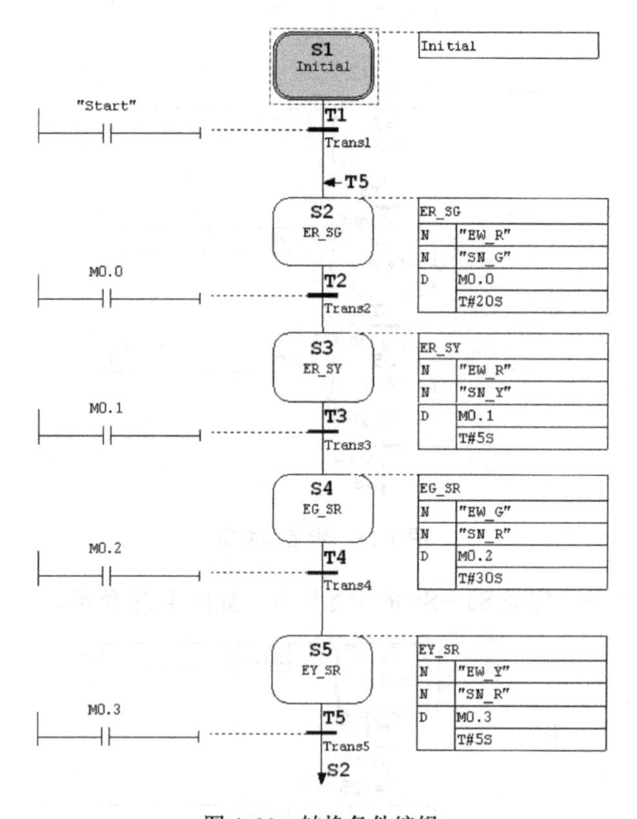

图 4-30　转换条件编辑

4-5　交通灯-在 OB1 中调用 FB1

7. 在 OB1 中调用 S7-GRAPH 功能块（FB）

（1）设置 S7-GRAPH 功能块的参数集

在 S7-GRAPH 编辑器中执行菜单命令“Option”→“Block Setting”，打开 S7-GRAPH 功能块参数设置对话框，本例将 FB 设置为标准参数集。其他采用默认值，设置完毕保存 FB1。如图 4-31 所示。

（2）调用 S7-GRAPH 功能块

打开编辑器左侧浏览窗口中的“FB Blocks”文件夹，双击其中的 FB1 图标，在 OB1 的 Nework 1 中调用顺序功能图程序 FB1，在模块的上方输入 FB1 的背景功能块 DB1 的名称。

在“INIT_SQ”端口上输入“Start”，也就是用起动按钮激活顺控器的初始步 S1；在“OFF_SQ”端口上输入“Stop”，也就是用停止按钮关闭顺控器。最后用菜单命令“File”→“save”保存 OB1。

（3）用 S7-PLCSIM 仿真软件调试 S7-GRAPH 程序

打开 S7-PLCSIM 仿真器，将本项目下载到仿真器，打开功能块 FB1，打开在线监控功能，运行程序如图 4-32 所示。

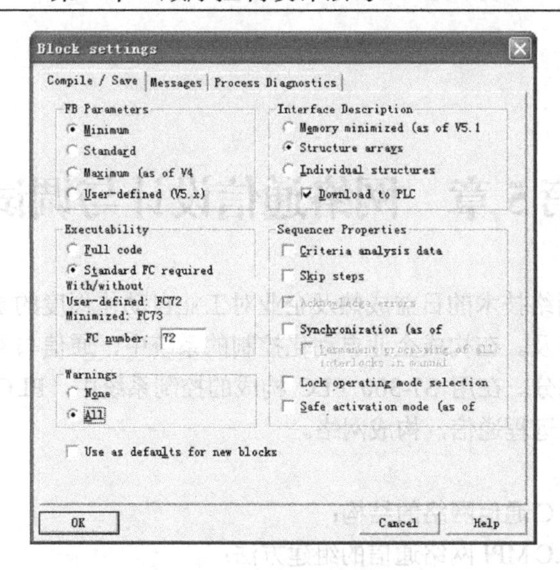

图 4-31　设置功能块参数集

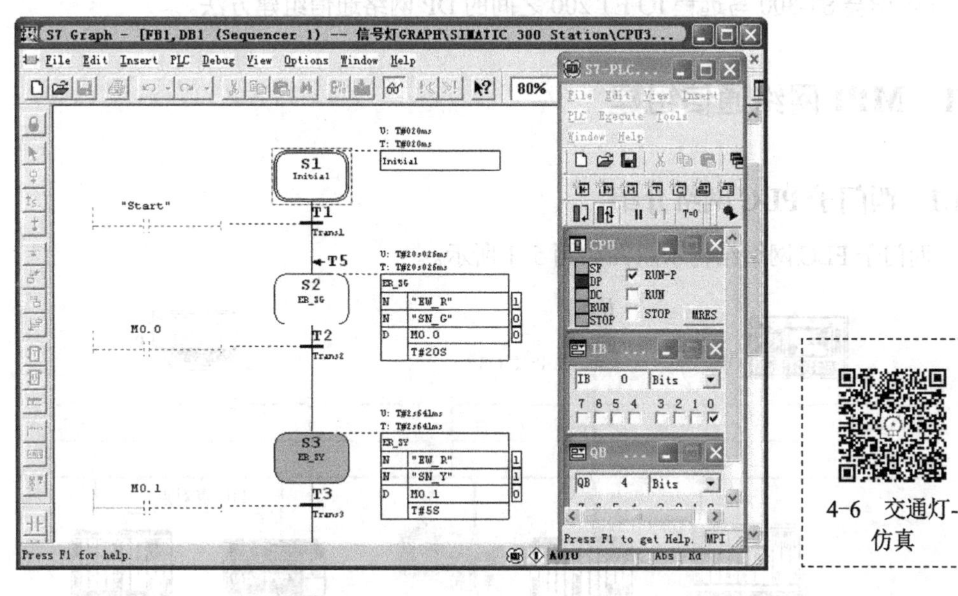

图 4-32　在线仿真界面

4-6　交通灯-仿真

4.4　练习

1．简述顺序控制设计法的设计思想。

2．三相六拍步进电动机有个绕组：A、B、C。正转的通电顺序为：A→AB→B→BC→C→CA→A；反转通电顺序为：A→CA→C→BC→B→AB→A。按照上述要求用 S7-GRAPH 分别设计正转和反转顺序功能图。

第 5 章　网络通信设计与调试

随着计算机通信网络技术的日益成熟及企业对工业自动化程度的要求不断提高，计算机控制迅速得到推广和普及。在构成企业自动化控制的系统中，通信与网络已经成为控制系统不可缺少的重要组成部分。在用 S7-300 PLC 构成的控制系统中，PLC 必须有通信及联网的功能，能够相互连接，远程通信，构成网络。

【本章学习目标】

① 了解 S7-300 PLC 通信网络的结构；

② 学会 S7-300 PLC MPI 网络通信的组建方法；

③ 学会 S7-300 PLC PROFIBUS-DP 网络通信的组建方法；

④ 学会 S7-300 与远程 IO ET 200 之间的 DP 网络通信组建方法。

5.1　MPI 网络通信组建

5.1.1　西门子 PLC 网络介绍

西门子 PLC 网络结构示意图如图 5-1 所示。

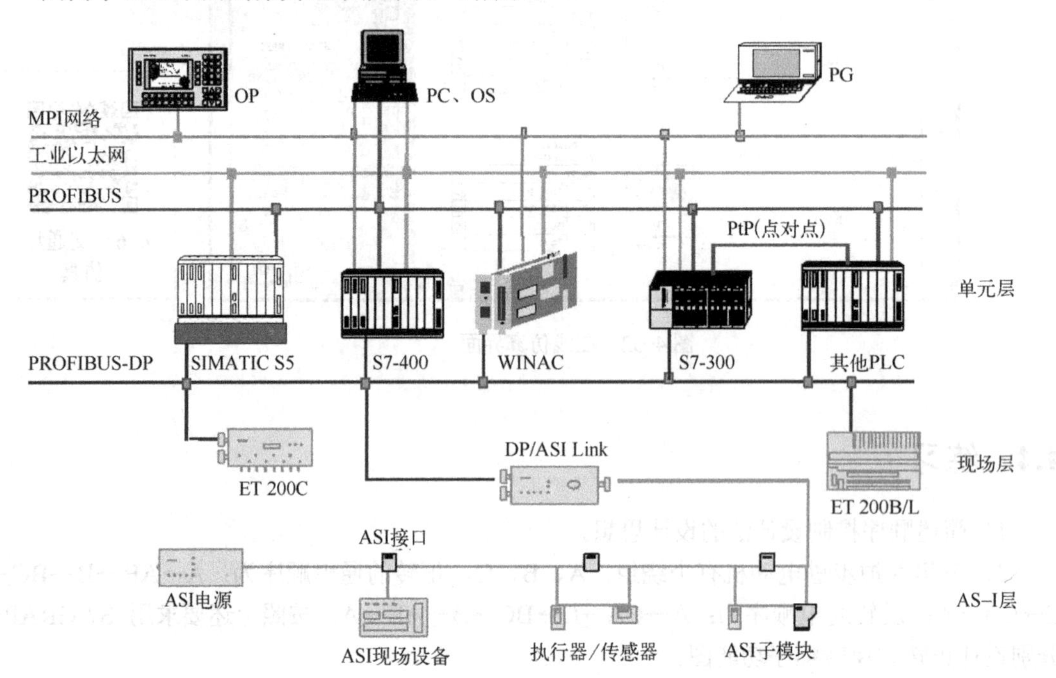

图 5-1　西门子 PLC 网络结构示意图

西门子通信涵盖的范围很广，其组网方式多种多样。现代工业控制系统一般包含装有监控软件的上位机、PLC 系统、执行元件和通信网络，一般简单的工业通信网络包括上位机与 PLC 的通信以及 PLC 与自动化设备间的通信。

在西门子设备中，西门子网络通信主要有 MPI 通信、PROFIBUS 通信和工业以太网通信。

1．MPI 通信

MPI（Multipoint interface）是 SIMATIC S7 多点通信的接口，是一种适用于少数站点间通信的网络。多用于连接上位机和少量 PLC 之间近距离通信。MPI 通信是当通信速率要求不高，通信数据量不大时可以采用的一种简单经济的通信方式。通过它可组成小型 PLC 通信网络，实现 PLC 之间的少量数据交换，它不需要额外的硬件和软件就可网络化。每个 S7-300 CPU 都集成了 MPI 通信协议，MPI 的物理层是 RS-485。通过 MPI，PLC 可以同时与多个设备建立通信连接，这些设备包括编程器 PG 或运行 STEP 7 的计算机 PC、人机界面（HMI）及其他 SIMATIC S7、M7 和 C7。同时连接的通信对象的个数与 CPU 的型号有关。MPI 通信速率为 9.2kbit/s～12Mbit/s，其默认的速率为 187.5kbit/s，MPI 网络最多可连接 32 个节点，最大通信距离为 50m，可以用 RS-485 中继器来扩展其通信范围。

2．PROFIBUS 通信

PROFIBUS 是在欧洲工业界得到应用的一个现场总线标准。PROFIBUS 是一种开放式总线标准，是不依赖于设备生产商的现场总线标准。传输速率可在 9.2kbit/s～12Mbit/s 间选择。PROFIBUS 是一种用于工厂自动化车间级监控和现场设备层数据通信与控制的现场总线技术，可实现现场设备层到车间级监控的分散式数字控制和现场通信网络，从而为实现工厂综合自动化和现场设备智能化提供了可行的解决方案。PROFIBUS 连接的系统由主站和从站组成，主站和从站可以是一个，也可以是多个。主站能够控制总线，多主站时通过令牌的传递来决定哪个主站享有控制权，从站一般为传感器、变送器、驱动器等。

PROFIBUS 协议采用 ISO/OSI 模型的第 1 层、第 2 层和第 7 层。ISO/OSI 通信模型有 7 层，并分为两类。一类是面向用户的第 5 层和第 7 层，另一类是面向网络的第 1 层和第 4 层。

PROFIBUS 由 3 个兼容部分组成，即 PROFIBUS-DP 车间级通信、PROFIBUS-PA 现场级通信、PROFIBUS-FMS 工厂级通信。PROFIBUS-DP 是一种高速低成本通信，用于设备级控制系统与分散式 I/O 通信。使用 PROFIBUS-DP 可取代 DC 24V 或 4～24mA 信号传输。PROFIBUS-PA 专为过程自动化设计，可使传感器和执行机构连在一根总线上，并有安全规范。PROFIBUS-FMS 用于车间级监控网络。是一个令牌结构，实时多主网络。这 3 部分用的协议也不相同。

3．工业以太网通信

工业以太网是西门子公司提出的一种基于以太网通信的一种工业用的通信模式。工业以太网是基于 IEEE 802.3 标准的强大的区域和单元网络。将以太网高速传输技术引入工业领域，使企业内部互联网（Intranet）、外部互联网（Extranet）以及国际互联网（Internet）提供的广泛应用，不但进入当今的办公领域，还可以应用到生产和过程自动化。继 10M 波特率以太网成功运行后，具有交换功能、全双工和自适应的 100M 波特率快速以太网也已成功运行。采用何种性能的以太网取决于用户的需要。通用的兼容性允许用户无缝升级到新技术。

4. 点对点通信

点对点连接（PtP）通常用于对时间要求不严格的数据交换，可以连接两个站或 OP、打印机、条码扫描器、磁卡阅读机等。

5. ASI

ASI（执行器-传感器-接口）是位于自动控制系统最底层的网络，可以将二进制传感器和执行器连接到网络上。

5.1.2 实训：两台 S7-300 PLC 之间的 MPI 通信

【任务提出】

当通信速率要求不高，通信数据量不大的时候，可以采用 MPI 这种简单经济的通信方式。西门子 PLC S7-200/300/400 CPU 上的 RS485 接口不仅是编程接口，同时也是一个 MPI 的通信接口，在没有额外硬件投资的状况下，可以实现 PG/OP、全局数据通信以及少量数据交换的 S7 通信等通信功能。其网络上的节点通常包括 S7 PLC、TP/OP、PG/PC、智能型 ET 200S 以及 RS485 中继器等网络元器件，其网络结构可配置为如图 5-2 所示。本实训通过 S7-300 PLC 自带的 RS485 接口连接两台 PLC 并实现全局数据包通信。

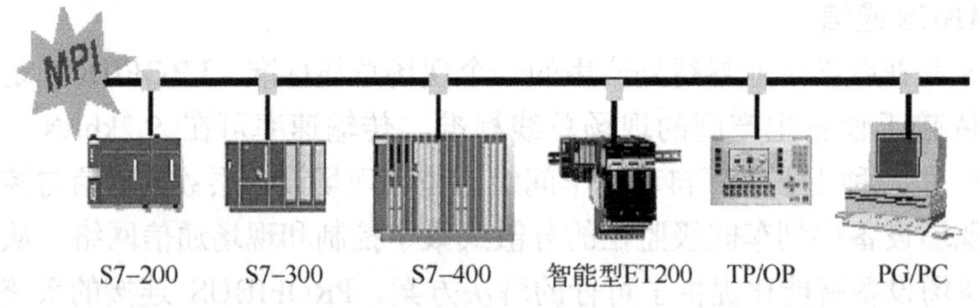

图 5-2 西门子 MPI 通信

【任务分析】

通过 MPI 网络配置，实现 2 个 CPU 314-2DP 之间的全局数据通信，本实训需要 2 个带有 CPU 314-2DP PLC 的实训装置、DP 总线、安装有 STEP 7 V5.5 编程软件的计算机。

5-1 MPI 通信-硬件工作站

【任务实施】

1. 网络组态

（1）生成 MPI 硬件工作站

打开 STEP 7，首先执行菜单命令“文件”→“新建”创建一个 S7 项目，并命名为“MPI 全局数据”。选中“MPI 全局数据”项目名，然后执行菜单命令“插入”→“站点”→“SIMATIC 300 站点”，在此项目下插入两个 S7-300 的 PLC 工作站，分别重命名为“MPI_Station_1”和“MPI_Station_2”，如图 5-3 所示。

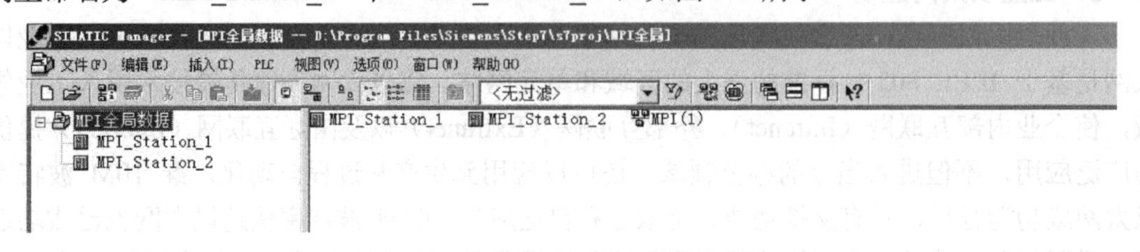

图 5-3 生成的两台 MPI 硬件工作站

（2）分别完成两个 PLC 工作站的硬件组态

根据 PLC 工作站硬件实际完成组态，这里两台 PLC 用的是 S7300 CPU314C-2DP，订货号为：6ES7 314-6CH04-0AB0。下面以第一台为例简单介绍一下。

1）选中 SIMATIC 管理器左边的站对象“MPI_Station_1”，双击右边窗口的“硬件”图标（如图 5-4 所示），打开硬件组态工具 HW Config。

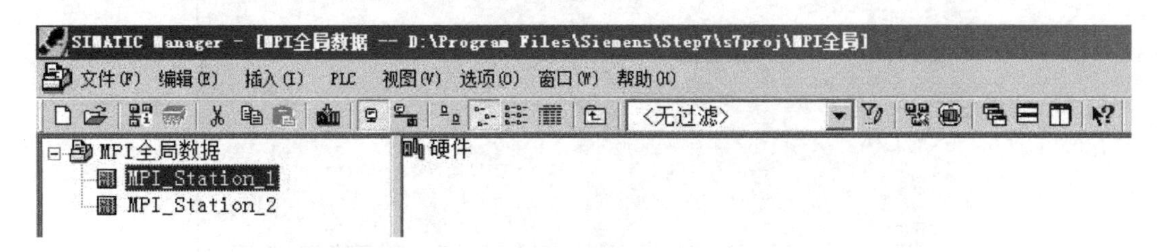

图 5-4　启用硬件组态工具

2）放置机架。用鼠标打开硬件目录中的文件夹“\SIMATIC 300\RACK-300”，选中机架 Rail，可用“拖放”的方法或用鼠标双击放置机架。

3）放置 CPU。用鼠标单击选中机架 2 号槽，之后打开硬件目录中的文件夹“\SIMATIC 300\CPU-300\CPU 314C-2 DP\6ES7 314-6CH04-0AB0”，选中“V3.3”固件，可用“拖放”的方法或用鼠标双击放置，在出现如图 5-5 所示的“PROFIBUS 接口 DP”对话框中单击“取消”按钮。

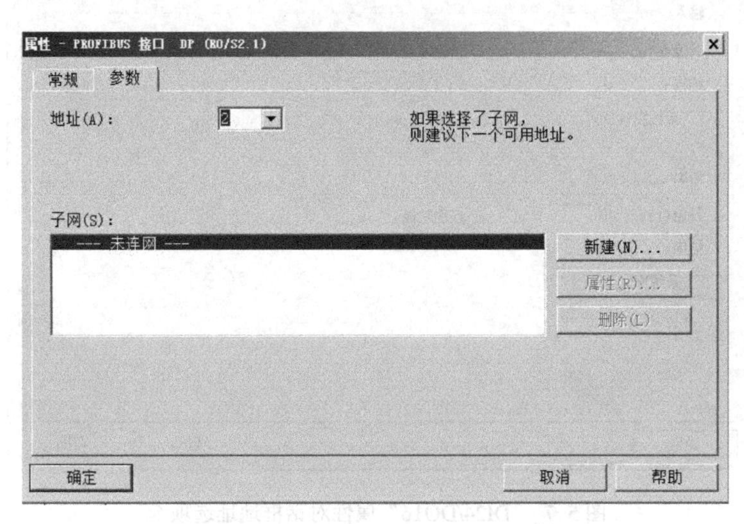

图 5-5　“PROFIBUS 接口 DP”对话框

4）修改 I/O 起始地址。系统为 CPU 314C-2 DP 自动分配的 I/O 起始地址是 124。为了方便编程，将其修改成从 0 开始。用鼠标双击机架中的“2.2　DI24/DO16”插槽，出现如图 5-6 所示的“DI24/DO16”属性对话框，单击其上“地址”选项卡，在“地址”选项卡中单击“系统默认”复选框，将其内的“√”去掉，之后在“开始（S）”“开始（T）”后的方框内均输入“0”，如图 5-7 所示，单击“确定”按钮。这样就将此台 PLC“DI24/DO16”的地址修改为从 IB0、QB0 开始了。

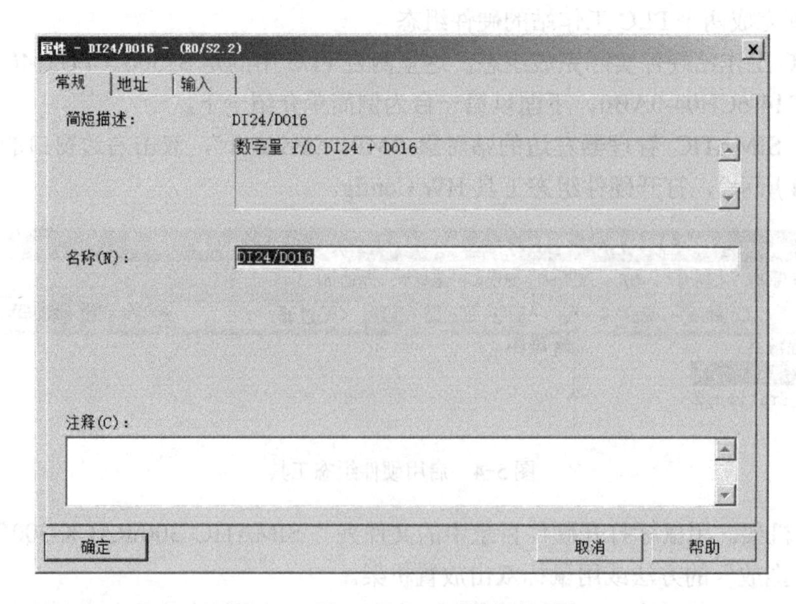

图 5-6 “DI24/DO16”属性对话框

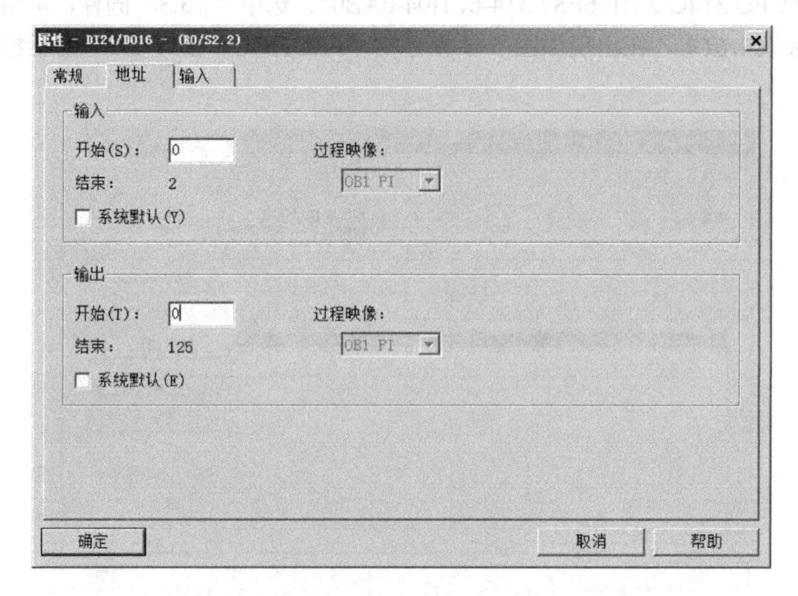

图 5-7 “DI24/DO16”属性对话框地址选项卡

5）执行菜单命令“站点\保存并编译”或单击工具栏上的“保存并编译”按钮。

按照上面的方法，完成另一台 PLC 的硬件组态。

（3）构建 MPI 网络

1）打开第一台 PLC（MPI_Station_1 站）硬件组态工具，双击机架内“CPU 314C-2 DP”模块槽，出现如图 5-8 所示“CPU 314C-2 DP”属性对话框，单击对话框中“属性”按钮，出现如图 5-9 所示的“MPI 接口”属性对话框。

5-2 MPI 通信-构建 MPI 网络

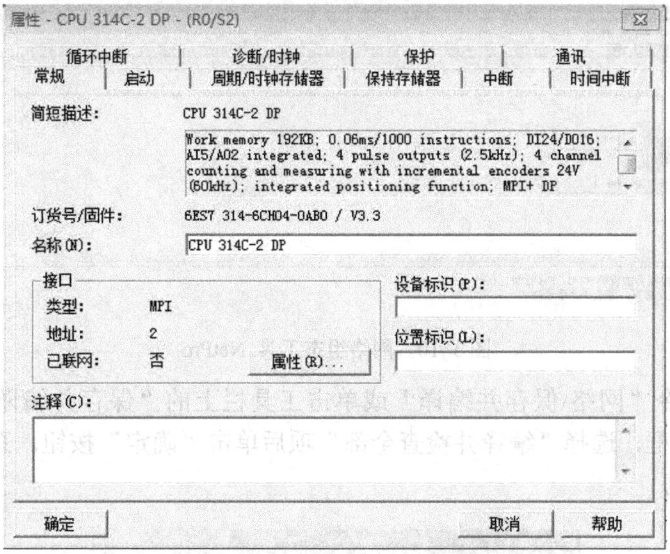

图 5-8　“CPU 314C-2 DP”属性对话框

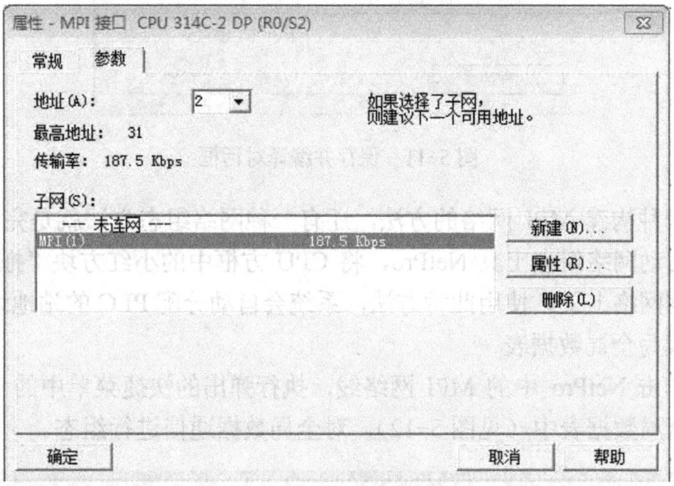

图 5-9　“MPI 接口”属性对话框

在图 5-9 所示对话框中，地址下拉列表中采取默认值“2”，单击“子网”列表框中的“MPI（1）”网络，之后单击“确定”按钮，返回上级对话框后再单击“确定”按钮，之后“保存并编译”。这里用默认传输率“187.5kbps”，若需修改，可选“MPI（1）”网络后单击其右边的“属性”按钮，在出现的对话框中的“网络设置”选项卡中进行选择。

2）打开第二台 PLC（MPI_Station_2 站）硬件组态工具，用同样的方法构建 MPI 网络。注意在出现图 5-9 所示的“MPI 接口”属性对话框时，将“地址”修改为“3”。因为网络中各站的 MPI 地址不能重叠。

3）执行 SIMATIC 管理器菜单命令“选项\组态网络”，也可以单击工具栏上的“组态网络”按钮，打开网络组态工具 NetPro，如图 5-10 所示。可以看到两台 PLC 都连接到了 MPI（1）网络上。

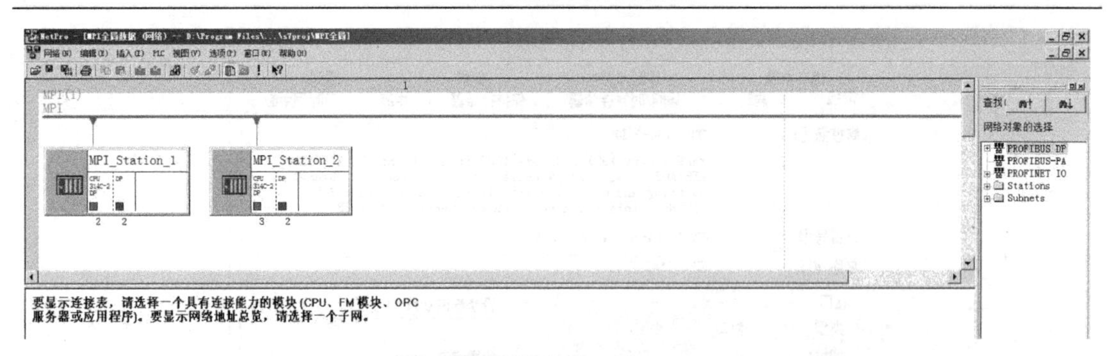

图 5-10　网络组态工具 NetPro

执行菜单命令“网络\保存并编译”或单击工具栏上的“保存并编译”按钮，出现如图 5-11 所示对话框，选择“编译并检查全部”项后单击“确定”按钮。系统会完成编译，创建网络组态数据。

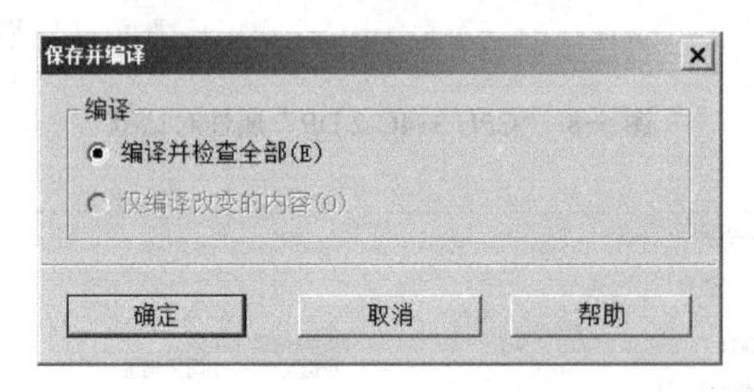

图 5-11　保存并编译对话框

上面介绍了一种构建 MPI 网络的方法，还有一种网络组态方法就是完成两台 PLC 的硬件组态后，直接启动网络组态工具 NetPro，将 CPU 方框中的小红方块“拖放”到 MPI 网络上，该站便连接到网络上了。使用此种方法，系统会自动分配 PLC 的站地址，很方便。

（4）生成和填写全局数据表

用鼠标右键单击 NetPro 中的 MPI 网络线，执行弹出的快捷菜单中的“定义全局数据”命令。在出现的全局数据表中（见图 5-12），对全局数据通信进行组态。

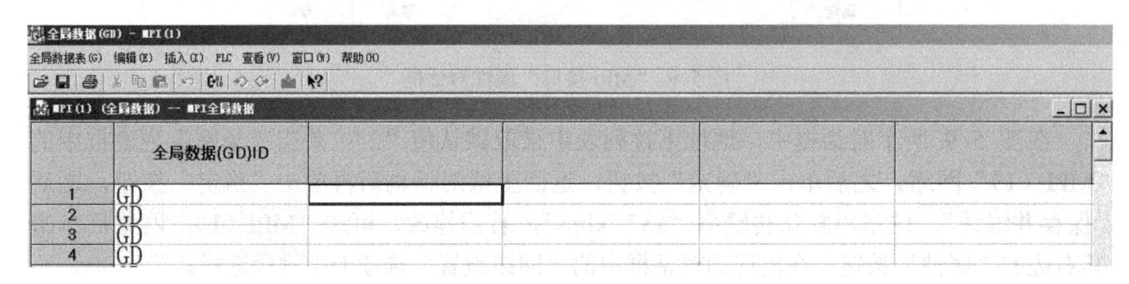

图 5-12　全局数据表

MPI 全局数据表中第一列是序号，第二列是全局数据（GD）ID，第三列以右的是 MPI 网络各站通信数据区。双击图 5-12 中“全局数据（GD）ID”右边的灰色单元，在出现的“选择 CPU”对话框左边的窗口（图 5-13 所示）中，选中双击“MPI_Station_1”站点，再选中“CPU 314C-2 DP”图标，如图 5-14 所示，然后单击“确定”按钮。“MPI_Station_1”的“CPU 314C-2 DP”站点出现在全局数据表最上一行指定的方格中。

选择 CPU

输入点(E)： 项目

查看(V)： 组件视图 ○ 在线(L) ● 离线(F)

名称(M)： MPI全局数据

存储路径(S)： D:\Program Files\Siemens\Step7\

MPI全局数据

MPI_Station_1

MPI_Station_2

MPI(1)

对象名称(O)：

对象类型(T)： CPU

确定 取消 帮助

图 5-13 选择 CPU 对话框

选择 CPU

输入点(E)： 项目

查看(V)： 组件视图 ○ 在线(L) ● 离线(F)

名称(M)： MPI全局数据

存储路径(S)： D:\Program Files\Siemens\Step7\

MPI全局数据

MPI_Station_1

MPI_Station_2

硬件

CPU 314C-2 DP

对象名称(O)： CPU 314C-2 DP

对象类型(T)： CPU

确定 取消 帮助

图 5-14 选择 CPU 314C-2 DP 对话框

用同样的方法，在全局数据表最上面一行生成另一个 S7-300 站点，如图 5-15 所示。

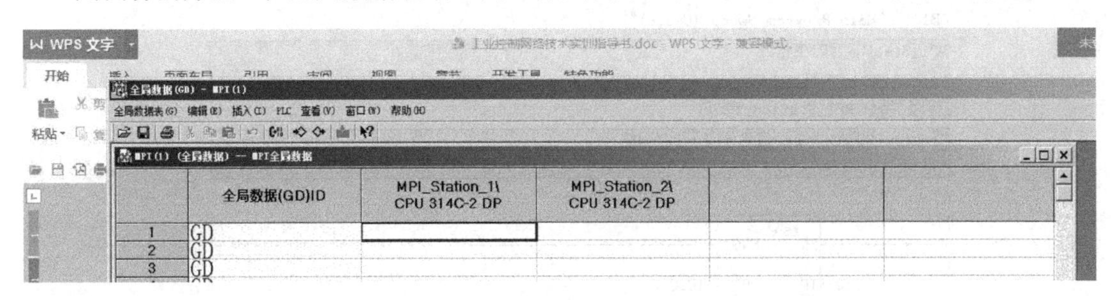

图 5-15 全局数据表中生成 MPI 站点

在 CPU 下面一行生成第一个全局数据，这里将“MPI_Station_1”的“CPU 314C-2 DP”站点的 IB10 发送到“MPI_Station_2”的“CPU 314C-2 DP”站点的 QB10。全局数据（GD） ID 列的 GD 标识符是编译后生成的。其步骤如下。

选中“MPI_Station_1”的“CPU 314C-2 DP”站点下面的第一行的单元，单击工具栏上的“选作发生器”按钮，该单元变为深蓝色，同时在单元的左端出现符号“>”，表示在该行中的 CPU 314C-2 DP 为发送站，在该单元中输入要发送的全局数据的地址 IB10。（注意：

只能输入绝对地址，不能输入符号地址。包含定时器和计数器地址的单元只能作为发送方。在每一行中应定义一个并且只能有一个 CPU 作为数据的发送方。同一行中各个单元接收或发送的字节数应相同。）选中其下面的单元，直接输入 QW20，该单元的背景为白色，表示在该行中此站为接收站。

用上述方法，将“MPI_Station_2”的“CPU 314C-2 DP”接收数据地址设为 QB10，将其发送数据地址设为 IB20。如图 5-16 所示。

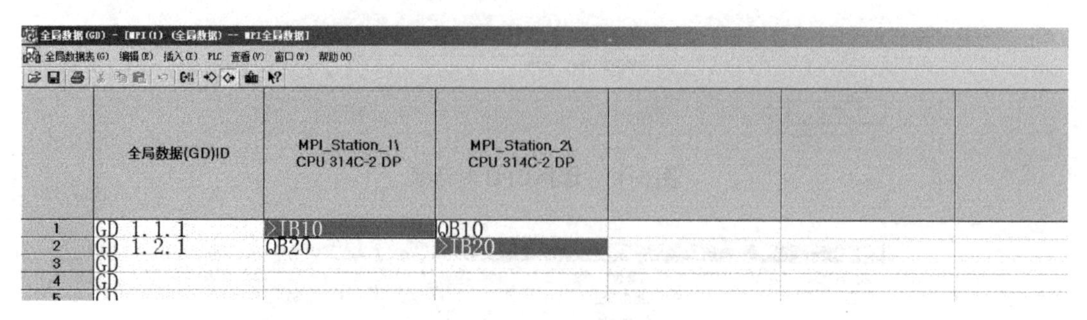

	全局数据(GD)ID	MPI_Station_1\ CPU 314C-2 DP	MPI_Station_2\ CPU 314C-2 DP			
1	GD 1.1.1	>IB10	QB10			
2	GD 1.2.1	QB20	>IB20			
3	GD					
4	GD					

图 5-16　编译后的全局数据表

注意：图 5-16 中的 IB10、QB10、IB20、QB20 也可以用 MB10、MB20，但要与后面的编写程序对应起来。用冒号加数字可以传送连续的单元数据，如 MB10:5（表示从 MB10 开始的 5 个字节单元）。

完成全局数据表的输入后，单击工具栏的“编译”按钮，对它进行第一次编译，将发送方、接收方相同的某些变量组合为 GD 包，同时生成 GD 环。图 5-16 中的“全局数据（GD）ID”列中的 GD 标识符是在编译时系统自动生成的。

（5）编写测试程序

1）MPI_Station_1 站的 OB1 如图 5-17 所示。

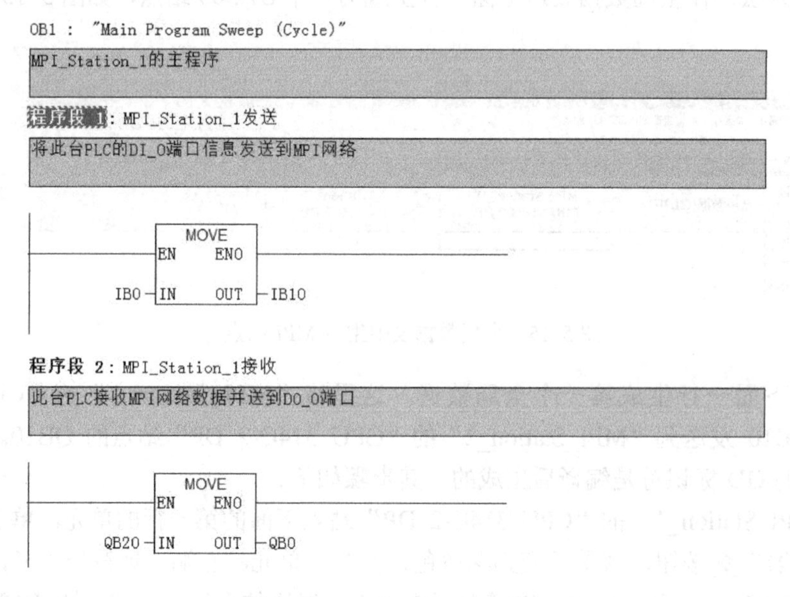

图 5-17　MPI_Station_1 站的 OB1

2）MPI_Station_2 站的 OB1 如图 5-18 所示。

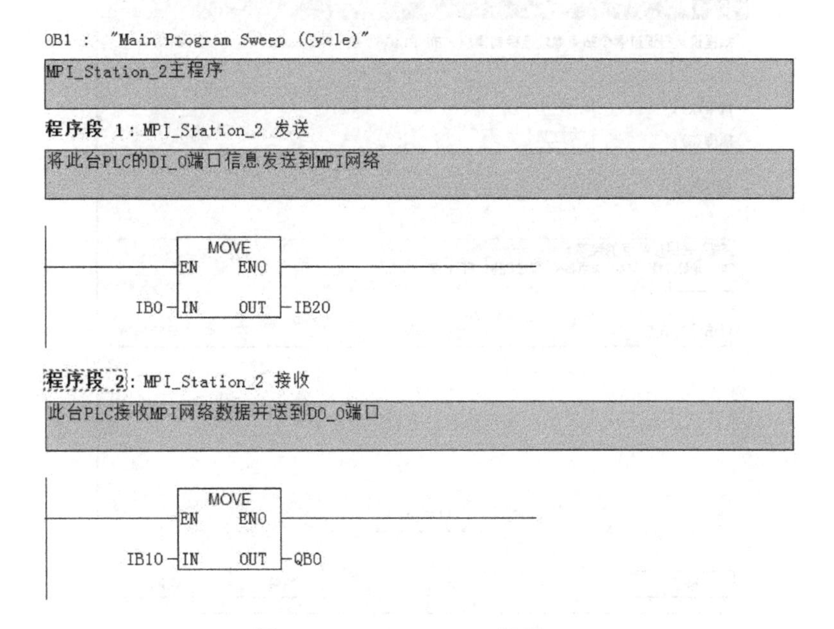

图 5-18　MPI_Station_2 站的 OB1

2．将组态和程序下载到 PLC

硬件组态、网络组态编译完成后，需将组态好的信息及程序单独下载到每个 CPU。用 MPI 编程电缆连接到计算机（USB→MPI 适配器）和每一台 PLC，分别进行下载。不要改变以上网络组态时各 PLC 的 MPI 地址。

这里在组态时将第二台 PLC 的 MPI 地址设为 3，假设原来下载到第二台 CPU 的 MPI 地址为 2，则在 SIMATIC 管理器中会出现“在线：无法建立连接。连接伙伴未响应”的信息，必须在 HW Config 中用下面的方法下载组态信息。

单击 HW Config 工具栏上的“下载”按钮，出现“选择目标模块”对话框，如图 5-19 所示。单击“确定”按钮，出现“选择节点地址”对话框，如图 5-20 所示，“输入到目标站点的连接”列表中的 MPI 地址是组态时的 MPI_Station_2 站指定的 3。单击“显示”按钮，几秒钟后，在“可访问的节点”列表中，显示出 MPI 网络上的所有可访问的节点，同时“显示”按钮上的字符变为“更新”。可以看到该 CPU 原来的 MPI 地址为 2。单击“可访问的节点”列表中的 CPU，“输入到目标站点的连接”列表中的 MPI 地址变为 2。完成这一操作后，才能将硬件组态信息和新的 MPI 地址下载到该 CPU 中。单击“确定”按钮，就开始下载。下载完成后，CPU 中的 MPI 地址变为 3。

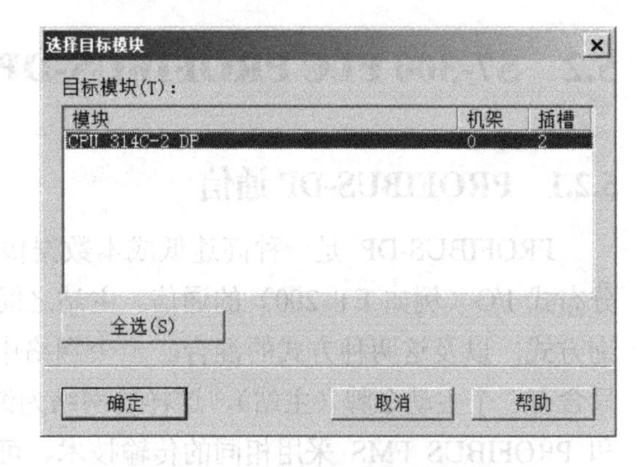

图 5-19　选择目标模块对话框

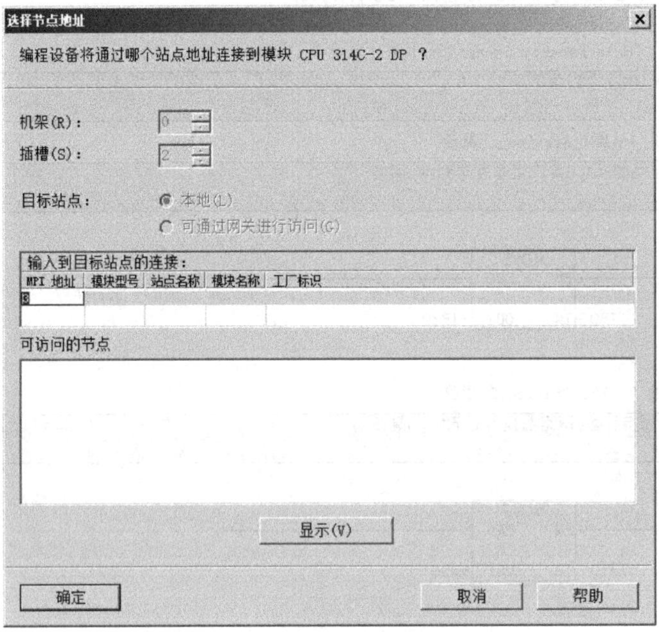

图 5-20　选择节点地址对话框

3．用网线将两台 PLC 连接

用制作检测完好后的 RPOFIBUS DP 总线将两台 PLC 的 MPI 接口（XI 接口）连接起来（MPI 总线与 RPOFIBUS DP 总线物理层协议相同）。

4．通电测试

连接 S7-300 PLC 上的 I/O 电源接线，完成接线后打开每台 S7-300 PLC 的电源，改变某台 PLC 输入点的状态，观察通信网络对方对应的输出点是否随之变化。若符合设计要求，表示网络通信正常。若通电后，状态和错误显示故障灯亮起，或两台 PLC 输入输出状态不符合设计要求，则需按上述步骤检查通信网络的软硬件。

5.2　S7-300 PLC PROFIBUS-DP 通信

5.2.1　PROFIBUS-DP 通信

PROFIBUS-DP 是一种高速低成本数据传输方式，用于自动化系统中单元级控制设备与分布式 I/O（例如 ET 200）的通信。主站之间的通信为令牌方式，主站与从站之间为主从轮询方式，以及这两种方式的混合。一个网络中有若干个被动节点（从站），而它的逻辑令牌只含有一个主动令牌（主站），这样的网络为纯主-从系统，如图 5-21 所示。PROFIBUS DP 和 PROFIBUS FMS 采用相同的传输技术，可使用 RS-485 屏蔽双绞线电缆传输，或光纤传输。PROFIBUS 总线连接器及内部电路如图 5-22 所示。

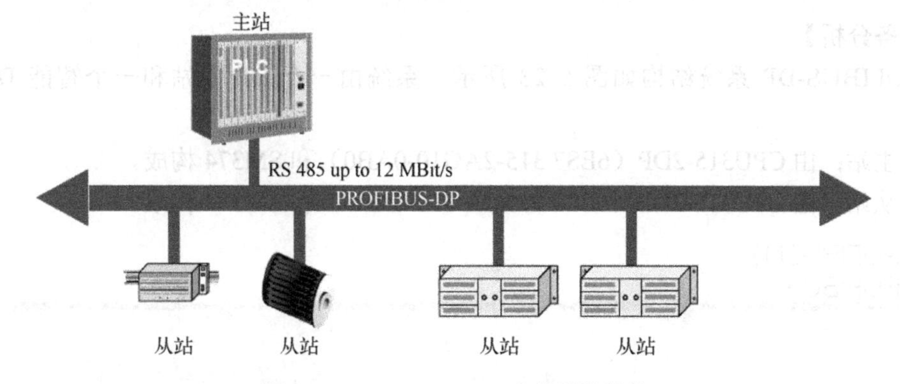

图 5-21　PROFIBUS-DP 主从通信结构

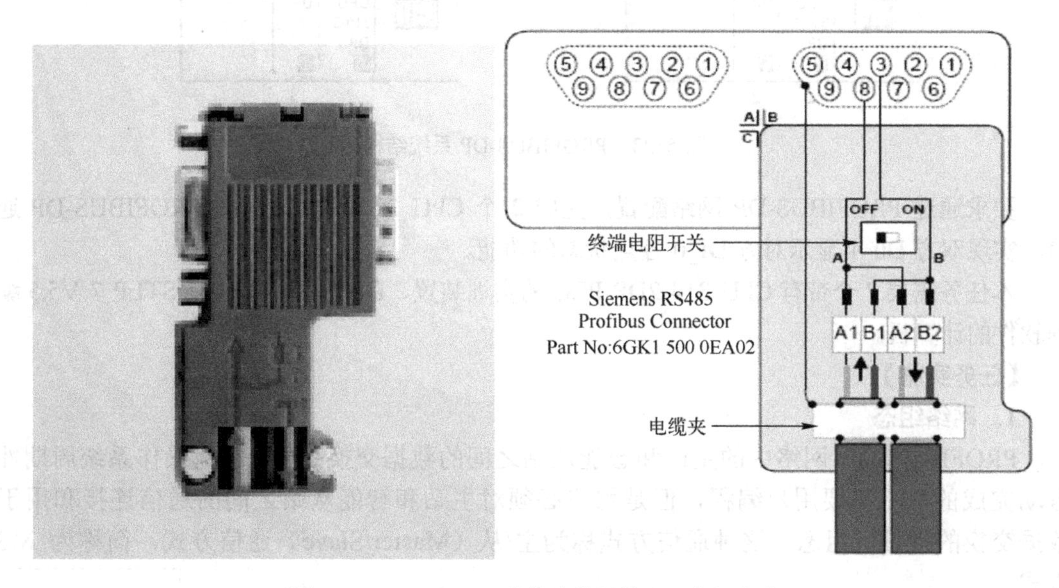

图 5-22　PROFIBUS 总线连接器外观及内部电路

PROFIBUS-DP 使用了 ISO/OSI 模型的第 1 层和第 2 层，这种结构保证了数据的高速传递，特别适合可编程控制器与现场分散的 I/O 设备之间的通信。在 PROFIBUS 通信中，PROFIBUS-DP 应用最为广泛，可以用来连接不同厂商符合 PROFIBUS-DP 协议的设备。在 DP 网络中，一个从站只能被一个主站所控制，这个主站是这个从站的 1 类主站；如果网络上还有编程器和操作面板控制从站，这个编程器和操作面板是这个从站的 2 类主站，它并不直接控制该主站。下节的实训就为大家介绍两台 S7-300 PLC 之间的主从 DP 通信建立过程。

5.2.2　实训：两台 S7-300 PLC 之间的主从 DP 通信

【任务提出】

CPU31x-2DP 是指集成有 PROFIBUS-DP 接口的 S7-300CPU，如 CPU313C-2DP、CPU315-2DP 等。下面以两个 CPU315-2DP 之间主从通信为例介绍连接智能从站的组态方法。该方法同样适用于 CPU31x-2DP 与 CPU41x-2DP 之间的 PROFIBUS-DP 通信连接。

【任务分析】

PROFIBUS-DP 系统结构如图 5-23 所示。系统由一个 DP 主站和一个智能 DP 从站构成。

DP 主站：由 CPU315-2DP（6ES7 315-2AG10-0AB0）和 SM374 构成。

DP 从站：由 CPU315-2DP（6ES7 315-2AG10-0AB0）和 SM374 构成。

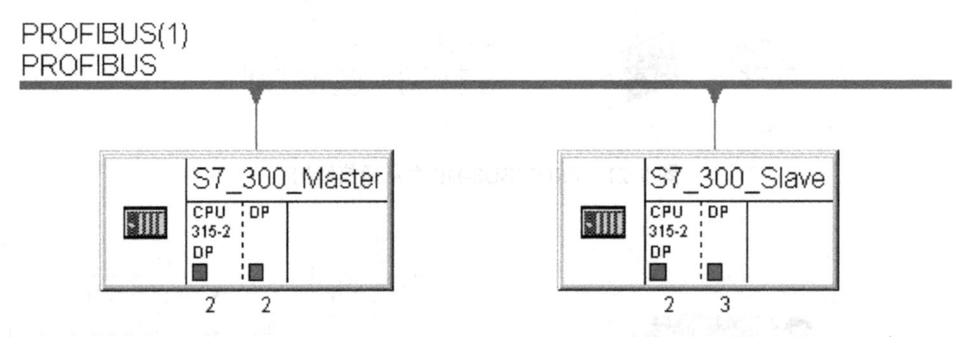

图 5-23　PROFIBUS-DP 系统结构

要求通过 PROFIBUS-DP 网络配置，完成 2 个 CPU 314-2DP 之间的 PROFIBUS-DP 通信，实现双方 D0_1 显示对方 DI_0 各点状态的功能。

本任务需要 2 个带有 CPU 314-2DP PLC 的实训装置、DP 总线、安装有 STEP 7 V5.5 编程软件的计算机。

【任务实施】

1．网络组态

PROFIBUS-DP 网络中的主站和智能从站之间的数据交换是由 PLC 操作系统周期性自动完成的，不需要用户编程，但是用户必须对主站和智能从站之间的通信连接和用于数据交换的地址区组态。这种通信方式称为主/从（Master/Slave）通信方式，简称为 MS 方式。

（1）生成 MS 硬件工作站

打开 STEP 7，首先执行菜单命令“文件”→“新建”创建一个 S7 项目，并命名为“PB_MS_1”。选中“PB_MS_1”项目名，然后执行菜单命令“插入”→“站点”→“SIMATIC 300 站点”，在此项目下插入两个 S7-300 的 PLC 工作站，分别重命名为“PB_M”和“PB_S”，如图 5-24 所示。

5-3　主从 DP 通信-网络组态 1

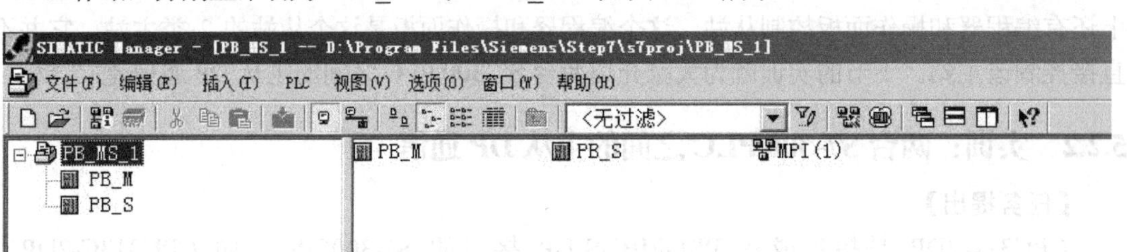

图 5-24　生成的主从硬件工作站

（2）组态智能从站

根据 PLC 工作站硬件实际完成组态，这里两台 PLC 用的是 S7-300 CPU 314C-2DP，订货号为：6ES7 314-6CH04-0AB0。

1）选中 SIMATIC 管理器左边的站对象“PB_S”，双击右边窗口的“硬件”图标（如图 5-25 所示），打开硬件组态工具 HW Config。

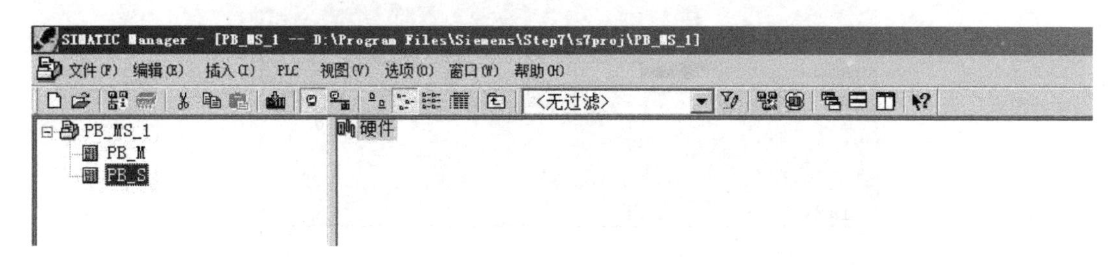

图 5-25　启用硬件组态工具

2）放置机架。用鼠标打开硬件目录中的文件夹“\SIMATIC 300\RACK-300”，选中机架 Rail，可用“拖放”的方法或用鼠标双击放置机架。

3）放置 CPU。用鼠标单击选中机架 2 号槽，之后打开硬件目录中的文件夹“\SIMATIC 300\CPU-300\CPU 314C-2 DP\6ES7 314-6CH04-0AB0”，选中“V3.3”固件，可用“拖放”的方法或用鼠标双击放置，在出现如图 5-26 所示的“PROFIBUS 接口 DP”对话框中，将地址栏内容修改为“3”，然后单击“确定”按钮。

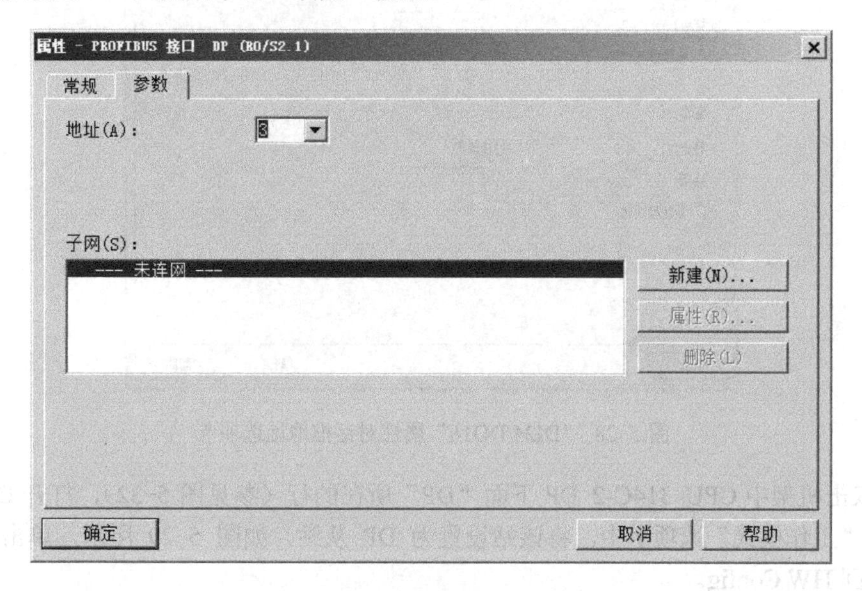

图 5-26　“PROFIBUS 接口 DP”对话框

4）修改 I/O 起始地址。系统为 CPU 314C-2 DP 自动分配的 I/O 起始地址是 124。为了方便编程，将其修改成从 0 开始。用鼠标双击机架中的“2.2　DI24/DO16”插槽，出现如图 5-27 所示的“DI24/DO16”属性对话框，单击其上“地址”选项卡，在“地址”选项卡中单击“系统默认”复选框，将其内的“√”去掉，之后在“开始（S）”“开始（T）”后的方框内均输入“0”，如图 5-28 所示，单击“确定”按钮。这样就将此台 PLC“DI24/DO16”的地址修改为从 IB0、QB0 开始了。

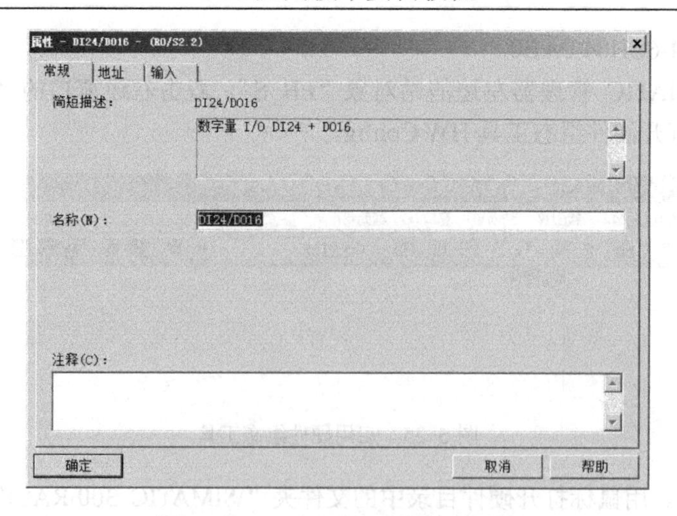

图 5-27 “DI24/DO16”属性对话框

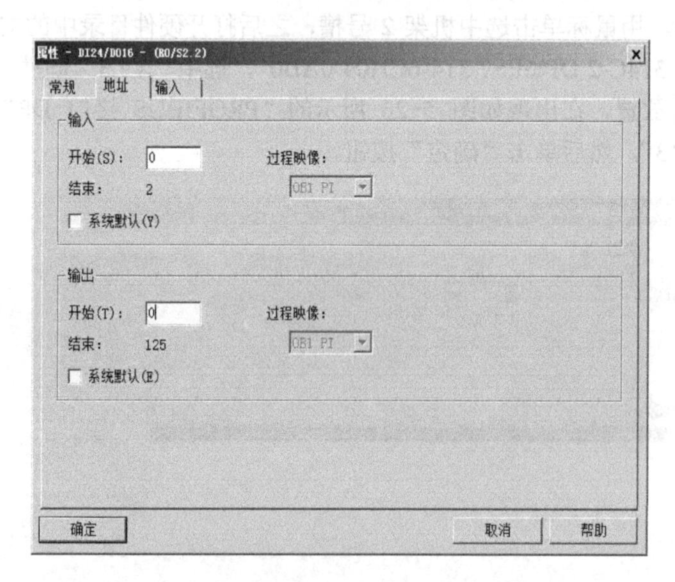

图 5-28 “DI24/DO16”属性对话框地址选项卡

5）双击机架中 CPU 314C-2 DP 下面“DP”所在的行（参见图 5-32），打开 DP 属性对话框。在“工作模式”选项卡中，将该站设置为 DP 从站，如图 5-29 所示，单击“确定”按钮，返回 HW Config。

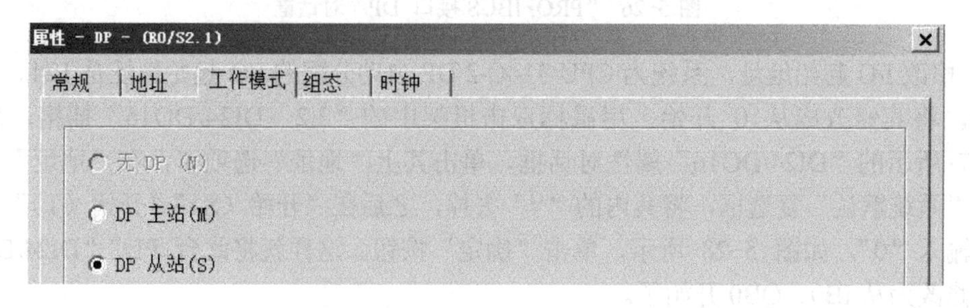

图 5-29 组态智能从站的工作模式

不是所有的 CPU 都能作 DP 从站，具体检查的情况可以查阅有关手册的产品样本。在 HW Config 硬件目录窗口下面的小窗口中，可以看到对选中的硬件的简要介绍。

因为此时从站与主站的通信组态还没有结束，不能编译 S7-300 的硬件组态信息。单击工具栏上的“保存”按钮，保存组态信息后关闭 HW Config。

（3）组态 DP 主站和 PROFIBSU 网络

1）选中 SIMATIC 管理器左边的站对象“PB_M”，双击右边窗口的“硬件”图标，打开硬件组态工具 HW Config。

2）放置机架。用鼠标打开硬件目录中的文件夹“\SIMATIC 300\RACK-300”，选中机架 Rail，可用“拖放”的方法或用鼠标双击放置机架。

3）放置 CPU。用鼠标单击选中机架 2 号槽，之后打开硬件目录中的文件夹“\SIMATIC 300\CPU-300\CPU 314C-2 DP\6ES7 314-6CH04-0AB0”，选中“V3.3”固件，可用“拖放”的方法或用鼠标双击放置，出现如图 5-30 所示的“PROFIBUS 接口 DP”对话框。单击图 5-30 对话框中的“新建”按钮，在出现的“新建子网 PROFIBUS”对话框中选中网络设置选项卡，如图 5-31 所示。这里采用系统默认参数，单击图 5-31 中的“确定”按钮，返回图 5-30 所示对话框，这时在“子网”窗口出现了“PROFIBUS（1）1.5Mbps”网络，单击该对话框“确定”按钮。这时在硬件组态工具中出现 CPU 314C-2 DP 情况，并且在其 DP 接口后带有“PROFIBUS（1）”总线，如图 5-32 所示。用鼠标双击机架中的 CPU 314C-2 DP 下面和“DP”所在的行，打开 DP 属性对话框。在“工作模式”选项卡中，将该站设置为 DP 主站，如图 5-33 所示，单击“确定”按钮，返回 HW Config。

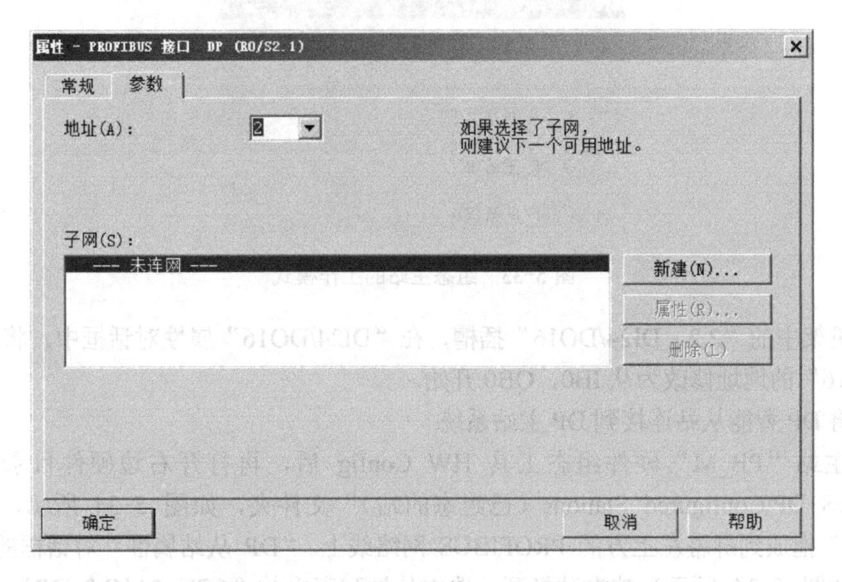

图 5-30 “PROFIBUS 接口 DP”对话框

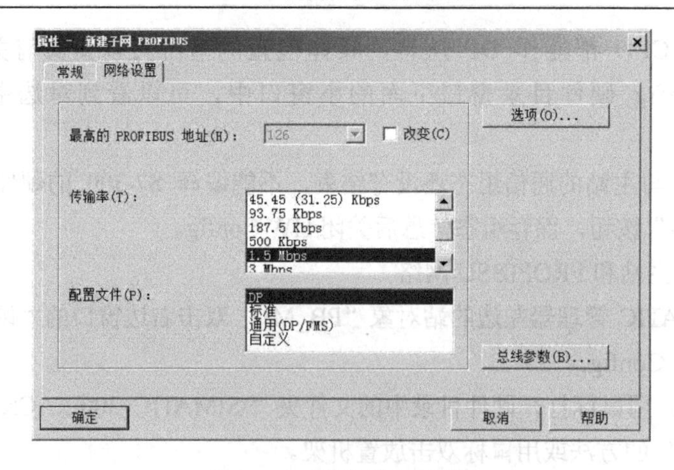

图 5-31　新建子网对话框

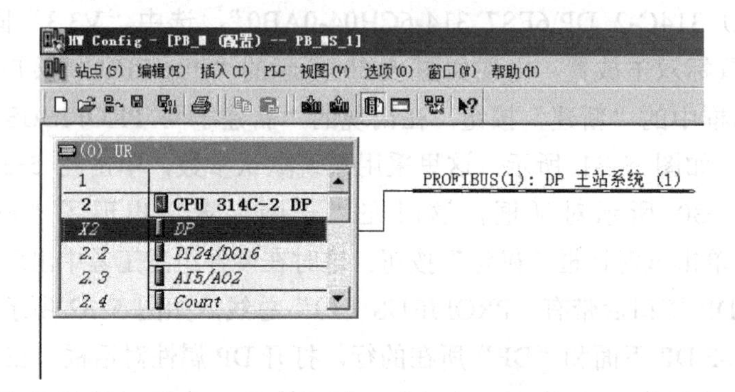

图 5-32　PROFIBUS（1）主站系统组态

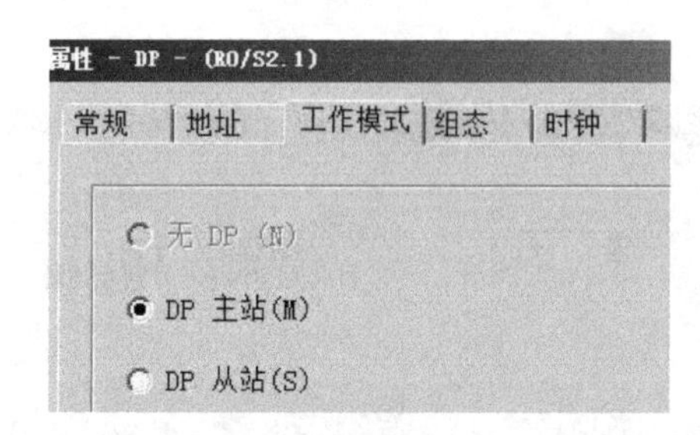

图 5-33　组态主站的工作模式

双击机架中的“2.2　DI24/DO16”插槽，在“DI24/DO16”属性对话框中，将此台 PLC “DI24/DO16”的地址修改为从 IB0、QB0 开始。

（4）将 DP 智能从站连接到 DP 主站系统

打开主站“PB_M”硬件组态工具 HW Config 后，再打开右边硬件目录窗口中的“PROFIBUS DP\Configured Stations（已组态的站）”文件夹，如图 5-34 所示，将其中的“CPU 31x”拖放到屏幕左上方的 PROFIBUS 网络线上。“DP 从站属性”对话框的“连接”选项卡（如图 5-34 所示）被自动打开，选中从站列表中的“CPU 314C-2 DP”，单击“连接”按钮，则该从站被连接到 DP 网络上。连接好后，图 5-35 中的“取消连接”按钮上的字符由灰色变为黑色。单击该按钮，可以将从站从网络上断开。

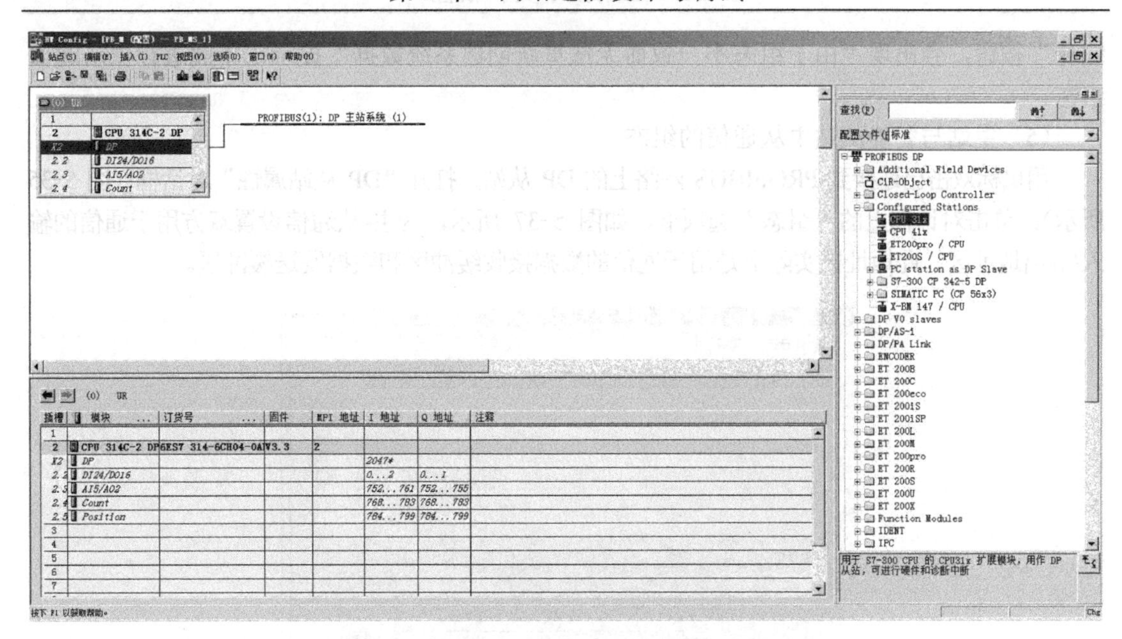

图 5-34　在硬件目录中查找已组态的站 CPU 31x

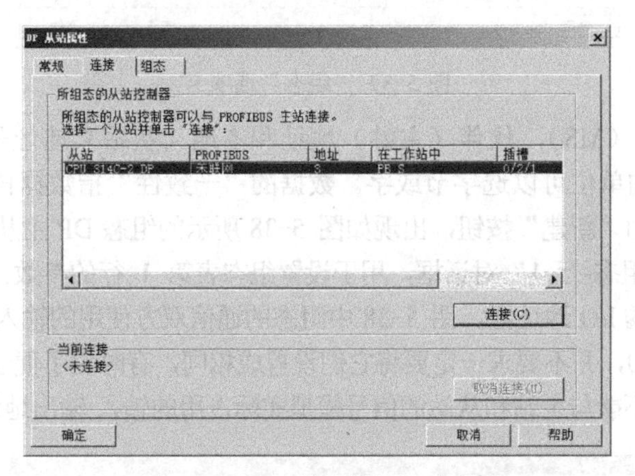

图 5-35　“DP 从站属性”对话框

最后，单击图 5-35 中的“确定”按钮，关闭“DP 从站属性”对话框，返回 HW Config，窗口中的 PROFIBUS 网络上出现了 DP 从站，如图 5-36 所示。

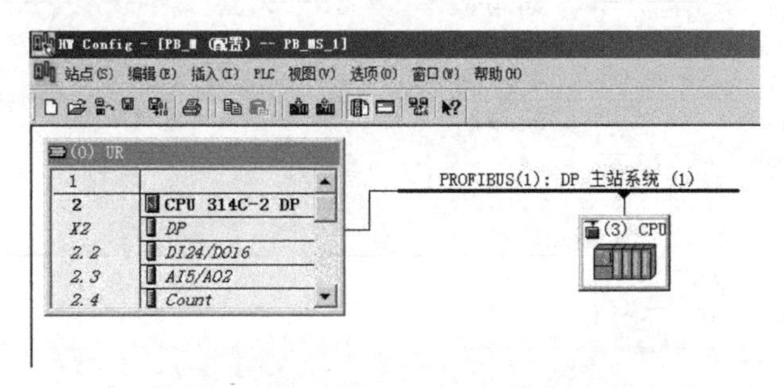

图 5-36　组态 PROFIBUS 智能从站

单击 HW Config 工具栏中的“保存”按钮。因还未进行通信组态，此时若单击“保存和编译”按钮，会出现“由于组态不一致而无法重新创建系统数据”提示。下面进行主从通信组态。

（5）主站与智能从站主从通信的组态

用鼠标双击已连接到 PROFIBUS 网络上的 DP 从站，打开“DP 从站属性”对话框（图 5-35 所示），单击对话框上的“组态”选项卡，如图 5-37 所示，为主-从通信设置双方用于通信的输入/输出地址区。此地址区实际上是用于通信的数据接收缓冲区和数据发送缓冲区。

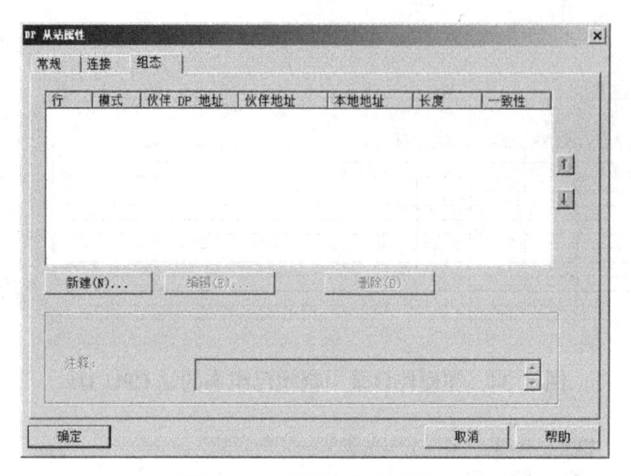

图 5-37 “组态”选项卡

图中模式为主从（MS），伙伴（主站）地址和本地（从站）地址是输入/输出地址区的起始地址，“长度”的单位可以选字节或字。数据的“一致性”指数据传送连续性。

单击图 5-37 中的“新建”按钮，出现如图 5-38 所示的组态 DP 主从通信的输入/输出地址区的“DP 从站属性-组态-行 1”对话框，用于设置组态表第 1 行的参数。每次可以设置智能从站一个方向通信使用的 I/O 地址区。图 5-38 中组态的通信双方使用的输入/输出区的起始字节地址均为 IB10 和 QB10，并不要求一定要将它们设置成相同，有时为了便于记忆，设为相同。但是用于通信的数据区不能与主站和从站的信号模拟实际占用的输入/输出地址区重叠。

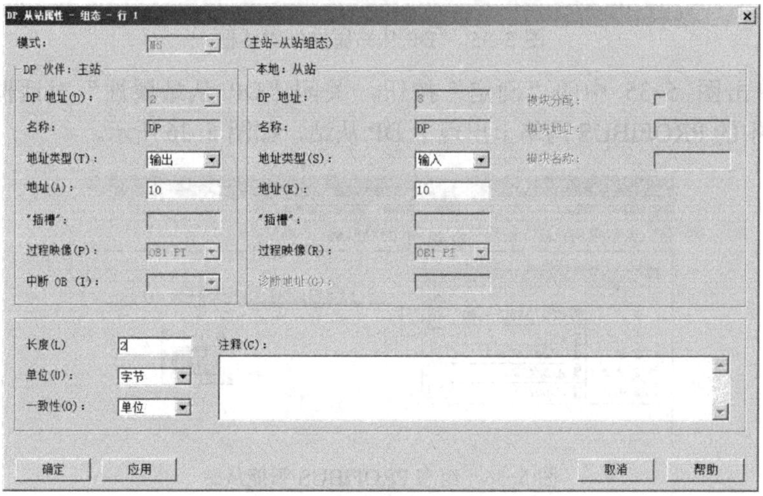

图 5-38 组态 DP 主从通信的输入/输出地址区

图 5-38 中传送数据单位为“字节”，长度为“2”，表示从站的通信伙伴（即主站）用 QB10～QB11 两个字节发送数据给本地站（从站）的 IB10～IB11。每一行最多能组态 32B。完成填写后，单击“确定”按钮，就会看到图 5-37 的中间窗口出现第 1 行通信地址区。

组态第 2 行的通信参数，再次单击图 5-37 中的“新建”按钮，出现类似图 5-38 所示的“DP 从站属性-组态-行 2”对话框，此时将对话框中的 DP 伙伴（主站）的“地址类型”改为“输入”，本地（从站）的地址类型自动变为“输出”。这里将起始地址都设为“20”，其他参数不变。完成填写后，单击“确定”按钮，就会看到组态选项卡的中间窗口出现了第 2 行通信地址区。如图 5-39 所示。

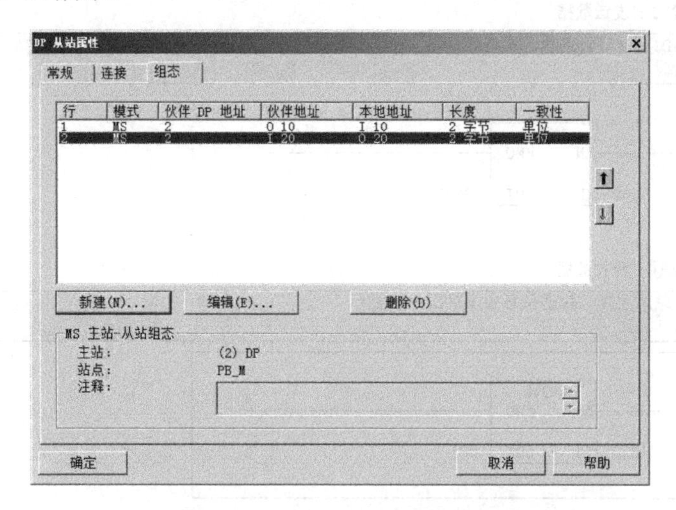

图 5-39　设置后的 DP 主从通信的输入/输出地址区

设置完参数后，单击图 5-38 中的“确定”按钮，返回 HW Config，单击工具栏中的“保存和编译”按钮，编译与保存“PB_M”主站的组态信息。

返回 SIMATIC 管理器后，选中“PB_S”从站点，打开其 HW Config。因为此时已完成了所有的组态任务，单击工具栏上的“保存和编译”按钮，可以成功地编译与保存组态信息。

单击 SIMATIC 管理器或 HW Config 工具栏上的“组态网络”按钮，打开网络工具 NetPro，如图 5-40 所示，可以看到两个站点都连接到 PROFIBUS 网络上了。

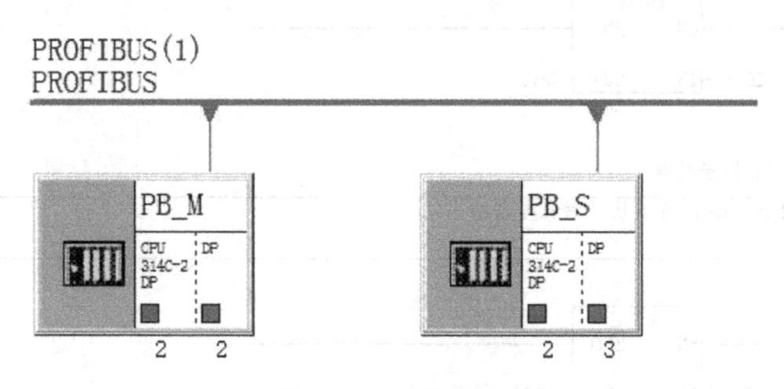

图 5-40　网络组态

单击图 5-40 中各站点左边方框中的 PLC 图标，可以打开 HW Config，为该站点的硬件组态信息。

注意，有时如果同时打开 HW Config 和 NetPro，可能会因为它们的组态相互冲突，导致不能成功地编译和保存组态信息。此时应关闭二者之一，才能顺利编译。

5-4 主从 DP 通信-网络组态 2

（6）编写测试程序

1）PS_M 主站的 OB1 梯形图如图 5-41 所示。

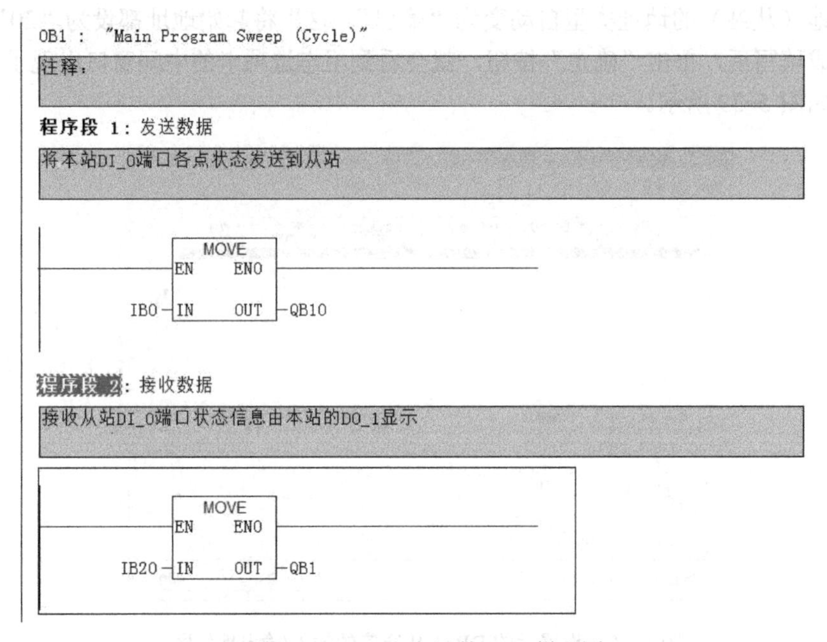

图 5-41 PS_M 主站的 OB1 梯形图

2）PS_S 从站的 OB1 梯形图如图 5-42 所示。

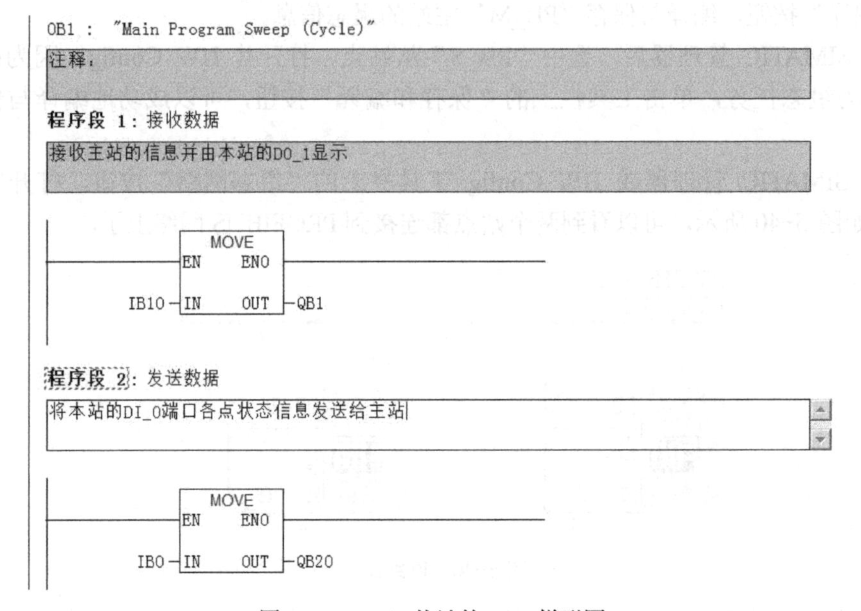

图 5-42 PS_S 从站的 OB1 梯形图

为了防止网络通信的故障造成 CPU 和整个 PROFIBUS 主站系统停机，S7-300 应生成和下载 OB82、BO86、OB122。采取上述措施后，即使没有在这些 OB 中编写任何程序，出现故障时，CPU 也不会进入 STOP 模式。建议生成和下载上述组织块。

2．将组态和程序下载到 PLC

硬件组态、网络组态编译完成后，需将组态好的信息及程序单独下载到每个 CPU。用 MPI 编程电缆连接到计算机（USB→MPI 适配器）和每一台 PLC，分别进行下载，并使 PLC 处于 RUN 模式。

3．用网线将两台 PLC 连接

关闭每台 S7-300 PLC 的电源，用制作检测完好后的 RPOFIBUS DP 总线将两台 PLC 的 DP 接口（X2 接口）连接起来。

4．通电测试

连接 S7-300 PLC 上的 I/O 电源接线，完成接线后打开每台 S7-300 PLC 的电源，改变某台 PLC 输入点的状态，观察通信网络对方对应的输出点是否随之变化。若符合设计要求，表示网络通信正常。若通电后，状态和错误显示故障灯亮起，或两台 PLC 输入输出状态不符合设计要求，则需按上述步骤检查通信网络的软硬件。

5.3　S7-300 与远程 I/O ET 200 之间的 DP 通信

5.3.1　西门子 ET 200 简介

西门子的 ET 200 是基于现场总线 PROFIBUS-DP 或 PROFINET 的分布式 I/O，可以与经过认证的非西门子公司生产的 PROFIBUS-DP 主站协同运行。

在组态时，STEP 7 自动分配标准的 DP 从站的输入/输出地址。就像访问主站主机架上的 I/O 模块一样，DP 主站的 CPU 通过 DP 从站的地址直接访问它们。因此使用标准 DP 从站不会增加编程的工作量。

组建系统时，通常需要将过程的输入和输出集中集成到该自动化系统中。如果输入和输出远离可编程控制器，将需要铺设很长的电缆，从而不易实现，并且可能因为电磁干扰而使得可靠性降低。分布式 I/O 设备便是这类系统的理想解决方案：

● 控制 CPU 位于中央位置。

● I/O 设备（输入和输出）在本地分布式运行。

● 功能强大的 PROFIBUS DP 具有高速数据传输能力，可以控制 CPU 和 I/O 设备稳定顺畅地进行通信。

ET 200 是西门子家族中分布式 I/O 产品的统称。包括 ET 200M、ET 200S、ET 200PRO、ET 200iSP、ET 200ECO、ET 200SP 等。产品中既有支持 PROFIBUS 总线通信的，也有支持 PROFINET 总线通信的。

1．ET 200M

ET 200M 是多通道模块化的分布式 I/O，使用 S7-300 全系列模块，适用于大点数、高性能的应用。最多可以扩展 8 个模块，用接口模块 IM153 来实现与主站的通信。

ET 200M 具有 S7-300 自动化系统的组态技术，由一个 IM 153-x 和多个 S7-300 的 I/O 模块组成。通过接口模块 IM153-x 与 PROFIBUS-DP 现场总线相连。ET 200M 的 I/O 模块可以连接来自现场的数字或者模拟 I/O。组态之后，分布式 I/O 将如同集中式 I/O 一样。ET 200M 的硬件组态如图 5-43 所示。

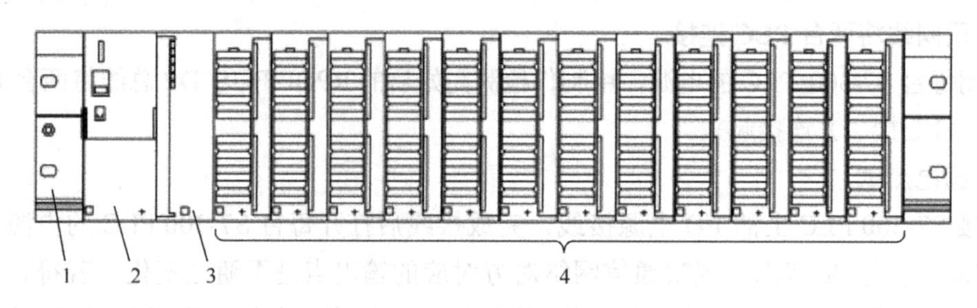

图 5-43　ET 200M 的硬件组态

1—机架　2—电源模块 PS307　3—接口模块 IM153-x　4—最多 12 个 I/O 模块

ET 200M 安装在 300 机架上，电源模块及 I/O 模块与 S7-300 相同，使用前联接器接线。接口模块 IM153 正视图如图 5-44 所示。

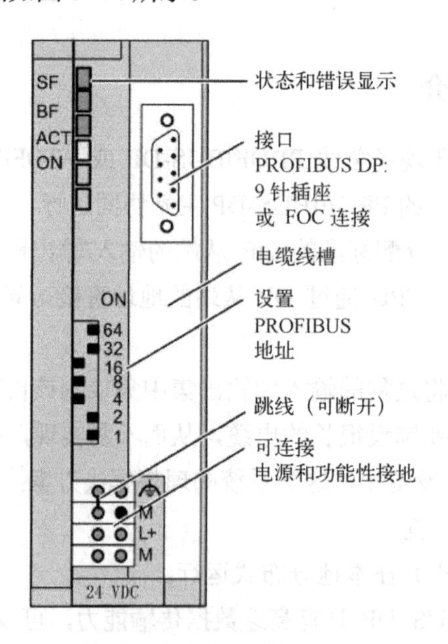

图 5-44　接口模块 IM153

设置 PROFIBUS DP 地址的 DIP 开关向右边为 ON，其编址方式按照二进制编码，也可按“3#=2+1、5#=4+1…”的方式记忆和设置。图 5-45 所示为设置 PROFIBUS DP 地址的例子。

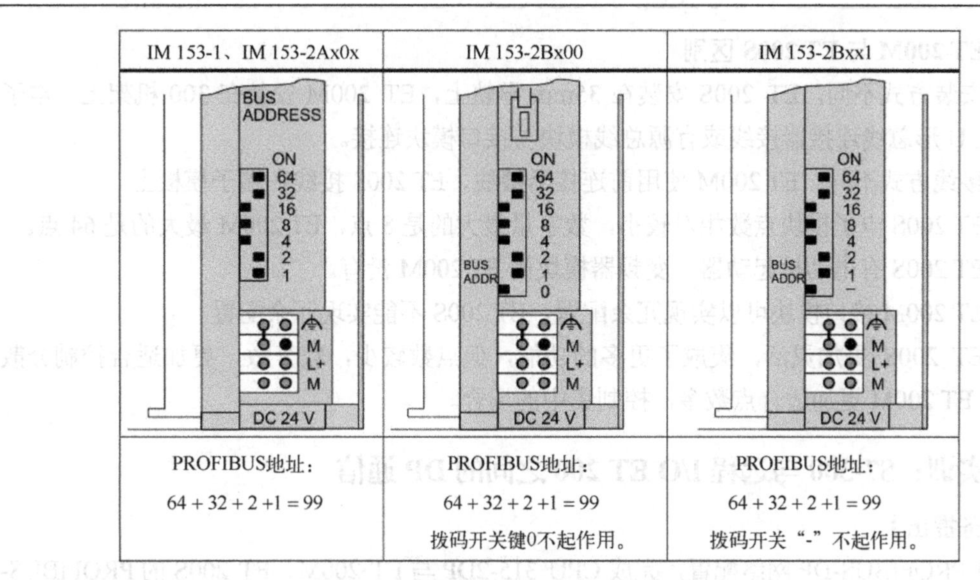

图 5-45　设置与更改 PROFIBUS DP 地址示例

2．ET 200S

ET 200S 是一种多功能按位模块化的 I/O 系统，配备了 PROFIBUS-DP 或 PROFINET 接口模块，可以提供集成光纤接口。模块的种类丰富，有数字量 I/O 模块、模拟量 I/O 模块，技术功能模块、电动机起动器和变频器、IQ-Sense（智能传感器）模块、气动接口模块、故障安全模块。每个站最多可以使用 63 个 I/O 模块，或 20 个电动机起动器和变频器，有 2、4、8 点的 I/O 模块。

ET 200S COMPACT（紧凑型）有 32 点数字量 I/O，可以扩展 12 个 ET 200S 的 I/O 模块。IM151-7 CPU 接口模块的功能与 CPU 314 相当。ET 200S 配有 I/O 模块、电动机起动器和变频器。

ET 200S 分布式 I/O 是离散式模块化、高度灵活的远程 DP 从站，是可分拆为单个组件的分布式 I/O，有 1/2/4/8 通道电子模块，安装在 35mm 导轨上。ET 200S 支持现场总线类型 PROFIBUS DP（通过 IM151-1 接口模块）和 PROFINET IO（通过 IM151-3 接口模块）。

IM151-1 接口模块如图 5-46 所示。

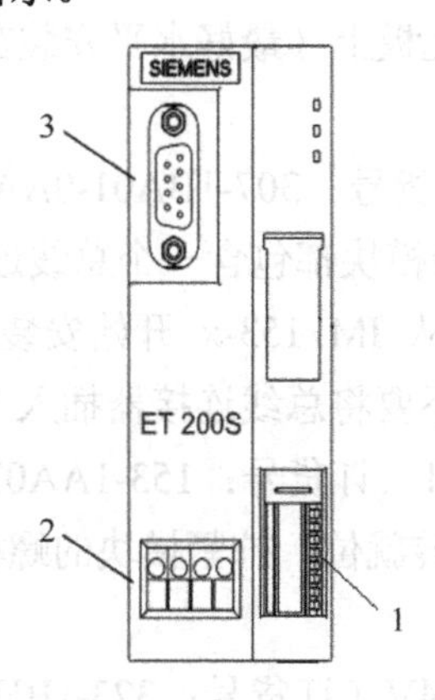

图 5-46　IM151-1 接口模块

1—设置 DP 地址拨码开关　2—电源电压（1L+、2L+、1M、2M）　3—PROFIBUS DP 接口

3．ET 200M 与 ET 200S 区别

① 安装方式不同，ET 200S 安装在 35mm 导轨上，ET 200M 安装在 300 机架上，电子模块通过 U 形总线连接器接线或有源总线模块与接口模块连接。

② 接线方式不同：ET 200M 使用前连接器接线，ET 200S 接线在端子模板上。

③ ET 200S 电子模块点数相对较小，数字量最大的是 8 点，ET 200M 最大的是 64 点。

④ ET 200S 有电动机起动器、变频器模块而 ET 200M 没有。

⑤ ET 200M 接口模块可以实现冗余配置，ET 200S 不能实现冗余配置。

⑥ ET 200S 更加灵活，集成了更多的功能，但点数较少，较分散，更加适合控制分散的场合，ET 200M 更加适合点数多，控制集中的场合。

5.3.2 实训：S7-300 与远程 I/O ET 200 之间的 DP 通信

【任务提出】

通过 PROFIBUS-DP 网络配置，完成 CPU 315-2DP 与 ET 200M、ET 200S 的 PROFIBUS-DP 通信。

控制要求：完成 S7-300 PLC 与 ET 200M 的 PROFIBUS DP 网络通信，使得 ET 200M 的输出端口能够显示 S7-300 PLC 对应位的输入状态信息。

【任务分析】

PROFIBUS-DP 系统由一个主站、一个远程 I/O 从站构成。

① DP 主站：选择一个集成 DP 接口的 CPU315-2DP、一个数字量输入模块 DI32×DC 24V/0.5A、一个数字量输出模块 DO32×DC 24V/0.5A、一个模拟量输入/输出模块 AI4/AO4×14/12bit。

② 远程 I/O 从站：选择一个 ET 200M 接口模块 IM 153-2、一个数字量输入/输出模块 DI8/DO8×24V/0.5A、一个模拟量输入/输出模块 AI2×12bit、AO2×12bit。

【任务实施】

1．S7-300 PLC 与 ET 200M 的 PROFIBUS DP 网络通信

（1）ET 200M 安装与接线

先将 DIN 导轨牢固安装到网孔板上（最好水平安装在竖直方向），之后按以下顺序将模块安装在导轨上：

1）将电源装置 PS 307 2A（订货号：307-1BA01-0AA0）挂在导轨上并用螺钉拧紧。

2）夹上总线连接器。每个信号模块都包含一个总线连接器，但是 IM 153-x 没有总线连接器。在安装总线连接器时，总是从 IM 153-x 开始安装（从“最后”一个模块中取下总线连接器，将其插入 IM 153-x 中，不要将总线连接器插入“最后”一个模块中）。

3）将 ET 200M 模块 IM 153-1（订货号：153-1AA03-0XB0）挂到导轨上，滑动使其靠紧左侧的模块，然后将模块向下旋转就位，拧紧模块的螺栓。并将其 DP 地址拨码开关设置为 3。

4）将信号模块 DI8/DO8xDC24V（订货号：323-1BH01-0AA0）挂到导轨上，滑动使其靠紧左侧的模块，然后将模块向下旋转就位，拧紧模块的螺栓。

5）打开 PS 307 和 IM153-1 的前门。松开 PS 307 上的张力消除部件，剥开电源线（220V 交流电源导线），连接到 PS307 的+L 和地端子上，然后拧紧张力消除部件。如图 5-47 所示。

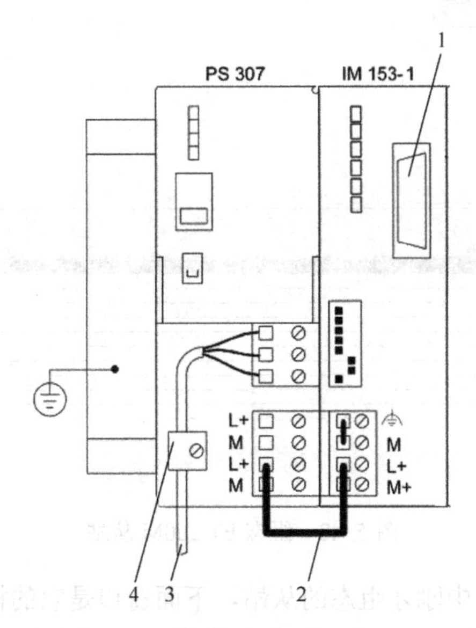

图 5-47　ET 200M 接线

1—PROFIBUS 电缆的接口　2—跳线　3—220V 交流电源电缆　4—张力消除部件

6）将跳线插入 PS 307 和 IM 153-1 对应的“L+、M”端子，并将其压紧。

7）检查 PS 307 上电源电压选择开关是否正确设置成电源电压（电源模块出厂时被设置为 AC 230V 的电源电压。可用螺钉旋具卸下防护盖，将开关设置为可用的电源电压）。

8）在 DP 主站（CPU 314C-2 DP）和 IM 153-1 之间插入 PROFIBUS DP 电缆。必须打开两个连接器上的终端电阻。

9）将 S7-300 编程电缆连接到计算机（USB→MPI 适配器）。

（2）网络硬件组态

1）打开 STEP 7，创建一个 S7 项目，重命名为“PB_ET200M”。插入 S7-300 的 PLC 工作站，这里 PLC 用的是 S7300 CPU314C-2DP，订货号为 6ES7 314-6CH04-0AB0。打开硬件组态工具 HW Config，放置机架，放置 CPU，生成一个带有 PROFIBUS 总线的 DP 主站（详细步骤可参照前次实训），并将 PLC“DI24/DO16”的地址修改为从 IB0、QB0 开始。

5-5　远程 IO 通信-网络组态 1

2）打开组态工具 HW Config 的硬件目录文件夹“\PROFIBUS-DP\ET200M”，找到其中的接口模块 IM153-1（订货号：153-1AA03-0XB0），将其拖放到 PROFIBUS 网络线上，就生成了 ET 200M 从站。在出现的“属性-PROFIBUS 接口 IM153-1”对话框中，设置它的站地址为 3。用 IM153-1 模块上的 DIP 开关设置的站地址（如图 5-45 所示）应与 STEP 7 组态的站地址相同，如图 5-48 所示。

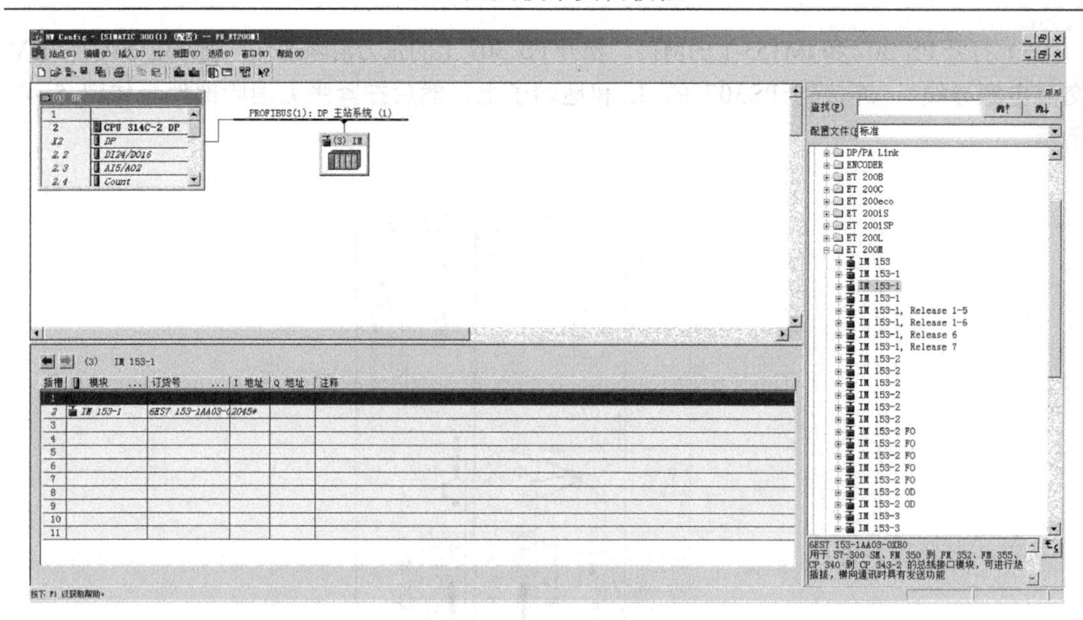

图 5-48　组态 ET 200M 从站

选中图 5-49 上面窗口中刚才组态的从站，下面窗口是它的机架中的槽位，其中的 4～11 号槽最多可以插入 8 块 S7-300 系列的模块。打开硬件目录文件夹“\PROFIBUS-DP\ET200M”下的“IM153-1”子文件夹，它里面的各子文件夹列出了可用的 S7-300 模块，其组态方法与普通的 S7-300 的相同，可以插入数字量输入模块、数字量输出模块、模拟量输入模块和模拟量输出模块，系统自动分配端口地址。这里选中“IM153-1”子文件夹下的“DI/DO-300”中的“SM 323 DI8/DO8x24V/0.5A”（订货号：323-1BH01-0AA0，一定要与刚才安装的硬件相同）插入到 4 号槽中，会看到系统自动分配的地址 IB3 和 QB2（与刚才组态的 S7-300 主站 I/O 地址连续分配），如图 5-49 所示。

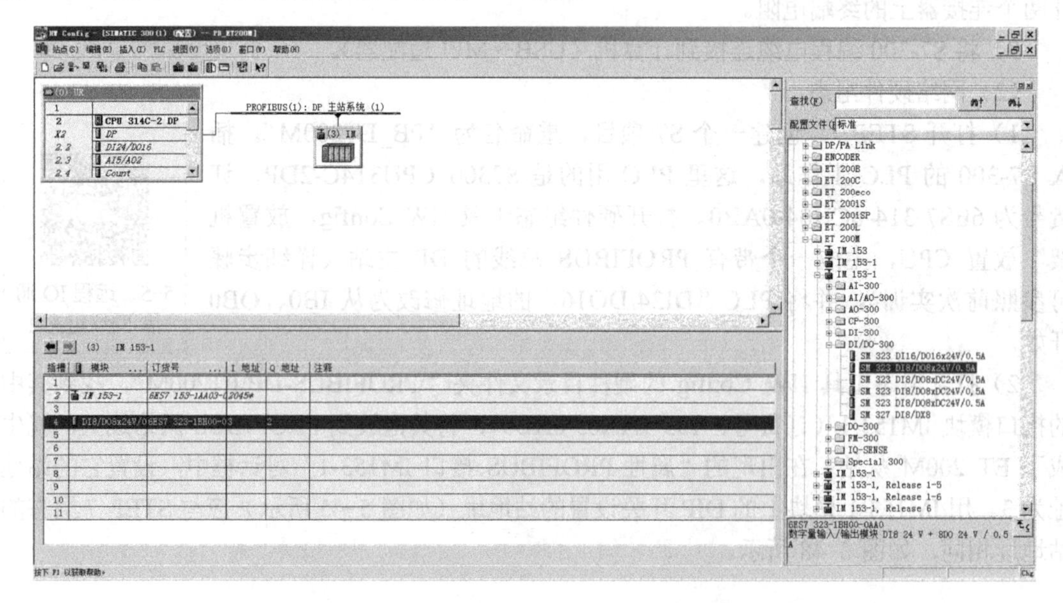

图 5-49　组态 IM153-1 机架中的信号模块

组态任务完成后，单击工具栏上的“编译并保存”按钮，系统首先对组态信息进行编译。如果组态存在问题，将会显示错误或警告信息。改正错误后，才能成功编译，警告信息不影响下载和运行。编译成功后，组态信息保存在系统数据中，系统数据包含硬件组态和网络组态的信息。

可以在 HW Config 工具栏中单击“下载”按钮下载组态信息，也可以在 SIMATIC 管理器中下载“块”文件夹中的系统数据。

3）打开 SIMATIC 管理器中的“块”，单击鼠标右键打开快捷菜单，执行命令“插入新对象\组织块”，分别生成 OB82、OB86\OB122 组织块。这是为了防止网络通信的故障造成 CPU 和整个 PROFIBUS 主站系统停机。采取上述措施后，即使没有在这些 OB 中编写任何程序，出现故障时，CPU 也不会进入 STOP 模式。

4）编写测试程序。

这里给出 OB1 参考梯形图如图 5-50 所示。

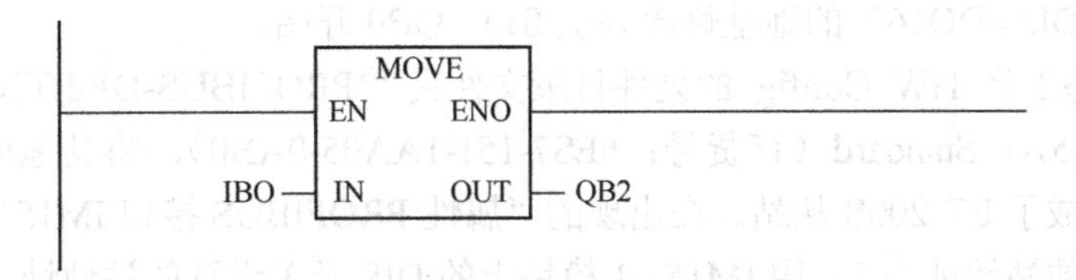

图 5-50　OB1 参考梯形图

5-6　远程 IO 通信-网络组态 2

（3）通电测试

连接 S7-300 PLC 上的 I/O 电源接线，完成接线后打开主站和从站的电源。

选中 SIMATIC 管理器左边窗口中的“块”文件夹，单击工具栏上的“下载”按钮，下载“块”文件夹包含组态信息的“系统数据”和 OB1。

改变 S7-300 PLC 端口 0 各输入点的状态，观察通信网络对方对应的输出点是否随之变化。

若符合设计要求，表示网络通信正常。若通电后，主从站双方状态和错误显示故障灯亮起，或输入输出状态不符合设计要求，则需按上述步骤检查通信网络的软硬件。

2．S7-300 PLC 与 ET 200S 的 PROFIBUS DP 网络通信

控制要求：完成 S7-300 PLC 与 ET 200S 的 PROFIBUS DP 网络通信，利用 ET 200S 的输入端子状态信息从其输出端口输出显示。

（1）ET 200S 安装与接线

先将 35mm 导轨牢固安装到网孔板上（最好水平安装在竖直方向），之后按“接口模块、电源模块、数字模块、模拟模块、功能模块或预留模块、终端模块”顺序将模块安装在导轨上：

1）将接口模块 IM151-1 Standard（订货号：6ES7-151-1AA05-0AB0）挂在导轨上，向内转动接口模块，直到听到滑片卡入的声音。

2）将端子模块 PM-E DC 24V（订货号：6ES7-138-4CA01-0AA0）安装在导轨上，向内移动端子模块，直到听到滑片锁定入位，之后向左移动端子模块，直到听到其咬合在接口模块。

3）按上述方法安装 3 个 2 DI DC 24V ST（订货号：6ES7 131-4BB01-0AA0）二输入端子模块。本次实训安装 1 个就可以，安装 3 个的目的是了解端子模块的地址分配情况，在下面的硬件组态时会看到。

4）安装 1 个 2DO DC 24V/0.5A ST（订货号：6ES7 132-4BB01-0AA0）二输出端子模块。

5）安装终端模块。

6）按照上面“认识 ET 200S”部分关于其接线的说明进行接线。DC 24V 电源可以取自 ET 200M 中的 PS307 或专门的 24V 开关电源。

7）在 DP 主站（CPU 314C-2 DP）和 IM 151-1 之间插入 PROFIBUS DP 电缆。必须打开两个连接器上的终端电阻。

8）将 S7-300 编程电缆连接到计算机（USB→MPI 适配器）。

（2）硬件和网络组态

1）打开 STEP 7，创建一个 S7 项目，重命名为“PB_ET200S”。插入 S7-300 的 PLC 工作站，这里 PLC 用的是 S7300 CPU314C-2DP，订货号为：6ES7 314-6CH04-0AB0。打开硬件组态工具 HW Config，放置机架，放置 CPU，生成一个带有 PROFIBUS 总线的 DP 主站，并将 PLC“DI24/DO16”的地址修改为从 IB0、QB0 开始。

2）打开组态工具 HW Config 的硬件目录文件夹“\PROFIBUS-DP\ET200S”，找到其中的接口模块 IM151-1 Standard（订货号：6ES7-151-1AA05-0AB0），将其拖放到 PROFIBUS 网络线上，就生成了 ET 200S 从站。在出现的“属性-PROFIBUS 接口 IM151-1 Standard”对话框中，设置它的站地址为 3。用 IM151-1 模块上的 DIP 开关设置的站地址（见图 5-45）应与 STEP 7 组态的站地址相同。

选中该从站，下面窗口是它的机架中的槽位，有 63 个。打开硬件目录文件夹“\PROFIBUS-DP\ET200S”下的“IM151-1 Standard”子文件夹，它里面的各子文件夹列出了可用的模块。将其下的 PM 文件夹中的 PM-E DC 24V（订货号：6ES7-138-4CA01-0AA0）插入到 1 号槽；再找到 DI 文件夹，在 2～4 槽中分别插入 2 DI DC 24V ST（订货号：6ES7 131-4BB01-0AA0）；再将 DO 文件夹下的 2DO DC 24V/0.5A ST（订货号：6ES7 132-4BB01-0AA0）插入到 5 号槽，如图 5-51 所示。

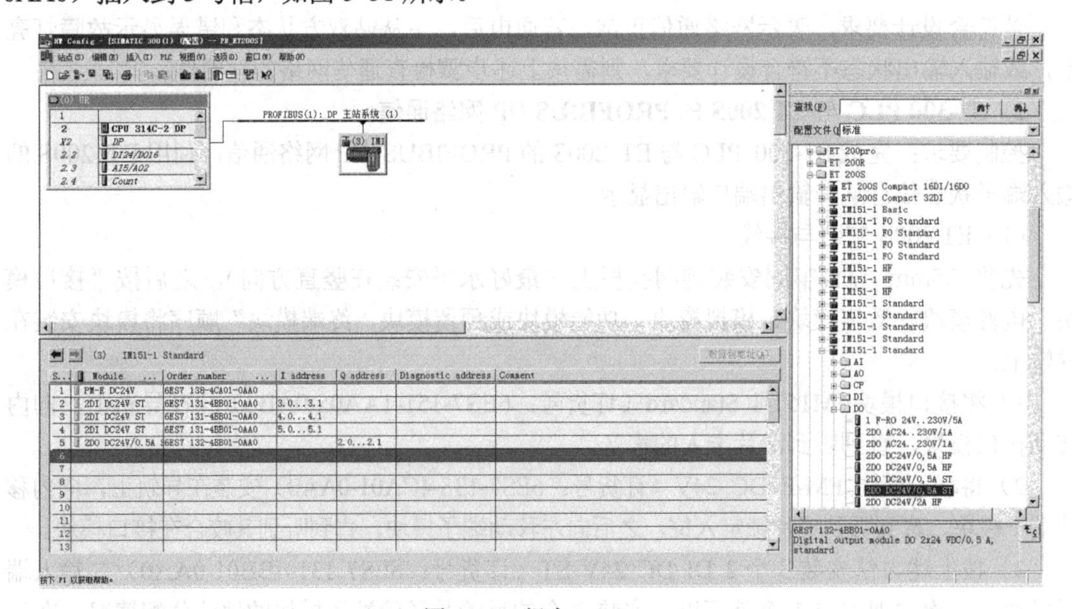

图 5-51　组态 ET 200S

从图 5-51 中可以看出，2 号槽位中的二输入端子模块地址占用了 IB3.0 和 IB3.1 两位，3 号槽位中的二输入端子模块地址占用了 IB4.0 和 IB4.1 两位，4 号槽位中的二输入端子模块地址占用了 IB5.0 和 IB5.1 两位，5 号槽位中的二输出端子模块地址占用了 QB2.0 和 IB2.1 两位，可见远程 I/O 模块地址是按字节与 S7-300 主站连续排列。提醒一下：远程 I/O 这些字节地址中没有分配的位地址不能使用了。

组态任务完成后，单击工具栏上的“编译并保存”按钮，系统首先对组态信息进行编译。编译成功后，组态信息保存在系统数据中，系统数据包含硬件组态和网络组态的信息。

可以在 HW Config 工具栏中单击“下载”按钮下载组态信息，也可以在 SIMATIC 管理器中下载“块”文件夹中的系统数据。

3）打开 SIMATIC 管理器中的“块”，单击鼠标右键打开快捷菜单，执行命令“插入新对象\组织块”，分别生成 OB82、OB86\OB122 组织块。

4）编写测试程序 OB1（根据实际接线编写，这里不再列出）。

（3）通电测试

连接 S7-300 PLC 上的 I/O 电源接线，完成接线后打开主站和从站的电源。下载组态和程序，软硬件联调训练，观察远程 ET 200S 输入输出变化情况。

5.4　实训：S7-300 PLC PROFINET 通信识别 RFID 射频读写

【任务提出】

用 PROFINET IO 实现 S7-300 PLC 与 RFID 射频识别组件之间的通信。

【任务分析】

PROFINET 是由 PROFIBUS 国际组织推出的，是新一代基于工业以太网的自动化总线标准。PROFINET 使用 TCP/IP 协议和 IT 标准。

响应时间作为衡量一个系统实时性的标准。由于响应时间的不同，PROFINET 有三种通信方式。第一种是 TCP/IP 标准通信，其响应时间大概在 100ms 的量级。第二种是实时（RT）通信，其响应时间大概在 5～10ms 左右。第三种是等时同步实时（IRT）通信，其响应时间要小于 1μs。

PROFINET 主要有两种应用形式。一种是 PROFINET IO，适合模块化分布式应用，有 I/O 控制器和 I/O 设备。一种是 PROFINET CBA，适合分布式智能站点之间通信的应用。

PROFINET IO 的组建类似 PROFIBUS 和工业以太网，区别在于模块的选择。PROFINET CBA 是将控制功能模块化，在每一个模块内部，系统软件、硬件的配置是常规的，经过封装以后，所有模块通过 PROFINET CBA 接口与其他组件交换信息。

【任务实施】

1．实训需要准备的硬件和软件

1）一套 S7-300 315F-2 PN/DP PLC，包括：1 个电源模块 PS307 5A；1 个 CPU 模块选用 CPU315F-2PN/DP；1 个 SM323 数字量输入输出模块；1 个 SM323 数字量输入输出模块；1 张 MMC 储存卡。

2）RFID 射频识别组件，包括：1 个 RF180C 以太网通信模块；2 个 RF340R 读写器；1 个数字量输出模块；1 个模拟量输入模块；1 个模拟量输出模块。

3）附件，包括：1 个交换机 X005；PROFIBUS-DP 总线连接器；PROFIBUS-DP 电缆；以太网连接器；以太网电缆；一个 PC Adapter 编程电缆。

4）软件：STEP 7 V5.5 标准版

2. 软件组态

1）在 STEP 7 中新建一个项目，在“Insert New Object”菜单中选择“SIMATIC 300 Station”，添加一个新的 S7-300 站，如图 5-52 所示。

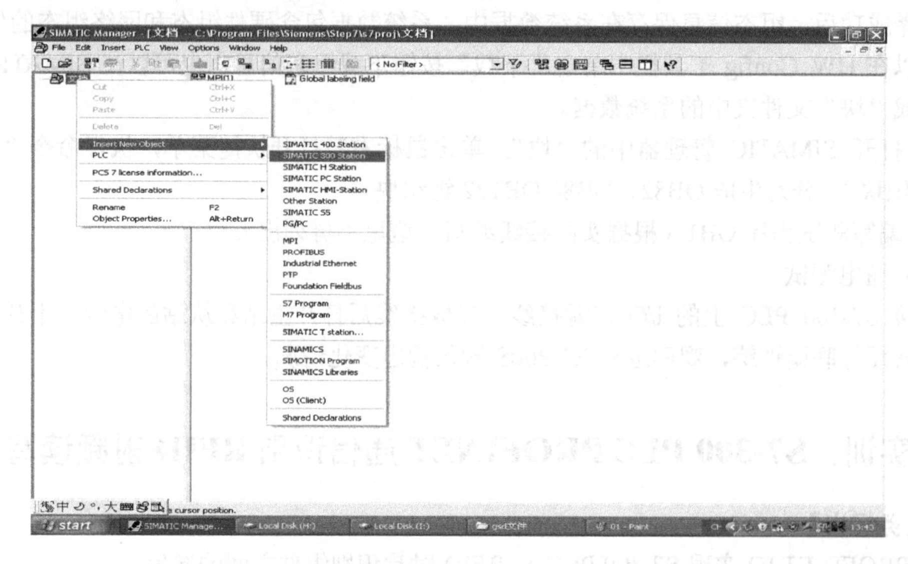

图 5-52　新建 S7-300 站

2）在 STEP 7 管理器中双击“Hardware”，打开硬件配置，如图 5-53 所示。

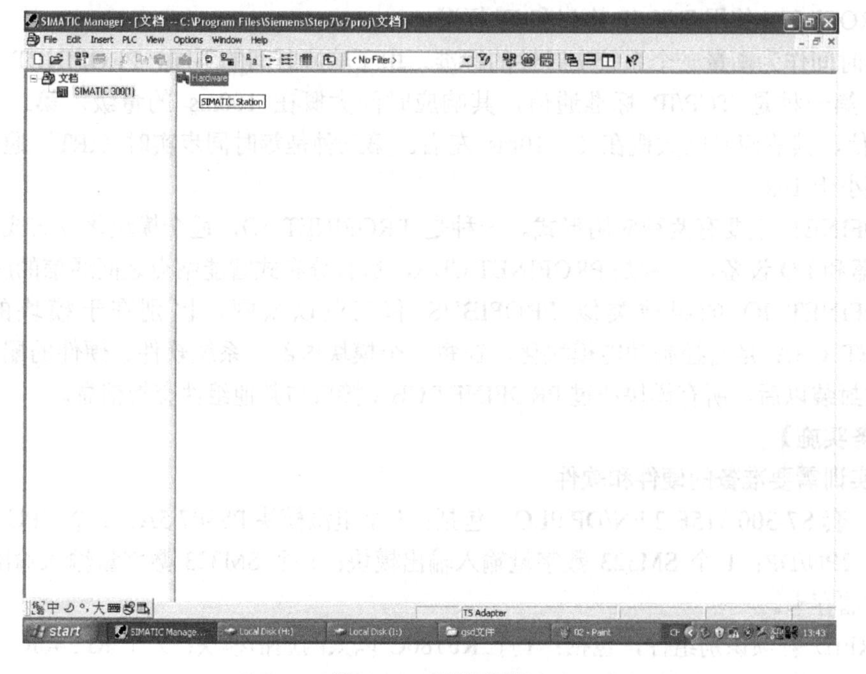

图 5-53　硬件配置

3）添加一个机架，如图 5-54 所示。

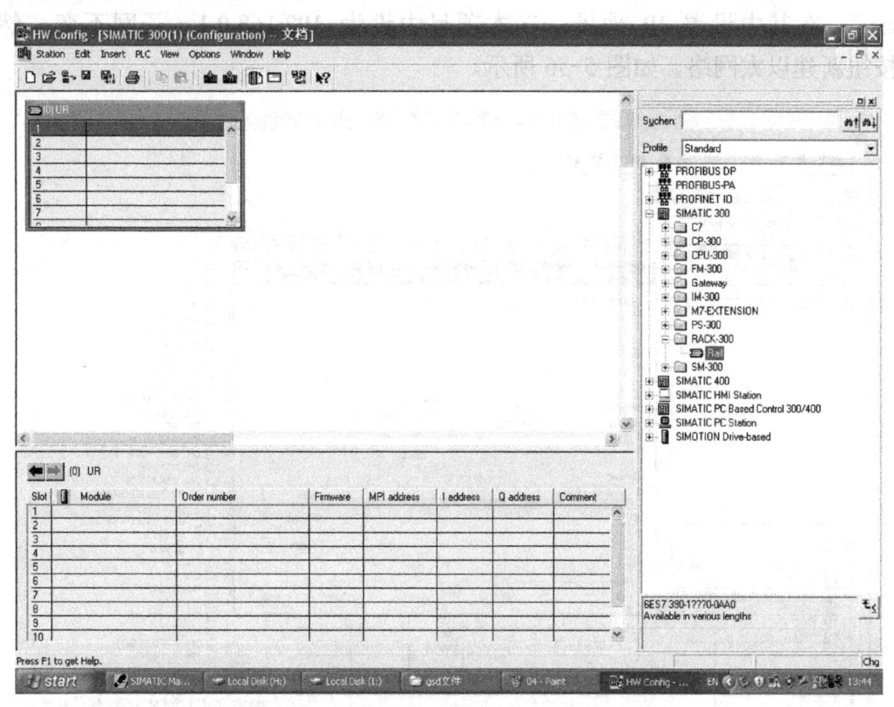

图 5-54　添加机架

4）添加电源和 CPU 模块，单击“MPI/DP”，设定 CPU 的 PROFIBUS-DP 地址，并添加网络，本例的 DP 地址设为 2，如图 5-55 所示。

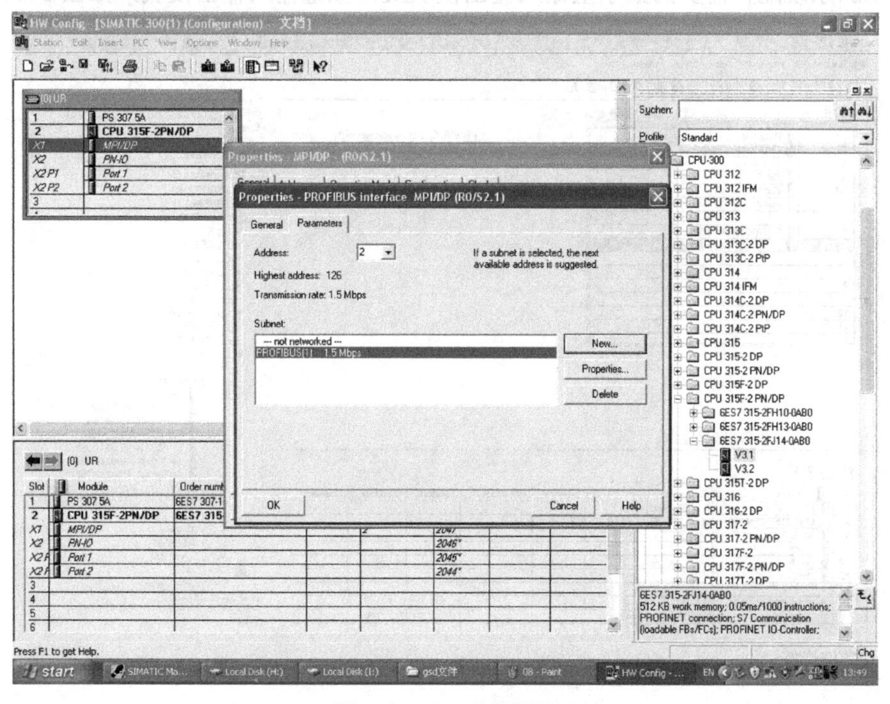

图 5-55　DP 地址设置

5）为 CPU 设置以太网 IP 地址，在 CPU 的槽中双击 PN-IO；在弹出的界面中单击“properties”，在其中设置 IP 地址，在本项目中设为 192.168.0.1，子网不变，然后单击“New”按钮新建以太网络。如图 5-56 所示。

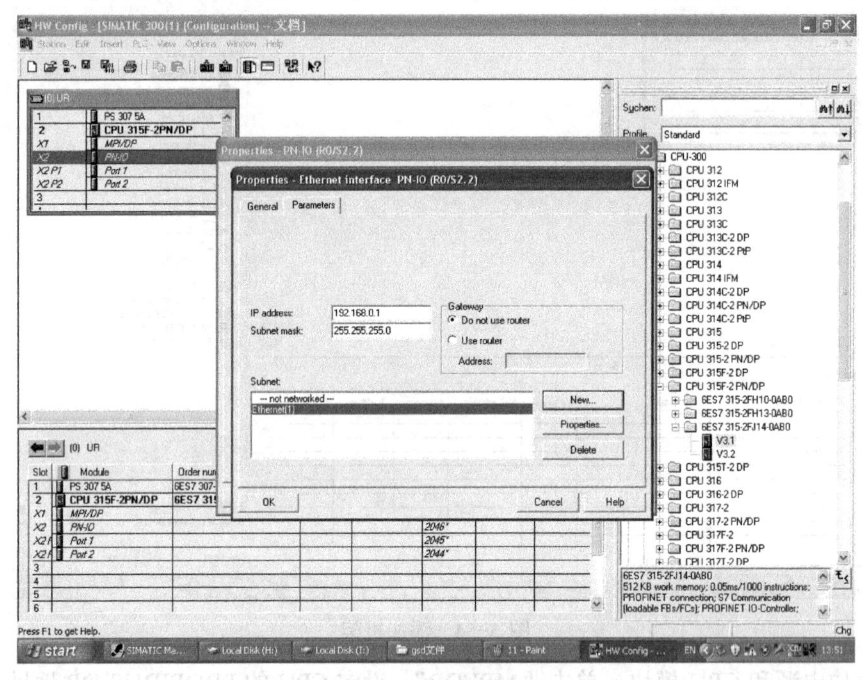

图 5-56　IP 地址设置

6）添加系统配置需要的数字量输入输出模块及模拟量输入输出模块，如图 5-57 所示。

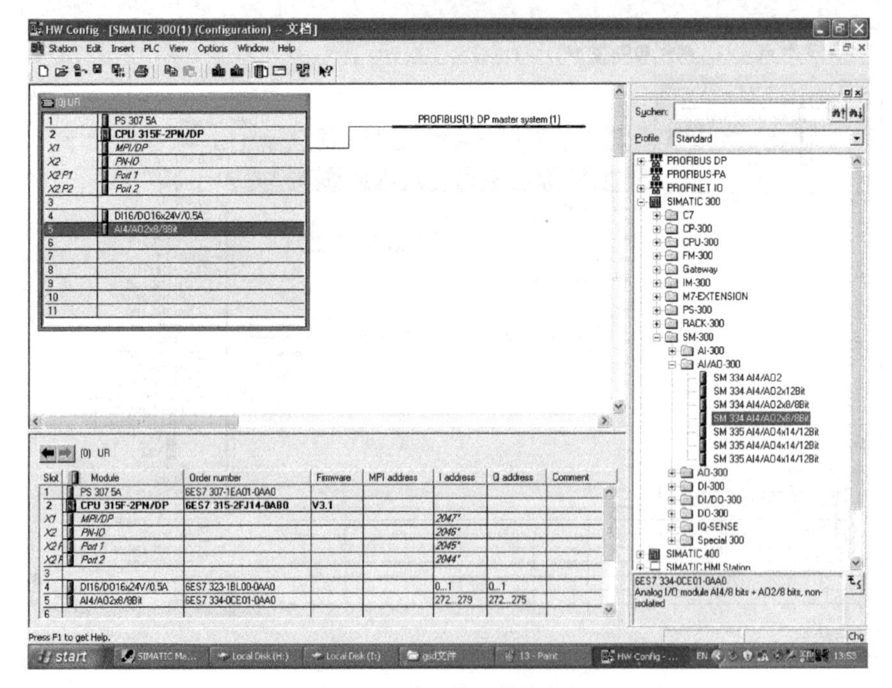

图 5-57　输入输出模块添加

7）将以太网线调出来，如图 5-58 所示。

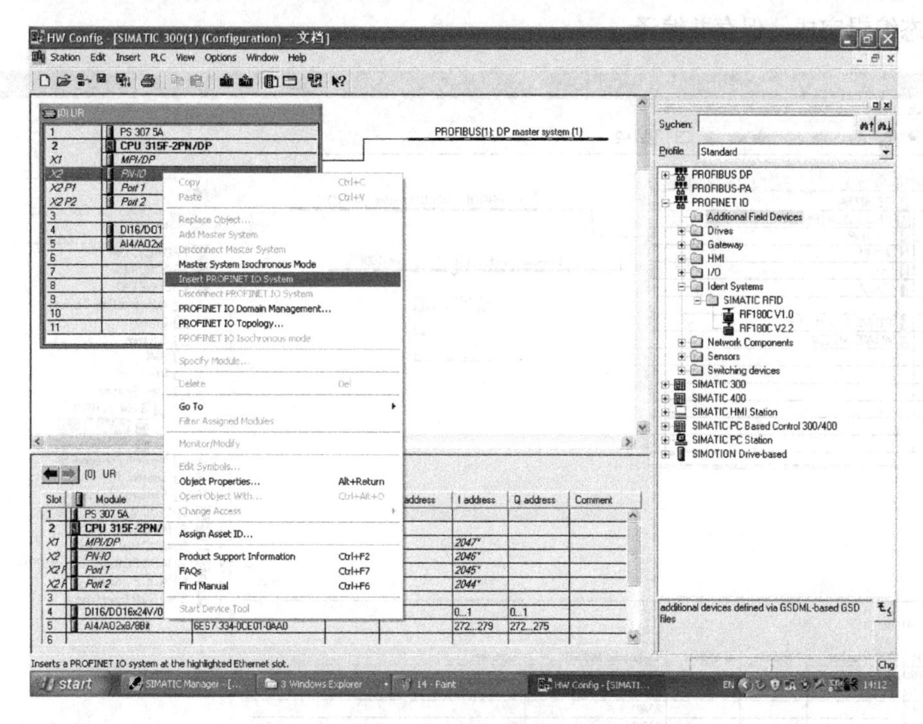

图 5-58　调用以太网

8）在右侧菜单中找到 RF180C 模块，并添加到以太网，如图 5-59 所示。

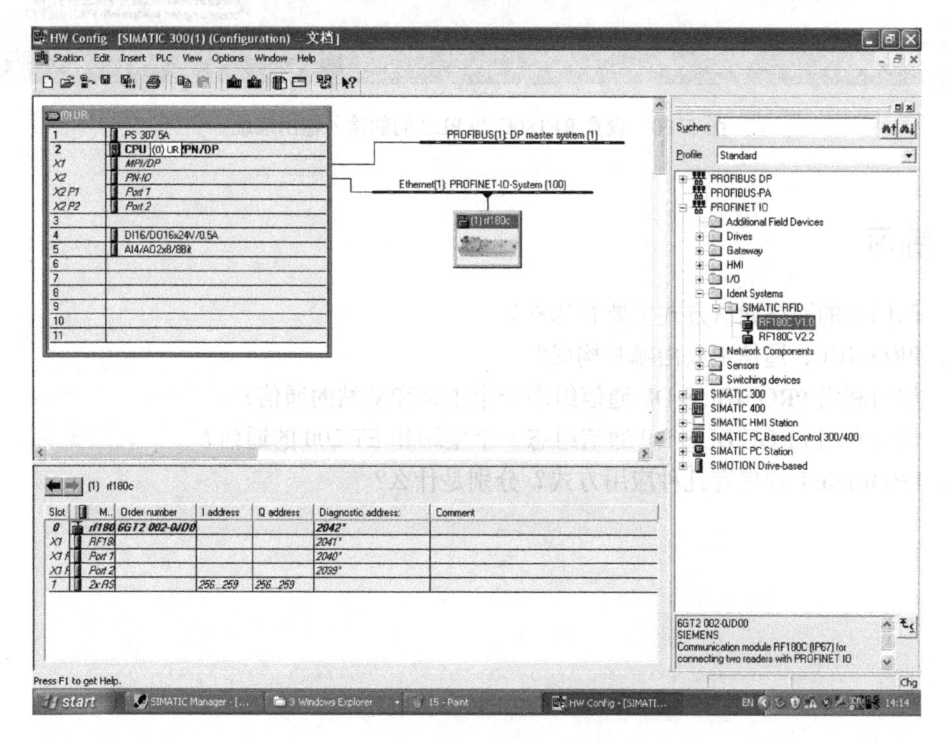

图 5-59　插入 RF180C 模块

9）设置 RF180C 与 PLC 间的输入输出地址，这里地址设置为 256-259，如图 5-60 所示。组态编辑完成，保存并编译。

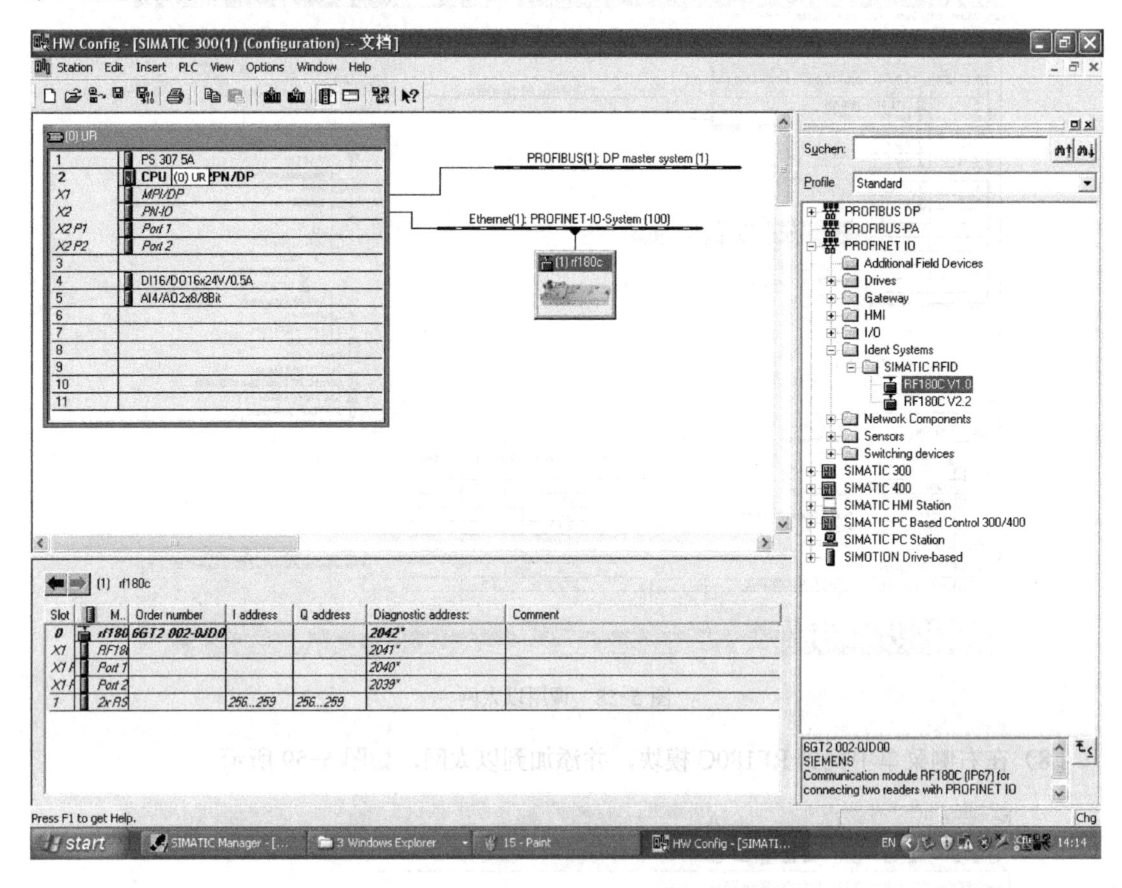

图 5-60　设置 RF180C 与 PLC 间的输入输出地址

5.5　练习

1．西门子的网络通信方式主要有哪些？

2．PROFIBUS 通信主要由哪些构成?

3．如何利用 PROFIBUS-DP 通信组态一个主站和从站的通信？

4．如何利用 PROFIBUS-DP 通信组态一个主站和 ET 200 的通信？

5．PROFINET 通信有几种应用方式？分别是什么?

第 6 章　西门子 S7-300 PLC PID 控制

生产过程中大量的连续变化的模拟量需要用 PLC 来测量或控制，有的是非电学量，如温度、压力、流量等，有的是强电电学量，如发电机的电流、有功功率、功率因数等。PID 控制（也就是比例积分微分控制）在工业控制中得到了广泛应用。在工业过程控制中，绝大多数的控制回路都具有 PID 结构，而且很多高级控制方法都是以 PID 控制为基础的。因此，熟悉 S7-300 PLC 的 PID 控制对于工程实践来说，显得尤为重要。

【本章学习目标】

① 掌握模拟量的处理方法；

② 掌握 S7-300 PLC 的 PID 控制方法。

6.1　模拟量控制

6.1.1　模拟量 I/O 模块

1．模拟量模块的作用

连续变化的物理量称为模拟量，比如温度、压力、速度、流量等。CPU 是以二进制格式来处理模拟量。模拟量输入模块的功能是将模拟过程信号转换为数字格式。模拟量输出模块的功能是将数字输出值转换为模拟信号。模拟量处理流程如图 6-1 所示。

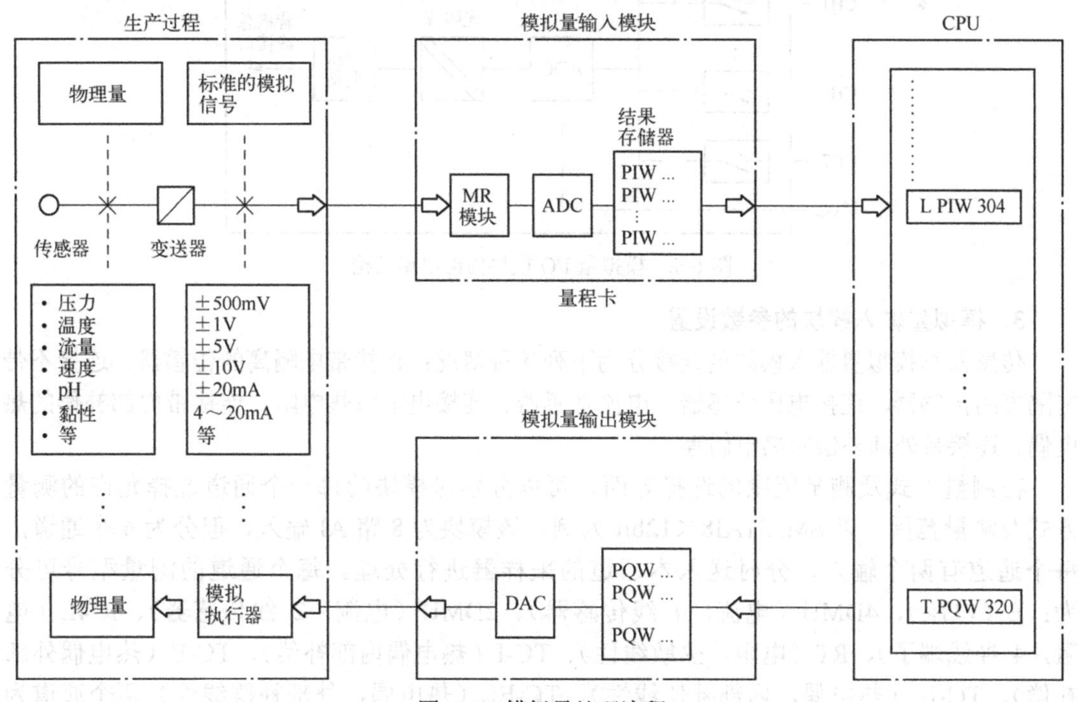

图 6-1　模拟量处理流程

模拟量输入流程是：通过传感器把物理量转变为电信号，这个电信号可能是离散性的电信号，需要通过变送器转换为标准的模拟量电压或电流信号，模拟量模块接收到标准的电信号后通过 A/D 转换，转变为与模拟量成比例的数字信号，并存放在缓冲器里，CPU 通过“LPIWx”指令读取模拟量模块缓冲器的内容，并传送到指定的存储区中待处理。

模拟量输出流程是：CPU 通过“TPQWx”指令把指定的数字量信号传送到模拟量模块的缓冲器中，模拟量模块通过 D/A 转换器，把缓冲器的内容转变为成比例的标准电压或电流信号，标准电压或电流驱动相应的执行器动作，完成模拟量控制。

2．模拟量 I/O 模块

模拟量输入模块用于将模拟量信号转换为 CPU 内部处理用的数字信号，其主要的组成部分是 A/D 转换器，模拟量输入模块的输入信号一般是模拟量变送器输出的标准量程的直流电压、直流电流信号。SM331 也可以直接连接不带附加放大器的温度传感器（热电偶或热电阻）。

SM331 模块中各个通道可以分别或分组使用电流输入或电压输入，并选用不同的量程。大多数模块的分辨率（转换后的二进制数的位数）可以在组态时设置，转换时间与分辨率有关。模拟量输入模块由多路开关、A/D 转换器、光隔离原件、内部电源和逻辑电路组成（如图 6-2 所示）。各模拟量输入通道共用一个 A/D 转换器，用多路开关切换被转换的通道，模拟量输入模块各输入通道的 A/D 转换过程和转换结果的存储与传送是顺序进行的。

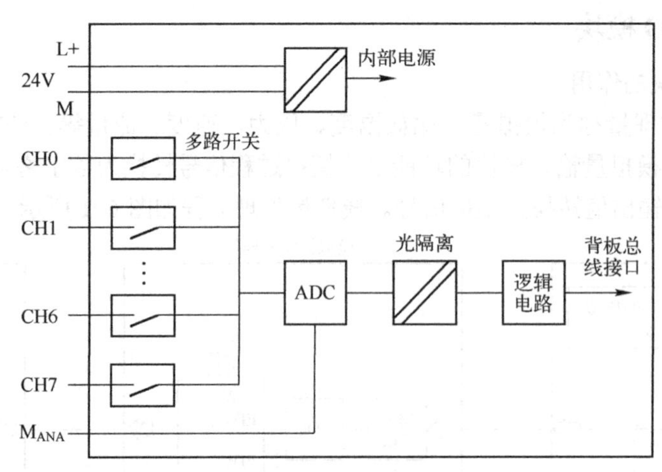

图 6-2　模拟量 I/O 模块内部电路结构

3．模拟量输入模块的参数设置

传感器与模拟量输入模块的连接分为下列各种情况：连接带电隔离的传感器、连接不带电隔离的传感器、连接电压传感器、电流互感器、连接电阻或热电阻、连接带内部补偿的热电偶、连接带外部补偿的热电偶等。

在测量方式及测量范围的选择方面，可以分别对模块的每一个通道选择允许的测量方式及测量范围，以 SM331AI8×12bit 为例，该模块为 8 路 AI 输入，但分为 4 个通道，每个通道有两个输入，分时送入本通道的采样器进行处理。每个通道的测量型号可分为：E（电压）、4DMU（电流，4 线传感器）、2DMU（电流，2 线传感器）、R-4L（电阻，4 导线端子）、RT（电阻，热敏线性）、TC-I（热电偶内部补偿）、TC-E（热电偶外部补偿）、TC-IL（热电偶，内部补偿线性）、TC-EL（热电偶，外部补偿线性）两个通道为

1 组，如表 6-1 所示。

表 6-1　SM331 测量方式与测量范围

量程卡位置	测量型号	测量信号	测量范围	接线类型
A、B	E	电压	-1000～1000mV; -10～10V	
C	4DMU	电流	4～20mA	4 线传感器
D	2DMU	电流	4～20mA	2 线传感器
A	R-4L	电阻	0～150Ω	4 导线端子
A	RT	电阻	0～150Ω	热敏线性
A	TC-I	热电偶		热电偶内部补偿型
A	TC-E	热电偶		热电偶外部补偿型
A	TC-IL	热电偶		内部补偿线性
A	TC-EL	热电偶		外部补偿线性

该模块每一个通道的测量方式及测量范围可以在模块属性对话框中分别进行设置，如图 6-3 所示。

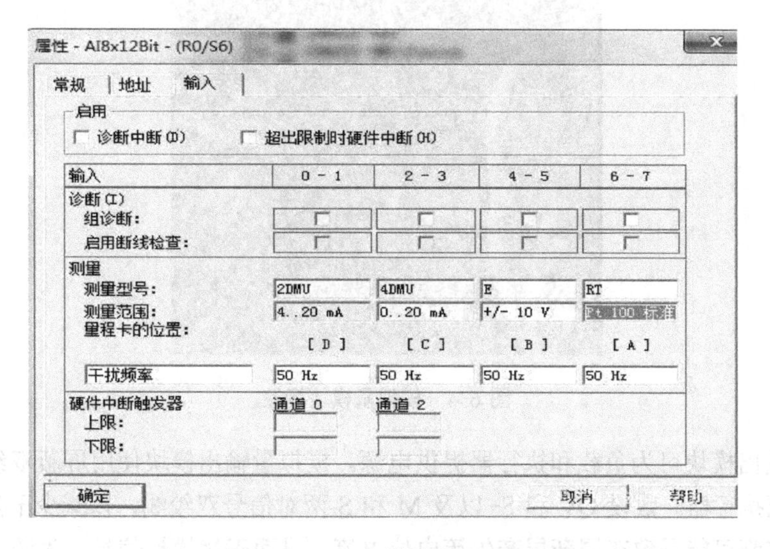

图 6-3　SM331 模块属性对话框

可以在 STEP 7 中为模拟量模块定义全部参数，然后将这些参数从 STEP 7 下载到 CPU。CPU 在 STOP→RUN 切换过程中将各参数传送至相应的模拟量模块。另外，还要根据需要设置模拟量模块的量程卡。

在安装模拟量输入模块之前，应先检查模块支持的测量方法和量程，并根据需要进行调整。模拟量模块的标签上提供了各种测量方法和量程的设置，如图 6-4 所示。

模拟量输出模块的参数也可以在 STEP 7 中设置。如果未在 STEP 7 中设置任何参数，系统将使用默认参数。模拟量输出模块的参数有诊断中断、组诊断、输出类型选择（电压、电流或禁用）、输出范围选择及对 CPU STOP 模式的响应。

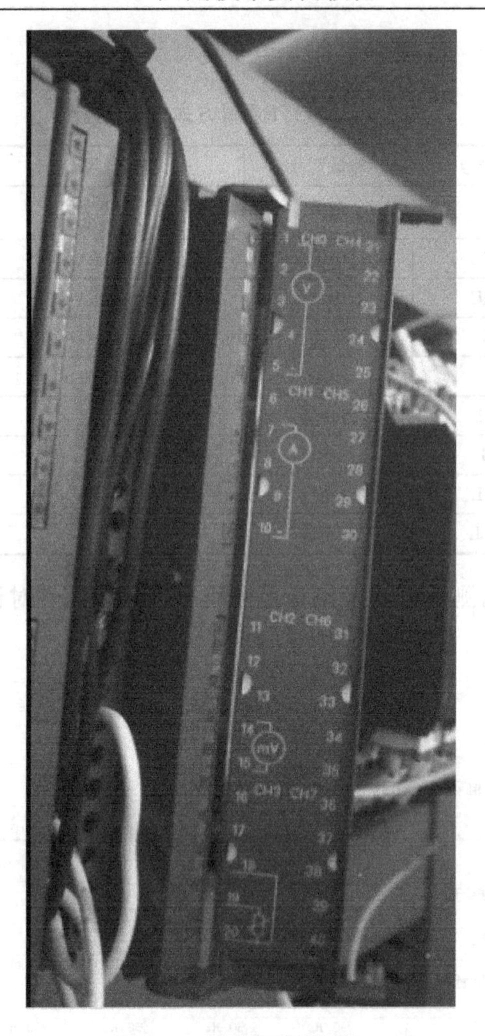

图 6-4　模拟量模块标签

模拟量输出模块可为负载和执行器提供电源。模拟量输出模块使用屏蔽双绞线电缆连接模拟量信号至执行器。敷设 QV 和 S+以及 M 和 S-两对信号双绞线，以减少干扰，电缆两端的任何电位差都可能导致在屏蔽层产生等电位电流，进而干扰模拟信号。为防止发生这种情况，应只将电缆一端的屏蔽层接地。

4．S7-300 模拟量模块的寻址

对于模拟量 I/O 模块，CPU 为每个槽位分配了 16B（8 个模拟量通道）的地址，每个模拟量 I/O 通道占用一个字地址（2B）。S7-300 对模拟量 I/O 模块默认的地址范围如图 6-5 所示。

在实际应用中，要根据具体的模块确定实际的地址范围。如果在机架 0 的 4 号槽位安装的是 4 通道的模拟量输入模块，则实际使用的地址范围为 PIW256，PIW258，PIW260 和 PIW262；如果在机架 0 的 4 号槽位安装的是 2 通道的模拟量输出模块，则实际使用的地址范围为 PQW256 和 PQW258。

机架3	PS		IM	640 To 654	656 To 670	675 To 686	688 To 702	704 To 718	720 To 734	736 To 750	752 To 766
机架2	PS		IM	512 To 526	528 To 542	544 To 558	560 To 574	576 To 590	592 To 606	608 To 622	624 To 638
机架1	PS		IM	384 To 398	400 To 414	416 To To	432 To 446	448 To 462	464 To 478	480 To 491	496 To 510
机架0	PS	CPU	IM	256 To 270	272 To 286	288 To 302	304 To 318	320 To 334	336 To 350	352 To 366	368 To 382

图 6-5　模拟量 I/O 模块默认地址范围

6.1.2　实训：搅拌控制系统设计

【任务提出】

如图 6-6 所示，控制要求如下：

① 按下起动按钮，系统开始工作；按下停止按钮，系统停止工作；

② 混合罐中需要加入两种液料 A 和 B，分别由泵 1 和泵 2 控制，系统开始时，液料 A 先流入罐内，当液位传感器测量出液位大于或等于 100mm 时，泵 1 关闭，泵 2 打开，当液位大于或等于 200mm 时，泵 2 关闭，停止加料；随即打开搅拌器，搅拌 10s 后停止，随即打开泵 3，开始放料，当液位为 0 时继续放料 5s 结束。

③ 系统要能够实时显示液位值。

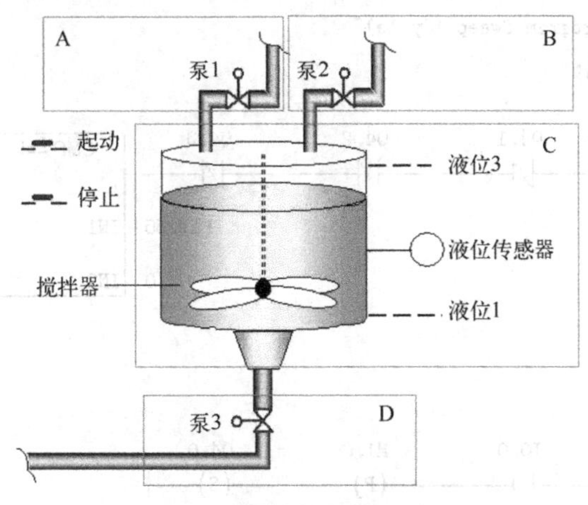

图 6-6　搅拌控制系统示意图

【任务分析】

根据控制要求，液位传感器的检测值是一个模拟量，该系统需要模拟量输入和模拟量输出模块，PIW256 为液位传感器的采集信号，PQW256 接显示装置，用来显示实时液位值。其余信号均为开关量信号：起动信号 I0.0，停止信号 I0.1，Q4.0 泵 1，Q4.1 泵 2，搅拌机 Q4.2，Q4.3 泵 3。

【任务实施】

1．创建 S7 项目

创建 S7 项目，并命名为“无参 FC”，项目包含组织块 OB1 和 OB100。

2．硬件配置

硬件配置如图 6-7 所示。

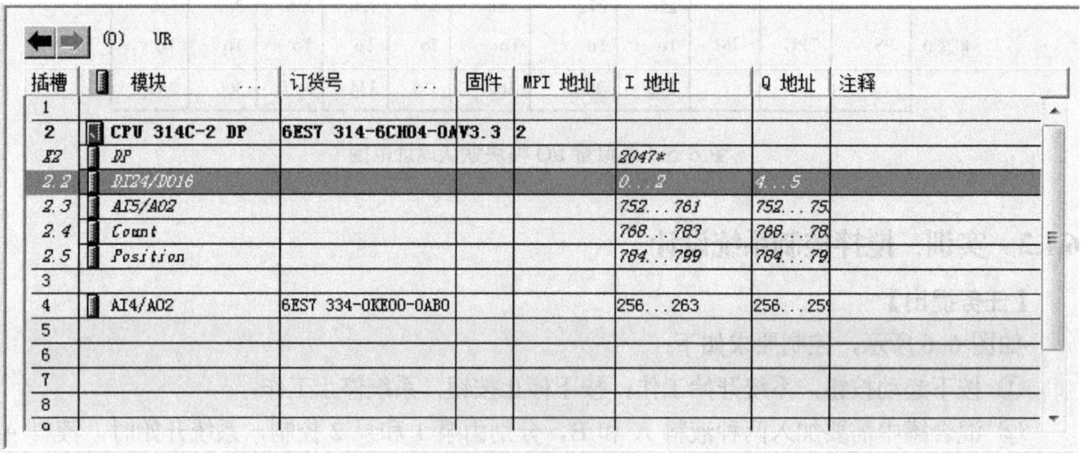

(0) UR

插槽	模块	订货号	固件	MPI 地址	I 地址	Q 地址	注释
1							
2	CPU 314C-2 DP	6ES7 314-6CH04-0A	V3.3	2			
X2	DP				2047*		
2.2	DI24/DO16				0...2	4...5	
2.3	AI5/AO2				752...761	752...75	
2.4	Count				768...783	768...78	
2.5	Position				784...799	784...79	
3							
4	AI4/AO2	6ES7 334-0KE00-0AB0			256...263	256...25	
5							
6							
7							
8							

图 6-7　硬件组态

3．梯形图编程

OB1 梯形图程序如图 6-8 所示。

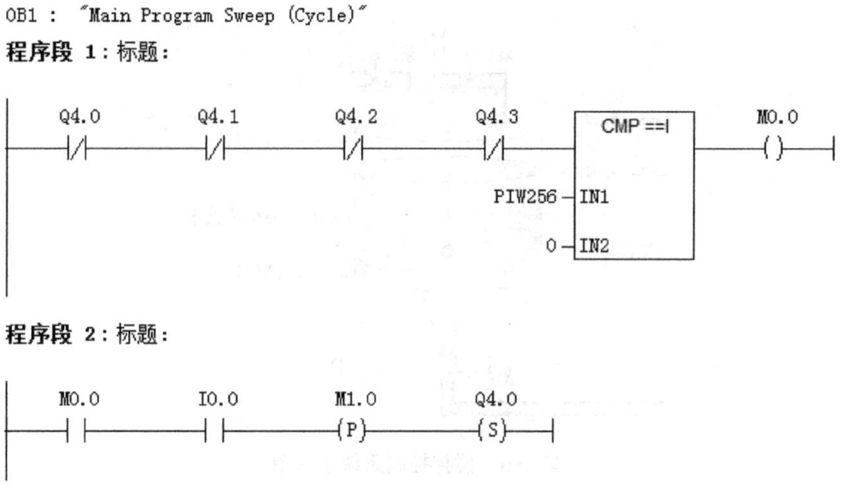

OB1 : "Main Program Sweep (Cycle)"

程序段 1：标题：

Q4.0 Q4.1 Q4.2 Q4.3 CMP ==I M0.0

PIW256 IN1

0 IN2

程序段 2：标题：

M0.0 I0.0 M1.0 (P) Q4.0 (S)

图 6-8　OB1 梯形图程序

程序段 3：标题：

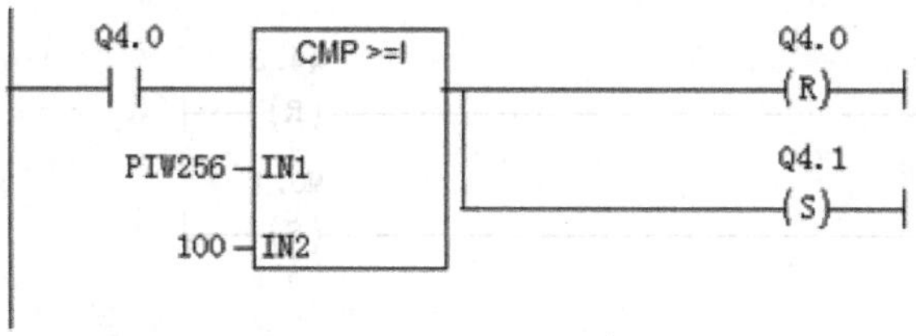

程序段 4：标题：

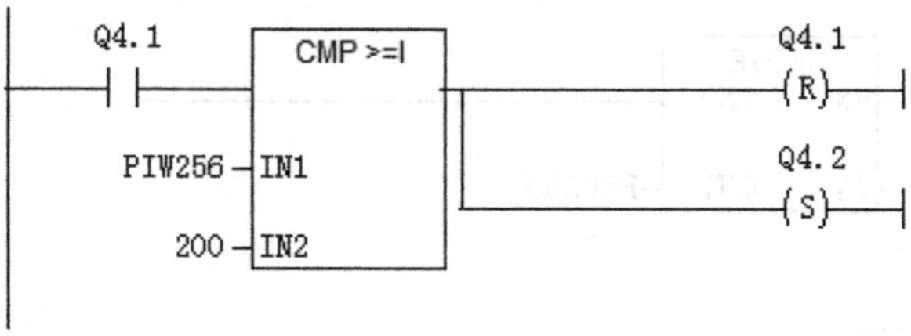

程序段 5：标题：

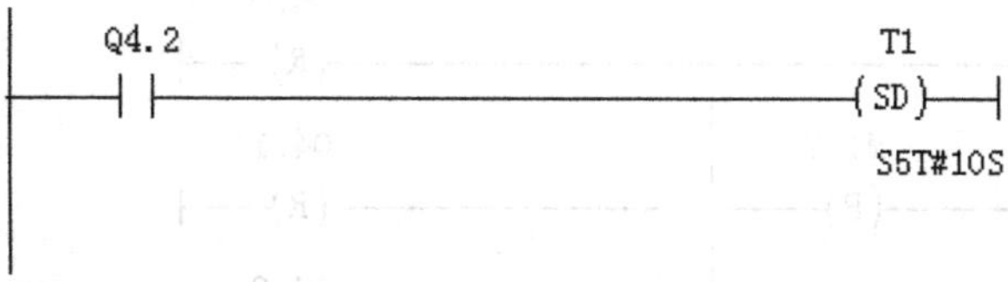

程序段 6：标题：

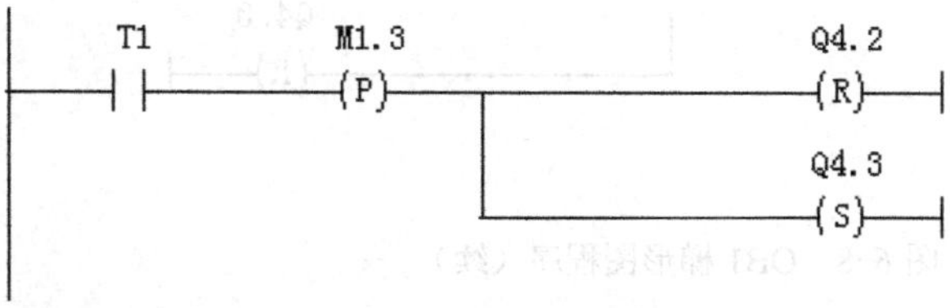

程序段 7：标题：

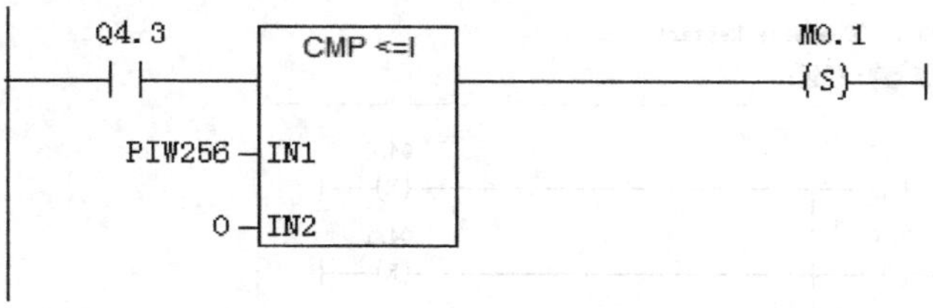

程序段 8：标题：

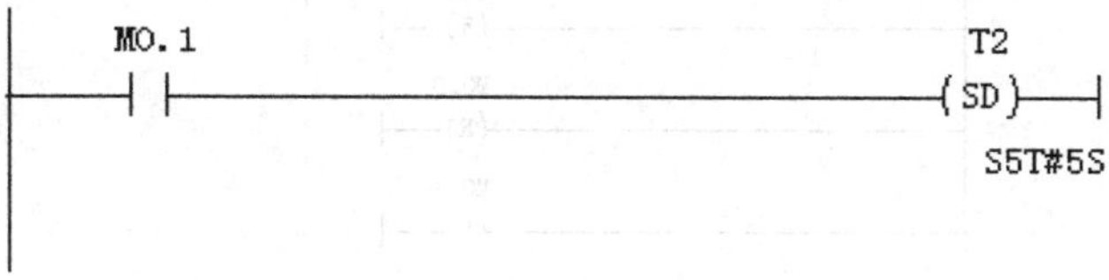

图 6-8　OB1 梯形图程序（续）

程序段 9：标题：

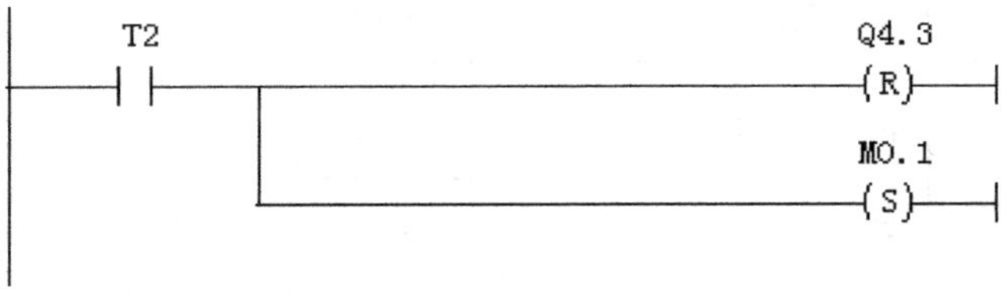

程序段 10：标题：

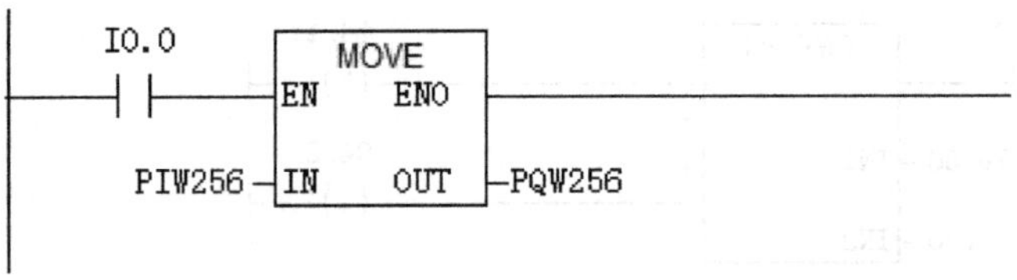

程序段 11：标题：

图 6-8　OB1 梯形图程序（续）

OB100 块程序如图 6-9 所示。

OB100 : "Complete Restart"

程序段 1：标题：

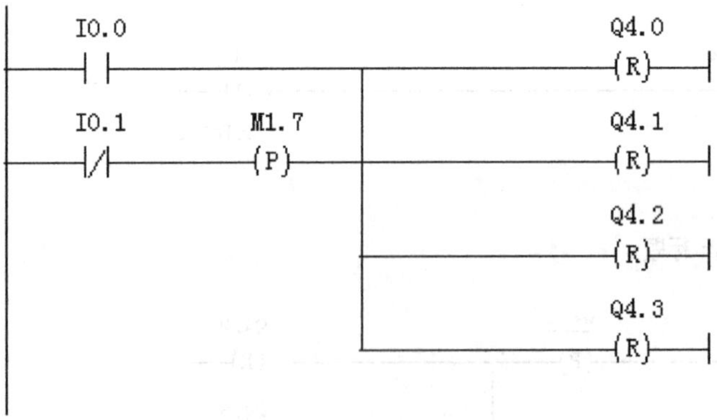

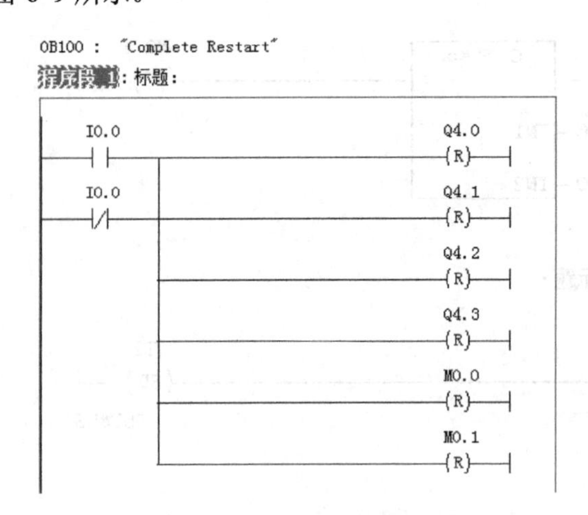

图 6-9　OB100 梯形图程序

4．系统仿真

系统仿真如图 6-10 所示。

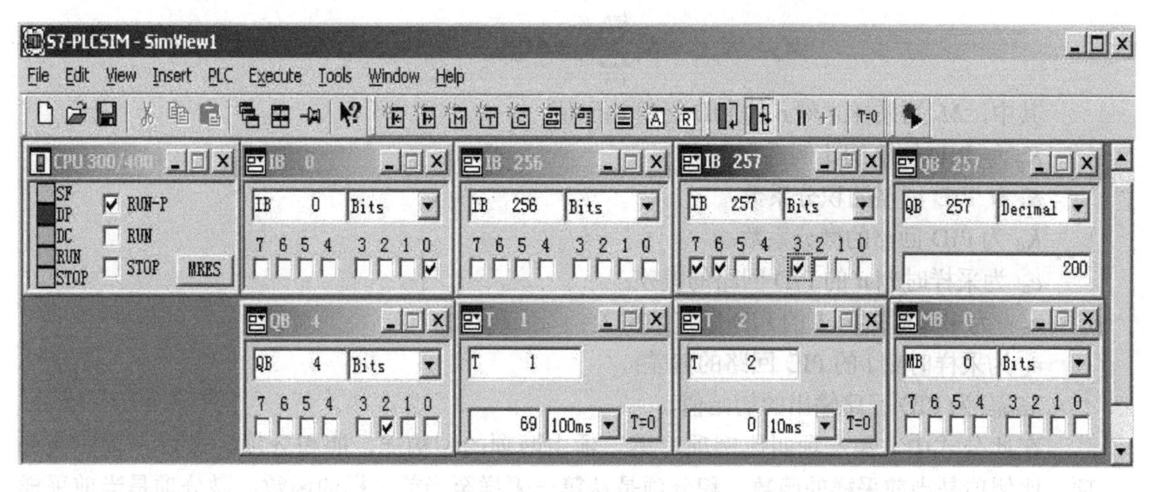

图 6-10　系统仿真

在仿真过程中，I0.0 为起动按钮，PIW256 为搅拌器液位传感器的采集信号，Q4.0、Q4.1 和 Q4.3 分别为泵 1、2 和 3 的开关量输出信号，T1 和 T2 分别为泵 1 和 2 的工作时间。

6.2 PID 控制

6.2.1 PID 控制原理

闭环 PID 控制原理如图 6-11 所示。

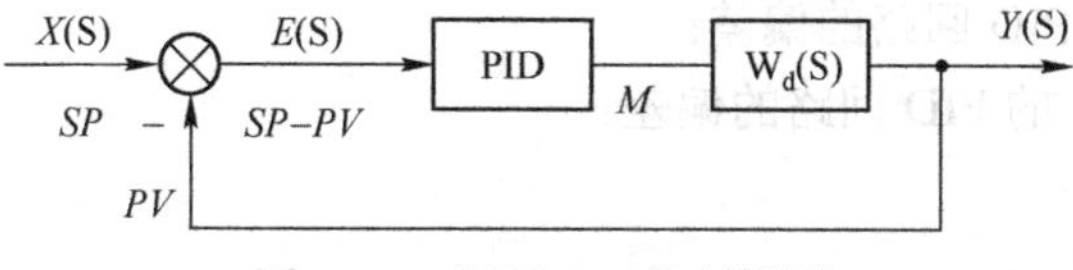

图 6-11　闭环 PID 控制框图

PID 控制器管理输出数值，以便使偏差(e)为零，使系统达到稳定状态。偏差是给定值（SP）和过程变量（PV）的差。PID 控制原则以下列公式为基础，其中将输出 $M(t)$表示成比例项、积分项和微分项的函数：

$$M(t) = K_{\mathrm{p}}e + K_{\mathrm{i}}\int_{0}^{t} e\mathrm{d}t + K_{\mathrm{d}}\frac{\mathrm{d}e}{\mathrm{d}t} + M_{\mathrm{initial}}$$

其中，$M(t)$为 PID 运算的输出，是时间的函数；

K_{p}为 PID 回路的比例系数；

K_{i} 为 PID 回路的积分系数；

K_{d}为 PID 回路的微分系数；

e 为 PID 回路的偏差（给定值和过程变量之差）；

M_{initial} 为 PID 回路输出的初始值。

为了在计算机内运行此控制函数，必须将连续函数化为偏差值的间断采样。计算机使用下列公式作为基础的离散化 PID 运算模型。

$$M_{\mathrm{n}} = K_{\mathrm{p}}e_{\mathrm{n}} + K_{\mathrm{i}}\sum_{i=1}^{i=n} e_{1} + M_{\mathrm{initial}} + K_{\mathrm{d}}(e_{\mathrm{n}} - e_{\mathrm{n-1}})$$

其中，M_{n}为采样时刻 n 的 PID 运算输出值；

K_{p}为 PID 回路的比例系数；

K_{i}为 PID 回路的积分系数；

K_{d} 为 PID 回路的微分系数；

e_{n} 为采样时刻 n 的 PID 回路的偏差；

$e_{\mathrm{n-1}}$ 为采样时刻 $n-1$ 的 PID 回路的偏差；

e_{1} 为采样时刻 1 的 PID 回路的偏差；

M_{initial}为 PID 回路输出的初始值。

在此公式中，第一项叫比例项，第二项由两项的和构成，叫积分项，最后一项叫微分项。比例项是当前采样的函数，积分项是从第一采样至当前采样的函数，微分项是当前采样及前一采样的函数。在计算机内，这里既不可能也没有必要存储全部偏差项的采样。因为从第一采样开始，每次对偏差采样时都必须计算其输出数值，因此，只需要存储前一次的偏差值及前一次的积分项数值。利用计算机处理的重复性，可对上述计算公式进行简化。简化后的公式为：

$$M_{\mathrm{n}} = K_{\mathrm{p}}e_{\mathrm{n}} + (K_{\mathrm{i}}e_{\mathrm{n}} + MX) + K_{\mathrm{d}}(e_{\mathrm{n}} - e_{\mathrm{n-1}})$$

其中，M_{n}为采样时刻 n 的 PID 运算输出值；

K_{p}为 PID 回路的比例系数；

K_{i}为 PID 回路的积分系数；

K_{d}为 PID 回路的微分系数；

e_{n}为采样时刻 n 的 PID 回路的偏差；

$e_{\mathrm{n-1}}$为采样时刻 $n-1$ 的 PID 回路的偏差；

MX为积分项前值。

● 计算回路输出值

CPU 实际使用对上述简化公式略微修改的格式。修改后的公式为：

$$M_{\mathrm{n}} = MP_{\mathrm{n}} + MI_{\mathrm{n}} + MD_{\mathrm{n}}$$

其中，M_{n}为采样时刻 n 的回路输出计算值；

MP_{n}为采样时刻 n 的回路输出比例项；

MI_{n}为采样时刻 n 的回路输出积分项；

MD_{n}为采样时刻 n 的回路输出微分项。

● 比例项

比例项 MP 是 PID 回路的比例系数(K_{p})及偏差(e)的乘积，为了方便计算取 $K_{\mathrm{p}}=K_{\mathrm{c}}$。CPU 采用的计算比例项的公式为：

$$MP_{\mathrm{n}} = K_{\mathrm{c}} \times (SP_{\mathrm{n}} - PV_{\mathrm{n}})$$

其中，MP_{n}为采样时刻 n 的输出比例项的值；

K_c为回路的增益；

SP_n为采样时刻 n 的设定值；

PV_n为采样时刻 n 的过程变量值。

● 积分项

积分项 MI 与偏差的和成比例。为了方便计算取。CPU 采用的积分项公式为：

$$MI_n = K_c T_s / T_i (SP_n - PV_n) + MX$$

其中，MI_n为采用时刻 n 的输出积分项的值；

K_c为回路的增益；

T_s为采样的时间间隔；

T_i为积分时间；

SP_n为采样时刻 n 的设定值；

PV_n为采样时刻 n 的过程变量值；

MX 为采样时刻 n−1 的积分项（又称为积分前项）。

积分项（MX）是积分项全部先前数值的和。每次计算出 MI_n 以后，都要用 MI_n 去更新 MX。其中 MI_n 可以被调整或被限定。MX 的初值通常在第一次计算出输出之前被置为 $M_{initial}$（初值）。

其他几个常量也是积分项的一部分，如增益、采样时刻 （PID 循环重新计算输出数值的循环时间）以及积分时间（用于控制积分项对输出计算影响的时间）。

● 微分项

微分项 MD 与偏差的改变成比例，方便计算。计算微分项的公式为：

$$MD_n = K_c T_d / T_s ((SP_n - PV_n) - (SP_{n-1} - PV_{n-1}))$$

为了避免步骤改变或由于对设定值求导而带来的输出变化，对此公式进行修改，假定设定值为常量(SP_n=SP_{n-1})，因此仅计算过程变量的改变，而不计算偏差的改变，计算公式可以改进为：

$$MD_n = K_c T_d / T_s (SP_n - PV_n)$$

其中，MD_n为采用时刻 n 的输出微分项的值；

K_c为回路的增益；

T_s为采样的时间间隔；

T_d为微分时间；

SP_n为采样时刻 n 的设定值；

SP_{n-1}为采样时刻 n−1 的设定值；

PV_n为采样时刻 n 的过程变量值；

PV_{n-1}为采样时刻 n−1 的过程变量值。

●回路控制的选择

如果不需要积分运算（即在 PID 计算中不需要积分运算），则应将积分时间（T_i）指定为无限大，由于积分和 MX 的初始值，即使没有积分运算，积分项的数值也可能不为零。这时积分系数 K_i=0.0，如果不需要求导运算（即在 PID 计算中不需要微分运算），则应将求导时间（T_d）指定为零。这时微分系数 K_d=0.0，如果不需要比例运算（即在 PID 计算中不需要比例运算），而需要积分（I）或积分微分（ID）控制，则应将回路增益数值（K_c）指定为

0.0，这时比例系数 K_p=0.0。因为回路增益（K_c）是计算积分及微分项公式内的系数，将回路增益设定为 0.0，将影响积分及微分项的计算。因而，当回路增益取为 0.0 时，在 PID 算法中，系统自动地把在积分和微分运算中的回路增益取为 1.0，此时：

$$K_i = T_s / T_i ,\quad K_d = T_d / T_s$$

6.2.2　S7-300 实现 PID 控制

1．PID 控制模块

S7-300 的 FM355 是 4 路通用闭环控制模块，它集成了闭环控制需要的 I/O 点和软件。

2．PID 控制功能块与系统功能块

PID 控制模块的价格高，因此一般使用普通的信号模块和 PID 控制功能块（FB）来实现 PID 控制。所有型号的 CPU 都可以使用 PID 控制功能块 FB41～FB43，以及用于温度闭环控制的 FB58 和 FB59，它们在程序编辑器左边窗口的文件夹“\库\Standard Library（标准库）\PID Controller（PID 控制器）”中。FB41～FB43 有大量的输入/输出参数，除了 PID 控制器功能以外，还可以处理设定值和过程反馈值，以及对控制器的输出值进行处理。计算所需的数据保存在指定的背景数据块中，允许多次调用 FB。

FB41“CONT_C”（连续控制器）输出的数字值一般用 AO 模块转换为连续的模拟量。

FB43（脉冲控制器）与 FB41 组合，可以产生脉冲宽度调制的开关量输出信号，来控制比例执行机构，例如可以用于加热和冷却控制。

FB42“CONT_S”用于步进控制，其特点是可以直接用它的开关量输出信号控制电动调节阀，从而省去位置闭环控制器和位置传感器。

实际应用中 FB41 用得最多，FB58 和 FB59 有参数自整定功能，FB41 和 FB42 则需要安装软件 PID Self Tuner 来实现在线的参数自整定。

PID 控制器的处理速度与 CPU 的性能有关，必须在控制器的数量和控制器的计算频率（也就是采样周期）之间折中处理。计算频率越高，单位时间的计算量就越多，能使用的控制器数量也就越少。PID 控制器可以用于控制较慢的系统，例如温度控制和料位控制，也可以用于较快的系统，如流量和速度控制。

3．闭环控制软件包

模糊控制软件包适用于对象模型难以建立，过程特性缺乏一致性，具有非线性，但是可以总结出操作经验的系统。

神经网络控制系统（Neuronal Systems）适用于不完全了解其结构和解决方法的控制问题。它可以用于自动化的各个层次，从单独的闭环控制器到工厂的最优控制。

PID 自整定（PID Self Tuner）软件包可以提供控制优化支持。

4．PID 控制的程序结构

应在启动时执行的组织块 OB100 中和循环中断组织块（例如 OB35）中调用 FB41～FB43。执行 OB35 的时间间隔（即 PID 控制的采样周期 T_s）在 CPU 属性设置对话框的“周期性中断”选项卡中设置。

调用系统功能块时，应指定相应的背景数据块。系统功能块的参数保存在背景数据块中。

6.2.3　连续 PID 控制器 FB41

FB41 是一个功能块，它所能实现的功能（PID）已经由专业人员设计好，我们只需调用它，并根据需要来更改相应的参数即可使用。所以不用考虑 FB41 如何实现 PID 运算等这些问题，只需要会调用它就可以了。FB41 相当于一个用来实现 PID 控制的子程序，只需要每隔一段时间去调用它就可以实现 PID 控制。所以可以在 OB35 里调用 FB41，调用的频率可以在属性里面设置。在 OB35 里可以看到 FB41 的端口。可以直接在这些端口上设置参数，如图 6-12 所示。

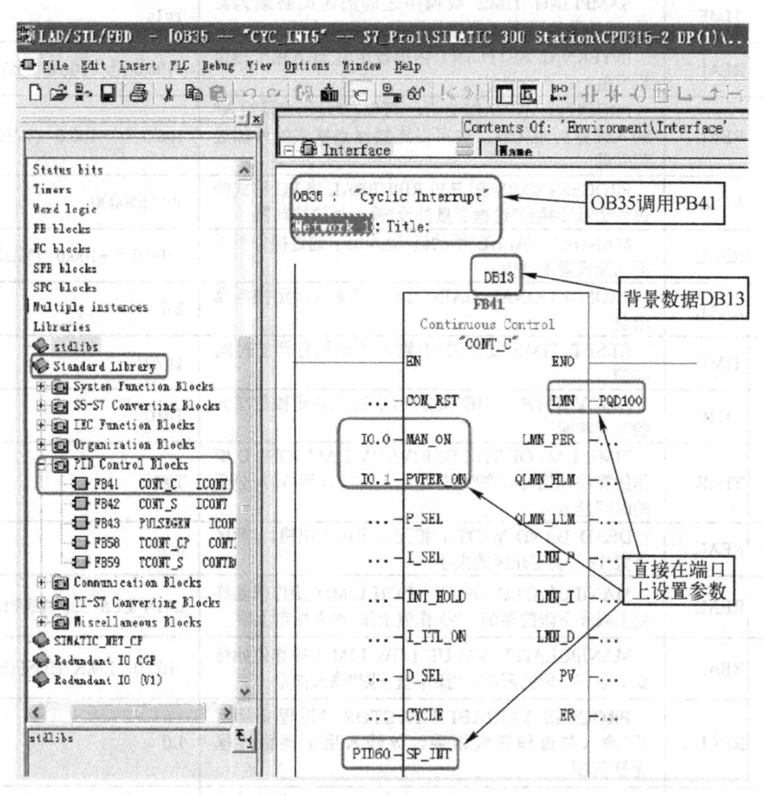

图 6-12　FB41 端口

FB41 端口输入参数如表 6-2 所示。

表 6-2　FB41 输入端口参数说明

参数	数据类型	描述	默认
COM_RST	bool	COMPLETE RESTART 该块有一个在设置输入 COM_RST 时自动执行的初始化程序	FALSE
MAN_ON	BOOL	MANUAL VALUE ON 如果设置输入"启用手动值"，将中断控制回路。手动值作为操作值进行设置	
PVPER_ON	BOOL	PROCESS VARIABLE PERIPHERAL ON 如果从 I/O 读取过程变量，必须将输入 PV_PER 连接到 I/O，且必须设置输入"启用过程变量外设"	
P_SEL	BOOL	PROPORTIONAL ACTION ON 可以在 PID 算法中单独激活或取消激活 PID 操作。如果设置输入"启用比例作用"，将启用 P 操作	

（续）

参数	数据类型	描述	默认
I_SEL	BOOL	INTEGRAL ACTION ON 可以在 PID 算法中单独激活或取消激活 PID 操作。如果设置输入"启用积分作用"，将启用 I 操作	
INT_HOLD	BOOL	INTEGRAL ACTION HOLD 设置输入"积分作用暂停"可以"冻结"积分器的输出。	
D_SEL	BOOL	DERIVATIVE ACTION ON 可以在 PID 算法中单独激活或取消激活 PID 操作。如果设置输入"启用微分作用"，将启用 D 操作	
CYCLE	TIME	SAMPLING TIME 块调用之间的时间必须为常数。"采样时间"输入指定块调用之间的时间	T#1s
SP_INT	REAL	INTERNAL SETPOINT"内部设定值"输入用于指定设定值	−100.0 至 +100.0 (%)或物理值 1)
PV_IN	REAL	PROCESS VARIABLE IN 可以在"过程变量输入"输入设置初始化值，也可以连接浮点格式的外部过程变量	100.0 至 +100.0 (%)或物理值 1)
PV_PER	WORD	PROCESS VARIABLE PERIPHERAL 将 I/O 格式的过程变量连接到"过程变量外设"输入处的控制器	W#16#0000
MAN	REAL	MANUAL VALUE"手动值"输入用于通过操作员界面功能设置手动值	−100.0 至+100.0 (%)或物理值 2)0.0
GAIN	REAL	PROPORTIONAL GAIN"比例值"输入指定控制器增益	2.0
TI	TIME	RESET TIME"复位时间"输入决定积分器的时间响应	T#20s
TD	TIME	DERIVATIVE TIME"微分时间"输入决定微分单元的时间响应	T#10s
TM_LAG	TIME	TIME LAG OF THE DERIVATIVE ACTION D 操作的算法包括可以在"微分作用的时间延迟"输入分配的时间延迟	T#2s
DEADB_W	REAL	DEAD BAND WIDTH 将死区应用于出错。"死区带宽"输入决定死区的大小	0.0
LMN_HLM	REAL	MANIPULATED VALUE HIGH LIMIT 操作值始终受上限和下限的限制。"操作值上限"输入指定上限	LMN_LLM ... (%)或物理值 2)100.0
LMN_LLM	REAL	MANIPULATED VALUE LOW LIMIT 操作值始终受上限和下限的限制。"操作值下限"输入指定	−100.0... LMN_HLM (%)或物理值 2)0.0
PV_FAC	REAL	PROCESS VARIABLE FACTOR "过程变量因子"输入与过程变量相乘。该输入用于调整过程变量范围	1.0
LMN_OFF	REAL	MANIPULATED VALUE OFFSET 将"操作值偏移量"与操作值相加。该输入用于调整操作值范围	0.0
I_ITLVAL	REAL	INITIALIZATION VALUE OF THE INTEGRAL ACTION 可以在输入 I_ITL_ON 设置积分器的输出。将初始化值应用于输入"积分作用的初始化值"	−100.0 至 +100.0 (%)或物理值 2)
DISV	REAL	DISTURBANCE VARIABLE 为进行前馈控制，将干扰变量连接到输入"干扰变量"	−100.0 至 +100.0 (%)或物理值 2)0.0

FB41 端口输出参数如表 6-3 所示。

表 6-3 FB41 输出端口参数说明

参数	数据类型	描述	默认值
LMN	REAL	MANIPULATED VALUE 有效的操作值为"操作值"输出处的浮点格式输出	0.0
LMN_PER	WORD	MANIPULATED VALUE PERIPHERAL 将 I/O 格式的操作值连接到"操作值外设"输出的控制器	W#16#0000

（续）

参数	数据类型	描述	默认值
QLMN_HLM	BOOL	HIGH LIMIT OF MANIPULATED VALUE REACHED 操作值始终受上限和下限的限制。如果输出为"达到操作值上限"，则表明已超过上限	FALSE
QLMN_LLM	BOOL	LOW LIMIT OF MANIPULATED VALUE REACHED 操作值始终受上限和下限的限制。如果输出为"达到操作值下限"，则表明已超过下限	FALSE
LMN_P	REAL	PROPORTIONAL COMPONENT"比例组件"输出包含操作变量的比例组件	0.0
LMN_I	REAL	INTEGRAL COMPONENT"积分组件"输出包含操作值的积分组件	0.0
LMN_D	REAL	DERIVATIVE COMPONENT"微分组件"输出包含操作值的微分组件	0.0
PV	REAL	PROCESS VARIABLE 有效过程变量为"过程变量"输出处的输出	0.0
ER	REAL	ERROR SIGNAL 有效出错为"出错信号"输出处的输出	0.0

6.2.4　实训：水温 PID 控制

【任务提出】

用西门子 S7-300 PLC 实现水罐水温 PID 控制。具体要求水温设置在 50℃，误差在±1℃。硬件包含：PT100 温度传感器；4～20mA 变送器；单相交流调压模块，热得快；水罐。PT100 温度传感器输出信号为 4～20mA，对应温度为 0～100℃，PLC 输出信号：0～10V 用来调节单相交流调压模块，进而控制热得快控制水温。

【任务分析】

控制原理：使用 PT100 热电阻经过变送器把水罐温度传送给西门子 S7-300 PLC；在西门子 S7-300 PLC 中经过 PID 调节运算输出模拟量信号到功率调节器中；在功率调节器中把对应的模拟量转化为对应的功率来驱动热得快。在 OB1 中调用块 FC105，读入模拟量值，并将此模拟量数据转换为 0～100℃之间的温度值存放在 MD100 地址中，作为 FB41 中的 PV_IN 值；调用系统功能 FC106 将系统功能块 FB41 计算出的工程值再换算为整数输出到模拟量输出通道。

【任务实施】

1．PLC 硬件接线

硬件接线如图 6-13 所示。

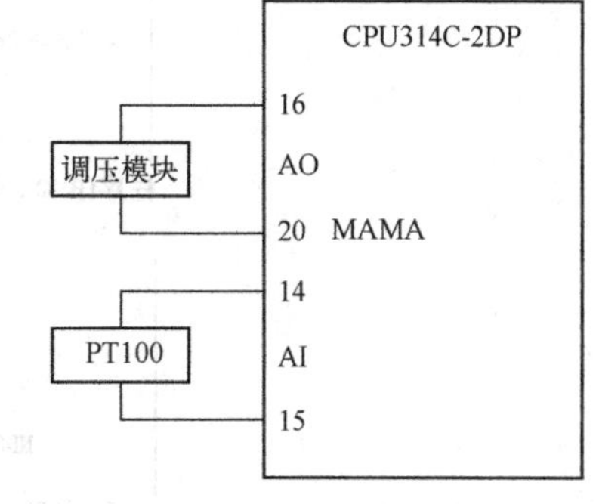

图 6-13　硬件接线

2．创建工程项目

打开 SIMATIC Manager 对话框，单击“文件”→“新建”菜单项，新建一个空项目文档，并命名为“温度 PID 控制”。

3．硬件组态

在本项目硬件配置中选用 CPU 314C-2DP，该 CPU 除了自带的 DI24/DO16 模块，还自带模拟量模块 AI5/AO2，双击自带的集成模拟量模块 AI5/AO2，在显示的属性对话框中分别单击“地址”“输入”“输出”标签，可以看到集成模拟量模块 AI5/AO2 的地址分配，以及模拟量输入、输出的测量类型和测量范围，如图 6-14 所示。

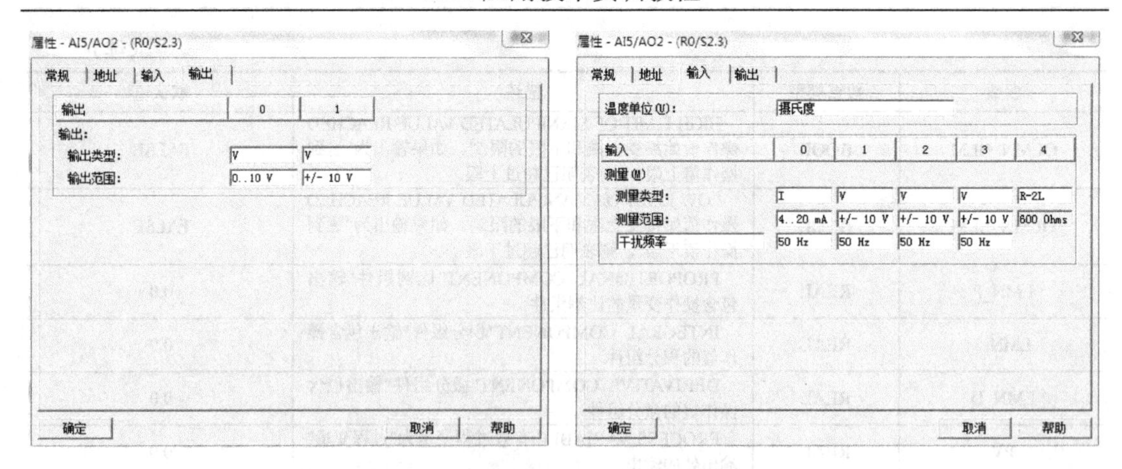

图6-14　模拟量模块I/O测量类型范围设定

在输入0号通道中选择测量类型为"I"，测量范围为"4～20mA"。在0号输出通道中选择测量类型为"V"，测量范围为"0～10V"。

4．程序设计

新建组织块OB35，在OB35中调用FB41，在OB1中调用系统功能FC105和FC106完成模拟量转换，OB1程序如图6-15所示。

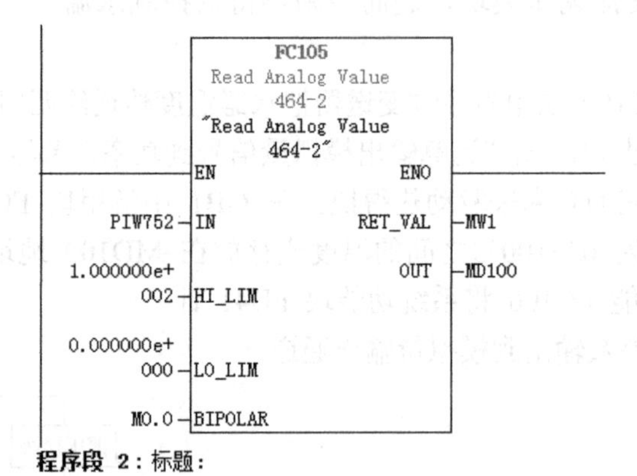

图6-15　OB1梯形图程序

组织块 OB35 中程序如图 6-16 所示。

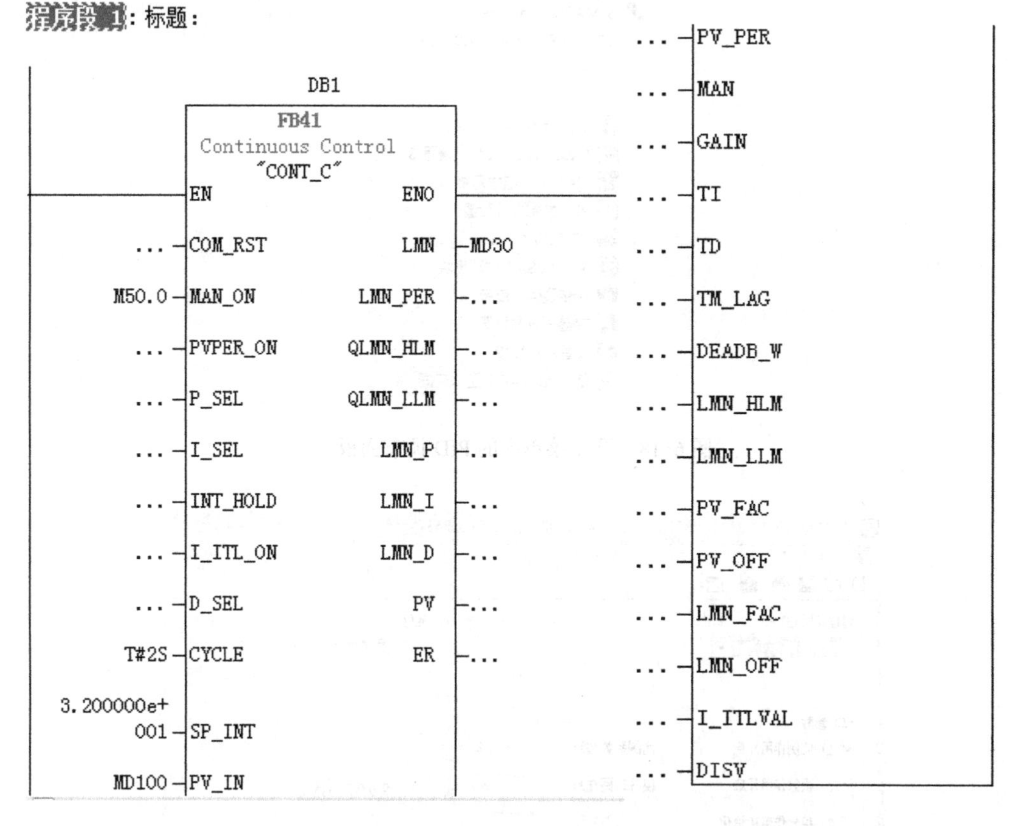

图 6-16　OB35 梯形图程序

5. 在线模拟

首先，将项目下载到 S7-PLCSIM 仿真器中，并运行（见图 6-17），然后在开始菜单中打开 PID 调节面板（见图 6-18），在如图 6-19 所示的界面中，可以对 PID 参数进行设置和调节，并可以打开曲线记录观察曲线变化过程，如图 6-20 所示。

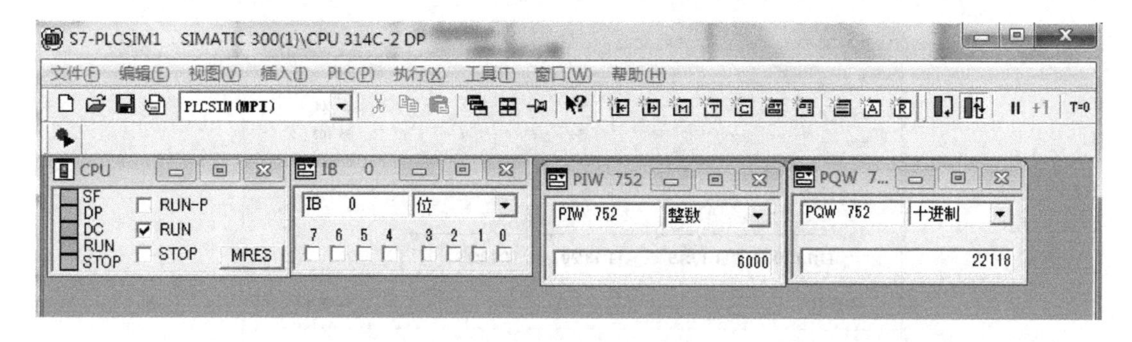

图 6-17　PLCSIM 项目仿真界面

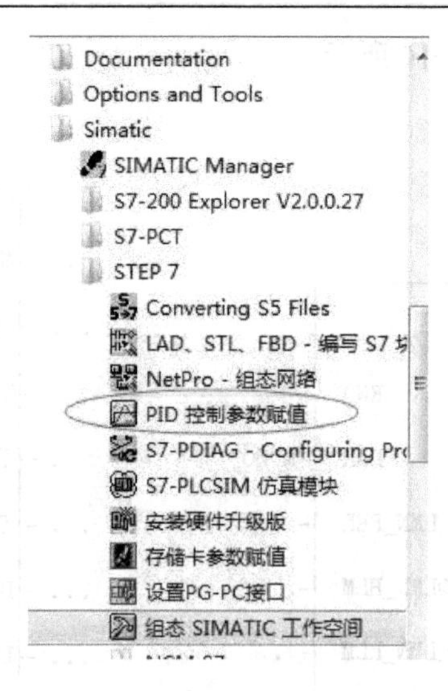

图 6-18　开始菜单中的 PID 调节面板

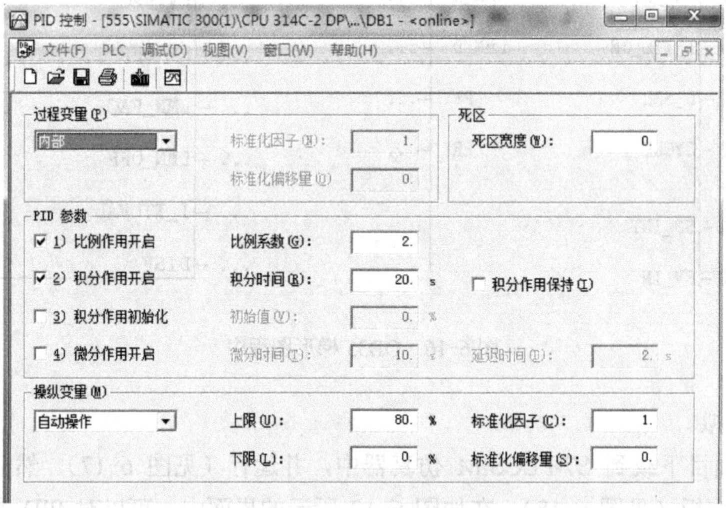

图 6-19　PID 调节面板界面

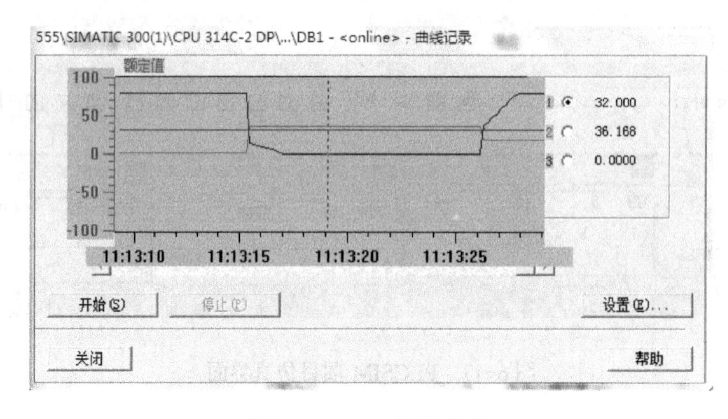

图 6-20　PID 调节曲线

6.2.5　西门子 S7-300 系列 PLC 的 PID 控制器参数整定的一般方法

PID 控制器的参数整定是控制系统设计的核心内容。它是根据被控过程的特性确定 PID 控制器的比例系数、积分时间和微分时间的大小。

PID 控制器参数整定的方法有很多，概括起来有两大类：

一是理论计算整定法。它主要是依据系统的数学模型，经过理论计算确定控制器参数。这种方法所得到的计算数据未必可以直接用，还必须通过工程实际进行调整和修改。

二是工程整定方法。它主要依赖工程经验，直接在控制系统的试验中进行，且方法简单、易于掌握，在工程实际中广泛采用。PID 控制器参数的工程整定方法，主要有临界比例法、反应曲线法和衰减法。三种方法各有其特点，其共同点都是先试验，然后按照工程经验公式对控制器参数进行整定。

无论采用哪一种方法所得到的控制器参数，都需要在实际运行中进行最后调整与完善。现在一般采用的是临界比例法。利用该方法进行 PID 控制器参数的整定步骤如下：

1）首先预选择一个足够短的采样周期让系统工作；

2）仅加入比例控制环节，直到系统对输入的阶跃响应出现临界振荡，记下这时的比例放大系数和临界振荡周期；

3）在一定的控制度下通过公式计算得到 PID 控制器的参数。

PID 参数的设定是靠经验及对工艺的熟悉程度，参考测量值跟踪与设定值曲线，从而调整 PID 的大小。

比例 I/微分 D=2，具体值可根据仪表定，再调整比例带 P。P 过长，到达稳定的时间长；P 太短，会震荡，永远也达不到设定要求。

PID 控制器参数的工程整定，各种调节系统中，P，I，D 参数可参照如下经验数据。

温度 T：P=20～60%，T=180～600s，D=3～180s；

压力 P：P=30～70%，T=24～180s；

液位 L：P=20～80%，T=60～300s；

流量 L：P=40～100%，T=6～60s。

6.3　练习

1．简述模拟量输入信号转换为数字信号的原理和模拟量输出模块将数字输出值转换为模拟信号的过程。

2．编程实现 4～20mA 电流信号转换成 0～100 之间的数据。

3．简述 PID 控制原理。

4．简述 PID 控制器参数整定方法。

第 7 章　西门子 S7-300 PLC 选型与可靠性设计

在设计 PLC 系统时，首先应确定控制方案，然后进行 PLC 工程设计选型。工艺流程的特点和应用要求是设计选型的主要依据。PLC 及有关设备是集成的、标准的，按照易于与控制系统形成一个整体、易于扩充其功能的原则选型，所选 PLC 应是在相关工业领域成熟可靠的系统，PLC 的系统硬件、软件配置及功能应与装置规模和控制要求相适应。因此，进行工程设计选型和估算时，应详细分析工艺过程的特点、控制要求，明确控制任务和范围，确定所需的操作和动作，然后根据控制要求，估算输入输出点数、所需存储器容量，确定 PLC 的功能、外部设备特性等，最后选择有较高性价比的 PLC 并设计相应的控制系统。

PLC 是专为工业环境设计的控制装置，随着科学技术的发展，PLC 在工业控制中的应用越来越广泛，一般不需要采取什么特殊措施，就可以直接在工业环境中使用。工业自动化系统中所使用的各种 PLC，有的是集中安装在控制室，有的是安装在生产现场的电气控制柜里，它们大多处在强电电路和强电设备所形成的恶劣电磁环境中，安全可靠性受到直接影响。要提高 PLC 控制系统可靠性，一方面要求 PLC 生产厂家提高 PLC 自身的抗干扰能力；另一方面，要求工程设计、安装施工和使用维护中，合理地设计系统，采取有效的措施和方法增强系统的可靠性及抗干扰性能。

7.1　PLC 选型

7.1.1　选型的基本原则

通常在满足控制要求的前提下，选型时应选择最佳的性能价格比，具体应考虑到：功能合理；PLC 的处理速度能满足实时控制的要求；PLC 应用系统结构合理、机型系列统一；在线编程和离线编程的选择。

1．合理的结构形式

整体式 PLC 的每一个 I/O 点的平均价格比模块式的便宜，且体积相对较小，所以一般用于系统工艺过程较为固定的小型控制系统中；而模块式 PLC 的功能扩展灵活方便，I/O 点数、输入点数与输出点数的比例、I/O 模块的种类等方面，选择余地较大。维修时只要更换模块，判断故障的范围也很方便。因此，模块式 PLC 一般适用于较复杂系统和环境差（维修量大）的场合。

2．安装方式的选择

根据 PLC 的安装方式，系统分为集中式、远程 I/O 式和多台 PLC 联网的分布式。集中式不需要设置驱动远程 I/O 硬件，系统反应快、成本低。大型系统经常采用远程 I/O 式，因为它们的装置分布范围很广，远程 I/O 可以分散安装在 I/O 装置附近，I/O 连线比集中式的短，但需要增设驱动器和远程 I/O 电源。多台联网的分布式适用于多台设备分别独立控制，又要相互联系的场合，可以选用小型 PLC，但必须附加通信模块。

3．相当的功能要求

一般小型 PLC 具有逻辑运算、定时、计数等功能，对于只需要开关量控制的设备都可满足。对于以开关量控制为主，带少量模拟量控制的系统，可选用能带 A/D 和 D/A 单元，有加减算术运算，数据传送功能的增强型低档 PLC。对于控制较复杂，要求实现 PID 运算、闭环控制、通信联网等功能，可视控制规模大小及复杂程度，选用中档或高档 PLC。但是中、高档 PLC 价格较贵，主要用于大规模过程控制和集散控制系统等场合。

4．响应速度的要求

PLC 的扫描工作方式引起的延迟可达 2～3 个扫描周期。对于大多数应用场合来说，PLC 的响应速度都可以满足要求，不是主要问题。然而对于某些场合，则要求考虑 PLC 的响应速度。为了减少 PLC 的 I/O 响应的延迟时间，可以选用扫描速度高的 PLC，或选用具有高速 I/O 处理功能指令的 PLC，或选用具有快速响应模块和中断输入模块的 PLC 等。

5．系统可靠性的要求

对于一般系统，PLC 的可靠性均能满足。对可靠性要求很高的系统，应考虑是否采用冗余控制系统或热备用系统。

6．机型统一

同一机型的 PLC，其编程方法相同，有利于技术力量的培训和技术水平的提高；其模块可互为备用，便于备品备件的采购和管理；其外围设备通用，资源可共享，易于联网通信，配上位计算机后易于形成一个多级分布式控制系统。

7．外部设备

PLC 实现对系统的控制可以不用外部设备，配置合适的模块就可以实现。然而，对 PLC 编程，要监控 PLC 及其所控制的系统的工作状况，以及储存用户程序，打印数据等，就得使用外部设备。主要的外部设备有编程设备、监控设备、存储设备以及输入输出设备。

7.1.2　硬件选择

1．PLC 的类型

PLC 按结构分为整体型和模块型两类，按应用环境分为现场安装和控制室安装两类；按 CPU 字长分为 1 位、4 位、8 位、16 位、32 位、64 位等。从应用角度出发，通常可按控制功能或输入输出点数选型。

整体型 PLC 的 I/O 点数固定，因此用户选择的余地较小，用于小型控制系统；模块型 PLC 提供多种 I/O 卡件或插件，因此用户可较合理地选择和配置控制系统的 I/O 点数，功能扩展方便灵活，一般用于大中型控制系统。

2．输入输出模块的选择

输入输出模块的选择应考虑与应用要求的统一。例如对输入模块，应考虑信号电平、信号传输距离、信号隔离、信号供电方式等应用要求。对输出模块，应考虑选用的输出模块类型，通常继电器输出模块具有价格低、应用电压范围广、寿命短、响应时间较长等特点；晶闸管输出模块适用于开关频繁，电感性低功率因数负荷场合，但价格较贵，过载能力较差。输出模块还有直流输出、交流输出和模拟输出等，与应用要求应一致。可根据应用要求，合理选用智能型输入输出模块，以便提高控制水平和降低应用成本。

3．电源的选择

PLC 的供电电源，除了引进设备时同时引进 PLC 应根据产品说明书要求设计和选用外，一般 PLC 的供电电源应设计选用 AC 220V 电源，与国内电网电压一致。重要的应用场合，应采用不间断电源或稳压电源供电。

如果 PLC 本身带有可使用电源，应核对提供的电流是否满足应用要求，否则应设计外接供电电源。为防止外部高电压电源因误操作而引入 PLC，对输入和输出信号的隔离是必要的，有时也可采用简单的二极管或熔丝管隔离。

4．存储器的选择

由于计算机集成芯片技术的发展，存储器的价格已下降，因此，为保证应用项目的正常投运，一般要求 PLC 的存储器容量按 256 个 I/O 点至少选择 8KB 存储器。需要复杂控制功能时，应选择容量更大，档次更高的存储器。

5．冗余功能的选择

对于较重要的过程单元，CPU（包括存储器）及电源均应 1 比 1 冗余；需要时也可选用 PLC 硬件与热备软件构成的热备冗余系统、二重化或三重化冗余容错系统等；回路的多点 I/O 卡应冗余配置，重要检测点的多点 I/O 卡可冗余配置；根据需要对重要的 I/O 信号，可选用二重化或三重化的 I/O 接口单元。

6．经济性的考虑

选择 PLC 时，应考虑性能价格比。考虑经济性时，应同时考虑应用的可扩展性、操作性、投入产出比等因素，进行比较和兼顾。输入输出点对价格有直接影响。当点数增加到某一数值后，相应的存储器容量、机架、母板等也要增加。因此，点数的增加对 CPU 选用、存储器容量、控制功能范围等选择都有影响。在估算和选用时应充分考虑，使整个控制系统有较合理的性能价格比。

通常在控制比较复杂，控制功能要求比较高的工程项目中（如要实现 PID 运算、闭环控制、通信联网等），可视控制规模及复杂程度来选用中档或高档机。其中高档机主要用于大规模过程控制、全 PLC 的分布式控制系统以及整个工厂的自动化等。根据不同的应用对象，表 7-1 列出了 PLC 的几种功能选择。

表 7-1　PLC 功能选择

序号	应用对象	功能要求	应用场合
1	替代继电器	继电器触点输入/输出、逻辑线圈、定时器、计数器等	替代传统使用的继电器控制系统，完成条件控制和时序控制功能
2	数字运算	四则数学运算、开方、对数、函数计算、双倍精度的数学运算等	设定值控制、流量计算、PID 调节、定位控制和工程量换算
3	数据传送	寄存器与数据表的互相传送等	用于数据库的生成、信息管理、BATCH（批量）控制、诊断和材料处理
4	矩阵功能	逻辑与、或、异或、比较、移位等	用于设备诊断、状态监控、分类和报警处理
5	高级功能	表与块间的传送、校验和、PID 调节等	通信速度和方式、与上位机的联网功能、调制解调器等
6	诊断功能	PLC 内部各部件性能和功能的诊断，中央处理器与 I/O 模块信息交换的诊断	
7	串行接口	一般的 PLC 都提供一个或多个串行标准接口（RS-232C），用来连接打印机、CRT、上位机或其他的 PLC	
8	通信功能	一般高档的 PLC 能够支持多种通信协议，如工业以太网、PROFIBUS 等	对通信有特殊要求的控制场合

7.1.3　选型实例

S7-300 PLC 的选型原则是根据生产工艺所需的功能和容量进行选型，并考虑维护的方便性、备件的通用性，以及是否易于扩展和有无特殊功能等要求。

1．I/O 点数的估算

根据控制系统的要求，统计出 PLC 系统的开关量 I/O 点数及模拟量 I/O 通道数，以及开关量和模拟量的信号类型。应在统计后得出 I/O 总点数的基础上，增加 10%～15%的裕量。选定的 PLC 机型的 I/O 能力极限值必须大于 I/O 点数估算值，并应尽量避免使 PLC 能力接近饱和，一般应留有 30%左右的裕量。表 7-2 为典型传动设备及元器件所需的可编程控制器 I/O 点数，可根据表 7-2 进行估算。

表 7-2　PLC 的 I/O 点数估算

序号	电气设备/元件	输入点数	输出点数	I/O 总点数
1	可反转笼型电动机	5	2	7
2	单向运行的笼型电动机	4	1	5
3	单线圈电磁阀	2	1	3
4	双线圈电磁阀	3	2	5
5	按钮开关	1	/	1
6	光电开关	2	/	2
7	信号灯	/	1	1
8	行程开关	1	/	1
9	接近开关	1	/	1
10	位置开关	2	/	2

假设控制系统需要 2 个可逆电动机；1 个单向电动机；1 个双线圈电磁阀；6 个按钮；4 个信号灯；7 个行程开关；4 个位置开关。可计算得 I/O 总点数为 2×7+5+5+6+4+7×2=48，I/O 点数大于 32 小于 256 点，所以要选用小型 PLC。48×(1+30%)=62.4，PLC 机型的 I/O 点数一般大于 62.4 即可。

2．存储器容量估算

每个 I/O 点及有关功能器件占用的内存大致如下：

M＝(1～1.25)×(DI×10+DO×8+AI/AO×100+CP×300)/1024

对数字量进行估算，设 CP=2。其中：DI 为数字量输入总点数；DO 为数字量输出总点数；AI/AO 为模拟量 I/O 通道总数；CP 为通信接口总数；M 为存储器容量，单位为 KB。

3．I/O 模块的选择

模拟量输入模块接收电学量或非电学量、变送器提供的标准量程的电流信号或电压信号，因此模拟量输入模块的选型与变送器有很大的关系。选型时应考虑以下问题。

模拟量输入模块的分辨率：分辨率用转换后的二进制数的位数来表示，PLC 的模拟量输入/输出模块的分辨率一般有 8 位和 12 位两种。8 位模拟量模块的分辨率低，一般用在要求不高的场合；12 位二进制数能表示的数的范围为 0～4095。满量程的模拟量（例如 0～10V）对应的转换后的数据一般为 0～4000，以 0～10V 的量程为例，12 位模拟量输入模块的分辨率为 10V/4000。分辨率与模块的综合精度是两个不同的概念，综合精度除了与分辨率有关外，还与很多别的因素有关。PLC 的模拟量模块的转换速度一般都较低。

由于转换速度和扫描工作方式的原因，PLC 一般不能直接对工频信号做交流采样，需要选用直流输出的电量变送器。PLC 的输入模块的量程应包含选用的变送器的输出信号的量程。有的模拟量输入模块没有 4～20mA 档的量程，输出信号为 4～20mA 的变送器也可以选用量程为 0～20mA 的模拟量输入模块，只是分辨率要低一点。PLC 的模拟量输入模块的 A/D 转换过程一般是周期性地自动进行的，不需要用户程序来启动 A/D 转换过程，用户程序只需要直接读取当前最新的转换结果就可以了。如果想用较长的时间间隔读取模拟量的值，对采样周期性要求不高时可以用定时器来对读取的时间间隔定时，对定时精度要求较高时可以用中断来定时。在硬件组态时应关闭未用的通道，以减小模块总的 A/D 转换周期。

热电偶与热电阻的选择：热电阻的测量温度，建议使用-200～+450℃。热电偶的测量温度，建议使用 0～1600℃。被测量对象的正常温度范围在 300℃以下的选用热电阻，被测量对象的正常温度范围在 300℃以上的选用热电偶。

热电阻是中低温区最常用的一种温度检测器。它的主要特点是测量精度高，性能稳定。其中铂热电阻的测量精确度是最高的，它不仅广泛应用于工业测温，而且被制成标准的基准仪。

热电偶测量温度时要求其冷端（测量端为热端，通过引线与测量电路连接的端称为冷端）的温度保持不变，其热电势大小才与测量温度成一定的比例关系。若测量时，冷端的（环境）温度变化，将严重影响测量的准确性。在冷端采取一定措施补偿由于冷端温度变化造成的影响称为热电偶的冷端补偿。

热电偶的冷端补偿通常采用在冷端串联一个由热电阻构成的电桥。电桥的三个桥臂为标准电阻，另外有一个桥臂由（铜）热电阻构成。当冷端温度变化（比如升高），热电偶产生的热电势也将变化（减小），而此时串联电桥中的热电阻阻值也将变化并使电桥两端的电压也发生变化（升高）。如果参数选择得好且接线正确，电桥产生的电压正好与热电势随温度变化而变化的量相等，整个热电偶测量回路的总输出电压（电势）正好真实反映了所测量的温度值。这就是热电偶的冷端补偿原理。

4．输出方式的选择

PLC 输出方式有继电器输出、晶闸管（SSR）输出和晶体管输出三种。其中，继电器输出型的特点是由 CPU 驱动继电器线圈，令触点吸合，使外部电源通过闭合的触点驱动外部负载，其开路漏电流为零，响应速度慢，可带较大的外部负载；晶体管输出型的特点是由 CPU 通过光耦合使晶体管通断，以控制外部直流负载，响应速度快，可带外部负载小；晶闸管输出型的特点是 CPU 通过光耦合使三端双向晶闸管通断，以控制外部交流负载，开路漏电流大，响应速度较快。

5．输出电流的选择

模块的输出电流必须大于负载电流的额定值，如果负载电流较大，输出模块不能直接驱动，则应增加中间放大环节。

6．安全回路的选择

安全 PLC 指的是在自身、外围元器件或执行机构出现故障时，依然能正确响应并及时切断输出的可编程系统。与普通 PLC 不同，安全 PLC 不仅可提供普通 PLC 的功能还可实现安全控制功能，符合 EN ISO 13849-1 以及 IEC 61508 等控制系统安全标准的要求。市场主流的安全 PLC 有皮尔磁（pilz）的 PSS 3000 和 PSS 4000 等，其中 PSS 4000 除了可以处理安全程序外还可以处理标准控制程序。安全 PLC 中所有元器件采用的是冗余多样性结构，两个处理器处理时进行交叉检测，每个处理器的处理结果储存在各自内存中，只有处理结果完全一致时才会进行输出，如果处理期间出现任何不一致，系统会立即停机。

此外，在软件方面，安全 PLC 提供的相关安全功能块，如急停、安全门、安全光栅等，均经过认证并加密，用户仅需调用功能块进行相关配置即可，防止用户在设计时因为安全功能上的程序漏洞而导致安全功能丢失。

在构建一个安全系统时，可以有很多方式来安排安全系统部件。有些考虑的是可靠性或可用性，有些考虑的是失效安全，避免失效危险。

7．中央处理单元模块的选择

CPU312 IFM 是带集成的数字输入/输出的紧凑型 CPU，用于带或不带模拟量的小系统，最多 8 个模块。

CPU313 用于有更多编程要求的小型设备。

CPU314IFM 是带有集成的数字和模拟输入/输出的紧凑型 CPU。

CPU314 用于安装中等规模的程序以及中等指令执行速度的程序。

CPU315/315-2DP 用于要求中到大规模的程序和通过 PROFIBUS-DP 进行分布式配置的设备。

CPU316 用于有大量编程要求的设备。

CPU318-2 用于有要求极大规模的程序和通过 PROFIBUS-DP 进行分布式配置的设备。

7.2 PLC 系统可靠性设计

7.2.1 PLC 系统工作环境要求

1．温度

PLC 要求环境温度在 0℃～55℃。安装时不能把发热量大的元件放在 PLC 下面。PLC 四周通风散热的空间要足够大。开关柜上、下部应有通风的百叶窗。

2．湿度

为了保证 PLC 的绝缘性能，空气的相对湿度一般应小于 85%（无凝露）。

3．振动

应使 PLC 远离强烈的振动源。防止频率为 10～55Hz 的频繁振动或连续性振动，当使用环境难以避免振动时，可以用减振橡胶来减轻柜内或柜外产生的振动的影响。

4．空气

为了隔离空气中较浓的粉尘、腐蚀性气体和烟雾，在温度允许时可以将 PLC 封闭，或将 PLC 安装在密封性较好的控制室内，并安装空气净化装置。

5．电源

PLC 控制系统的电源最好是带 UPS 的交流稳压电源。

7.2.2 电磁干扰源对 PLC 系统可靠性的影响

1．干扰源及干扰一般分类

影响 PLC 控制系统可靠性的干扰源各式各样，相对比较复杂，但大都产生在电流或电压剧烈变化的部位，这些电荷剧烈移动的部位就是噪声源，即干扰源。

干扰类型通常按干扰产生的原因、噪声干扰模式和噪声的波形性质的不同划分。按噪声产生的原因不同，分为放电噪声、浪涌噪声、高频振荡噪声等；按噪声的波形、性质不同，分为持续噪声、偶发噪声等；按噪声干扰模式不同，分为共模干扰和差模干扰。共模干扰和差模干扰是一种比较常用的分类方法。共模干扰是信号对地的电位差，主要由电网串入、地电位差及空间电磁辐射在信号线上感应的共模（同方向）电压叠加形成。共模电压有时较大，特别是采用隔离性能差的配电器供电，变送器输出信号的共模电压普遍较高，有的可高达 130V 以上。共模电压通过不对称电路可转换成差模电压，直接影响测控信号，造成元器件损坏（这就是一些系统 I/O 模件损坏率较高的主要原因）。差模干扰是指作用于信号两极间的干扰电压，主要由空间电磁场在信号间耦合感应及由不平衡电路转换共模干扰所形成的电压直接叠加在信号上，干扰特征往往是杂乱或随机交变的，直接影响测量与控制精度。

2．PLC 控制系统中电磁干扰的主要来源

（1）空间的辐射干扰

空间的辐射电磁场（EMI）主要是由电力网络、电气设备的暂态过程、雷电、无线电广播、电视、雷达、高频感应加热设备产生的辐射干扰，高速电子开关的接通和关断将产生高次谐波，从而造成高频干扰。若 PLC 系统置于辐射频场内，就会收到辐射干扰，其影响主要通过两条路径：一是直接对 PLC 内部的辐射，由电路感应产生干扰；二是对 PLC 内通信网络的辐射，由通信线路的感应引入干扰。辐射干扰与现场设备布置及设备所产生的电磁场大小，特别是频率有关，一般通过设置屏蔽电缆和 PLC 局部屏蔽及高压泄放元件进行保护。

（2）系统外引线的干扰

这种干扰主要由交流电感应引起，极性呈现交变的一类干扰。在系统布线不合理时极易出现。例如不同电压等级的导线，尤其是弱电信号测控线和强电动力线同槽甚至捆绑敷设时，动力线通电时产生的交变电场和磁场耦合到信号线中产生干扰，形成对系统的传导性交流干扰。

（3）电源的干扰

实践证明，电源是干扰进入 PLC 控制系统的主要途径之一。在干扰较强或可靠性要求高的场合，可以加接带屏蔽层的变比为 1∶1 的隔离变压器，还可以串接 LC 滤波电路。隔离变压器与 PLC 和 I/O 电源之间应采用双绞线连接。

PLC 系统的正常供电电源均由电网供电。由于电网覆盖范围广，它将受到所有空间电磁干扰而在线路上形成感应电压，尤其是电网内部的变化，如开关操作浪涌、大型电力设备起停、负载的变化、交直流传动装置引起的谐波、电网短路暂态冲击等，都通过输电线路传到电源一次侧，引起电网电压的波动，产生低频干扰。PLC 电源采用隔离电源，通常是以交流 220V 为基本工作电源，然后通过隔离变压器、开关电源、交流稳压器或 UPS 电源供电。实际上，由于分布电容等参数的存在，绝对隔离是不可能的。

（4）信号线引入的干扰

与 PLC 控制系统连接的各类信号传输线，除了传输有效的各类信息之外，总会有外部干扰信号侵入。此干扰主要有两种途径：一是通过变送器供电电源或共用信号仪表的供电电源串入的电网干扰，这往往被忽视；二是信号线受空间电磁辐射感应的干扰，即信号线上的外部感应干扰，这是很严重的。由信号引入干扰会引起 I/O 信号工作异常和测量精度大大降低，严重时将引起元器件损伤。对于隔离性能差的系统，还将导致信号间互相干扰，引起共地系统总线回流，造成逻辑数据变化、误动作和死机。

（5）接地系统不规则引入的干扰

接地设计有两个基本目的：一是消除各路电流流经公共地线阻抗所产生的噪声电压；二是避免磁场与电位差的影响，使其不形成地环路。如果接地方式不好就会形成环路，造成噪声耦合。

接地是提高电子设备电磁兼容性（EMC）的有效手段之一。正确的接地，既能抑制电磁干扰的影响，又能抑制设备向外发出干扰；而错误的接地，反而会引入严重的干扰信号，使 PLC 系统无法正常工作。设计中若能把接地和屏蔽正确的结合起来使用，可以解决大部分干扰问题。

PLC 控制系统的地线包括数字地（逻辑地）、模拟地、信号地、交流地、直流地、屏蔽地（机壳地）等。PLC 控制系统的接地一般都采用一点接地，接地系统混乱对 PLC 系统的干扰主要是各个接地点电位分布不均，不同接地点间存在地电位差，引起地环路电流，影响系统正常工作。例如电缆屏蔽层必须一点接地，如果电缆屏蔽层接地点有一个以上时，会产生噪声电流，形成噪声干扰源。另外，如果电缆屏蔽层两端 A、B 都接地，就存在地电位差，有电流流过屏蔽层，当发生异常状态如雷电现象时，地线电流将更大。

此外，屏蔽层、接地线和大地有可能构成闭合环路，在变化磁场的作用下，屏蔽层内会出现感应电流，通过屏蔽层与芯线之间的耦合，干扰信号回路。若系统地与其他接地处理混乱，所产生的地环流就可能在地线上产生不等电位分布，影响 PLC 内逻辑电路和模拟电路的正常工作。PLC 工作的逻辑电压干扰容限较低，逻辑地电位的分布干扰容易影响 PLC 的逻辑运算和数据存储，造成数据混乱、程序跑飞或死机。

模拟量测量通路受线路影响较大，数字量传输虽然抗干扰能力较强，但其通常有较大的噪声，而且电平的跳动会产生很大的尖峰扰动。因此，PLC 系统模拟地与数字地实行分开走线，并联一点接地。

模拟地的接法十分重要，为了提高抗共模干扰能力，对模拟信号可采用屏蔽浮地技术。

（6）PLC 系统内部的干扰

PLC 系统内部电路的结构本身、元器件参数的环境离散性及电路间的相互电磁辐射也会产生干扰。如：逻辑电路相互辐射及其对模拟电路的影响；模拟地与数字地的相互影响及元器件间的相互不匹配使用；电子器件内部存在的热噪声、散粒噪声、寄生振荡等。

3. PLC 控制系统的抗干扰设计

为了保证系统在工业电磁环境中安全可靠地运行，免受或减少内外电磁干扰，必须从形成干扰的三要素（干扰源、干扰的耦合通道、干扰的接收电路）着手，从设计阶段开始便采取三个方面的抑制措施：抑制干扰源；切断或衰减电磁干扰的耦合通道及其接收电路；提高装置和系统的抗干扰能力。这三点是抑制电磁干扰的基本原则。

PLC 控制系统的抗干扰是一个比较复杂的系统工程，一方面要求制造厂商生产出具有较强抗干扰能力的产品；另一方面有赖于使用部门在工程设计、安装施工和运行维护中予以全面考虑，并结合具体情况进行综合设计，才能保证系统的电磁兼容性和运行可靠性。

（1）设备选型

在选择 PLC 系统时，首先要选择具有电磁兼容性（EMC），尤其是抗外部干扰能力强的产品；其次还应了解生产厂商给出的抗干扰指标，如共模抑制比、差模抑制比、耐压能力、允许在多大电场强度和多高频率的磁场强度环境中工作；另外要多考查其在类似工程中的实际应用。

在选择国外产品时，要注意产品要求的电网配电电压制式：我国是采用 220V 高内阻电网制式，而欧美地区是 110V 低内阻电网。由于我国电网内阻大，零点电位漂移大，地电位变化大，工业企业现场的电磁干扰至少要比欧美地区高 4 倍以上，对系统抗干扰性能要求更高，在国外能正常工作的 PLC 产品在国内不一定能可靠运行，这就要求在采用国外产品时，按我国的标准（GB/T13926）合理选择。

（2）综合抗干扰设计

综合抗干扰设计主要从系统外部抑制干扰的几种措施考虑。主要内容包括：对 PLC 系统及外引线进行屏蔽以防空间辐射电磁干扰；对外引线进行隔离、滤波，特别是动力电缆，分层布置，以防通过外引线引入传导电磁干扰；正确设计接地点和接地装置，完善接地系统。另外还必须利用软件手段（如数字滤波技术），进一步提高系统的安全可靠性。

4．主要抗干扰措施

（1）采用性能优良的电源，抑制电网引入的干扰

在 PLC 控制系统中，电源占有极重要的地位。电网干扰串入 PLC 控制系统主要是通过 PLC 系统的供电电源（如 CPU 电源、I/O 电源等）、变送器供电电源和与 PLC 系统具有直接电气连接的仪表供电电源等耦合进入的。对于我国工业现场实际而言，所需要的主要是两种工作电源：24V 直流和 220V 交流。为使系统可靠工作，对于 PLC 系统供电的电源，一般都采用隔离性能较好的电源，而对于变送器供电电源和 PLC 系统有直接电气连接的仪表的供电电源，应选择分布电容小、抑制带大（如采用多次隔离和屏蔽及漏感技术）的配电器，以减少 PLC 系统的干扰。

此外，为保证电网馈电不中断，可采用在线式不间断供电电源（UPS）供电，提高供电的安全可靠性。并且 UPS 还具有较强的干扰隔离性能，是一种 PLC 控制系统的理想电源。

（2）电缆设计和敷设

① 电缆的选择

由 PLC 组成的控制系统，既包括供电系统的动力线，又包括各种开关量、模拟量、高速脉冲、远程通信等用的信号线。针对不同用途的信号线和动力线要选择不同的电缆。

对于开关量信号，可选用一般控制电缆，当信号的传输距离较远时，可选用屏蔽电缆；对于模拟量信号，应选用双层屏蔽电缆，屏蔽层应一端接地；对数字信号，应选择屏蔽电缆，为抑制低频干扰，屏蔽层应一端接地；对高速脉冲信号，应选择屏蔽电缆，可防止外来信号的干扰，也防止高速脉冲信号本身对低电平信号的干扰；对通信信号，一般应选用 PLC 厂家提供的专用电缆，在要求不太高的场合，可选用带屏蔽的双绞电缆；对电源供电系统一般按通常的供电系统选择相同的电源电缆，为了减少动力电缆辐射电磁干扰，可采用铜带铠

装屏蔽电力电缆。

② 电缆的敷设

传输线之间的相互干扰主要来自传输导线间分布电容、电感引起的电磁耦合。防止这种干扰的有效方法是使信号线远离动力线或电网，电缆敷设时将动力线、控制线和信号线严格分开、分别布线，最好分开成对角线的两个通道进入控制柜，避免信号线与动力电缆靠近平行敷设。若要平行敷设，须保持 30cm 以上的距离。不同类型的信号分别由不同电缆传输，信号电缆应按传输信号种类分层敷设，严禁用同一电缆的不同导线同时传送直流、交流和模拟信号，也不能在同一线槽内走线，以减少电磁干扰。

（3）硬件滤波及软件抗干扰措施

信号在接入 PLC 系统前，在信号线与地间并接电容，以减少共模干扰；在信号两极间加装滤波器可减少差模干扰。

由于电磁干扰的复杂性，要根本消除干扰影响是不可能的，因此在 PLC 控制系统的软件设计和组态时，还应在软件方面进行抗干扰处理，进一步提高系统的可靠性。常用的措施有：

① 数字滤波技术，可有效消除随机干扰和周期性干扰。常采用的数字滤波方法有取均值滤波、定限值滤波、低通滤波、线性滤波、递进均值滤波等。

② 采用工频整形采样，可有效消除周期性干扰；

③ 定时校正参考点电位，并采用动态零点，可有效防止电位漂移；

④ 采用信息冗余技术，设计相应的软件标志位；

⑤ 利用软件技术，设置间接跳转、延时、状态监控子程序等提高软件结构可靠性。

（4）正确选择接地点，完善接地系统

正确接地是重要而复杂的问题。理想的情况是一个系统的所有接地点与大地之间阻抗为零，但这是难以做到的。完善的接地系统是 PLC 控制系统抗电磁干扰的重要措施之一。

系统接地方式有浮地方式、直接接地方式和电容接地三种。对 PLC 控制系统而言，它属于高速低电平控制装置，应采用直接接地方式。由于信号电缆分布电容和输入装置滤波等的影响，各装置之间的信号交换频率一般都低于 1MHz，此时 PLC 控制系统接地线采用一点接地和串联一点接地方式；当频率高于 10MHz 时，采用多点接地；频率在 1MHz 至 10MHz 之间可用一点接地，也可多点接地。但在实际应用中，一般采用一点接地。

集中布置的 PLC 系统适于并联一点接地方式，各装置的柜体中心接地点以单独的接地线引向接地极。如果装置间距较大，应采用串联一点接地方式，用一根大截面铜母线（或绝缘电缆）连接各装置的柜体中心接地点，然后将接地母线直接连接到接地极。接地线采用截面不低于 $2.5mm^2$ 的铜芯导线，总母线使用截面大于 $6.0mm^2$ 的铜排。接地极的接地电阻小于 4Ω，接地极最好埋在距建筑物 10～15m 远处，而且 PLC 系统接地点必须与强电设备接地点相距 10m 以上。

信号源接地时，屏蔽层应在信号侧接地；不接地时，屏蔽层应在 PLC 侧接地；信号线中间有接头时，屏蔽层应牢固连接并进行绝缘处理，一定要避免多点接地；多个测量点信号的屏蔽双绞线与多芯对绞总屏蔽电缆连接时，各屏蔽层应相互连接好，并进行绝缘处理，选择适当的接地处单点接地。

7.3 常见故障分析

1．使用 CPU 315F 和 ET 200S 时应如何避免出现“通信故障”消息？

硬件选用 CPU 315F、ET 200S 以及故障安全 DI/DO 模块时，需要调用 OB35 故障安全程序。OB35 默认设置为 100ms。因此至少每 100ms 要寻址一次 I/O 模块。但是由于每 100ms 才调用一次 OB35，因此会发生通信故障。所以要确保 OB35 的扫描间隔和故障监控时间有所差别，并且故障监控时间要大于 OB35 的扫描间隔时间。

S7 分布式安全系统，一直到 V5.2 SP1 和 6ES7138-4FA00-0AB0、6ES7138-4FB00-0AB0、6ES7138-4CF00-0AB0 都会出现这个问题。在新的故障安全模块中，故障监控时间默认设定为 150ms。

2．如何判断和处理电源故障？

一个工作正常的电源模块，其上面的工作指示灯如“AC”“24VDC”“5VDC”“BATT”等应该是绿色长亮的，一个灯发生颜色变化（或闪烁或熄灭）就表示那一部分的电源有问题。“AC”灯表示 PLC 的交流总电源，“AC”灯不亮时多半无工作电源，整个 PLC 停止。这时就应该检查电源熔丝是否熔断，应更换同规格同型号的熔丝，无同型号的进口熔丝时要用电流相同的快速熔丝代替。如重复烧熔丝，说明电路板短路或损坏，应更换整个电源。“5VDC”“24VDC”灯熄灭表示无相应的直流电源输出，当电源偏差超出正常值 5%时指示灯闪烁，此时虽然 PLC 仍能工作，但应引起重视，必要时停机检修。“BATT”变色灯是后备电源指示灯，绿色表示正常，黄色电量低，红色故障。黄灯亮时就应该更换后备电池，手册规定两到三年更换锂电池一次，当红灯亮时表示后备电源系统故障，也需要更换整个模块。

3．为 S7-300 CPU 上的 I/O 模块分配地址时应当注意哪些问题？

S7-300 信号模块的字节地址与模块所在的机架号以及槽号有关。

从 0 号字节开始，S7-300 给每个数字量信号模块分配 4B 的地址，相当于 32 个 I/O 点，那么 M（M=0～3）号机架的 N（N=4～11）号槽的数字量信号模块的起始字节地址为：$32\times M+(N-4)\times 4$。模拟量模块以通道为单位，一个通道占一个字的地址，S7-300 为模拟量模块保留了专用的地址区域，字节地址范围为 IB256～767。一个模拟量模块最多有 8 个通道，从 256 号字节开始，S7-300 给每一个模拟量模块分配 16B 的地址。那么 M（M=0～3）号机架的 N（N=4～11）号槽的模拟量信号模块的起始字节地址为：$128\times M+(N-4)\times 16+256$。在 S7 的硬件组态工具 HW Config 中对信号模块组态时，将会根据模块所在的机架号和槽号，按照上述原则自动分配模块的默认地址。

另外需要注意的是，创建的数据区域（如一个双字）不能组态在过程映像的地址边界上，因为在该数据块中，只有边界下面的区域能够被读入过程映像，因此不可能从过程映像访问数据。 因此，这些组态规则不支持这种情况：例如，在一个 256B 输入的过程映像的 254 号地址上组态一个输入双字。如果一定需要如此选址，则必须相应地调整过程映像的大小（在 CPU 的 Properties 中）。

4．在 S7 CPU 中如何进行全局数据的基本通信？在通信时需要注意什么？

全局数据通信用于 CPU 之间少量数据的交换，全局数据（GD）可以是：

① 输入和输出；

② 标记；

③ 数据块中的数据；

④ 定时器和计数器功能。

数据交换是指在连入单向或双向 GD 环的 CPU 之间以数据包的形式交换数据。GD 环由 GD 环编号来标识。

单向连接：一个 CPU 可以向多个 CPU 发送 GD 数据包。

双向连接：两个 CPU 之间的连接时，每个 CPU 都可以发送和接收一个 GD 数据包。

如果想要通过相应通信块（SFB、FB 或 FC）来交换数据，则必须进行通信块之间的连接。通过定义一个连接，可以极大简化通信块的设计。该定义对所有调用的通信块都有效且不需要每次都重新定义。

5．配置 CPU 31X-2 PN/DP 的 PN 接口时，当 PROF INET 接口偶尔发生通信错误时，该如何处理？

建议确定以太网（PROFINET）中的所有组件（转换）都支持 100 Mbit/s 全双工基本操作。避免分配器割裂网络，因为这些设备只能工作于半双工模式。

在分析 PROFINET I/O 通信故障时，可以通过以下的方法进行故障的初步诊断：

① 通过状态 LED 进行 PROFINET I/O 通信初步诊断；

② PROFINET IO 通信物理连接故障初步诊断；

③ PROFINET 干扰问题的初步诊断；

④ 使用 Ping 指令进行诊断；

⑤ 使用 PST 诊断 PROFINET。

6．在硬件配置编辑器中，“时钟”修正因子有什么含义呢？

时钟修正因子是 CPU 的一个参数，它的默认值是 0ms。如果使用不带故障安全功能的 414H 或者 417H CPU，那么允许修改这个值。使用 S7 故障安全系统时，若赋予一个不同的值将会导致 F STOP。这个修正因子只作用于标准定时器，而对 F 定时器无效。这样会导致一个故障安全功能识别与响应的时间差异。

在硬件配置中，通过 CPU > Properties > Diagnostics/Clock，可以进入“时钟”域内指定一个修正因子。这个修正因子只影响 CPU 的硬件时钟。时间中断源自系统时钟，并且和硬件时钟的设定毫无关系。

7．如何通过 PROFIBUS DP 用功能块在主、从站之间实现双向数据传送？

在主站，PLC 可以通过调用 SFC14 “DPRD_DAT”和 SFC15 “DPWR_DAT”来完成和从站的数据交换，而对于从站来说可以调用 FC1 “DP_SEND” 和 FC2 “DP_RECV”完成数据的交换。

8．可以从 S7 CPU 中读出哪些标识数据？

通过 SFC51 “RDSYSST”可读出订货号和 CPU 版本号。可以使用系统功能 SFC51，使 SSL ID= 0111 并使 INDEX 为：1 = 模块标识；6 = 基本硬件标识；7 = 基本固件标识。

9．在含有 CPU 317-2PN/DP 的 S7-300 上，如何编程可加载通信功能块 FB14（“GET”）和 FB15（“PUT”）用于数据交换？

为了通过一个 S7 连接在使用 CPU 317-2PN/DP 的两个 S7-300 工作站之间进行数据交

换，其中该S7连接是使用NetPro组态的，在S7通信中，必须调用通信功能块。模块FB14（“GET”）用于从远程CPU取出数据，模块FB15（“PUT”）用于将数据写入远程CPU。功能块包含在STEP 7 V5.3的标准库中。

CPU 317-2PN/DP的通信模块FB14（“GET”）和FB15（“PUT”）是异步通信。这些模块的运行可能跨越多个OB1循环。通过输入参数REQ激活FB14或FB15。DONE、NDR或ERROR表明作业结束。PUT和GET可以同时通过连接进行通信。

注意：不能将库SIMATIC_NET_CP中的通信块用于CPU317-2PN/DP。

10．使用SEND操作和FETCH操作时需要注意什么？

在用户程序中，不可以同时进行SEND操作和FETCH操作。即：只要SEND动作（SFB 63）没有完全终止（DONE或ERROR），就不能调用FETCH（SFB64）（甚至在REQ=0的时候）。同理，只要FETCH动作（SFB64）没有完全终止（DONE或ERROR），就不能调用SEND（SFB63）。在处理一个主动作业（SEND作业、SFB63或FETCH作业、SFB64）时，同时可以处理一个被动作业（SERVE作业、SFB65）。

11．可以将MICROMASTER 420到440作为组态轴（位置外部检测）和CPU 317T一起运行吗？

可以，但在动力和精度方面，对组态轴的要求差别非常大。在高要求情况下，伺服驱动SIMODRIVE 611U、MASTERDRIVES MC或SINAMICS S必须和CPU 317T一起运行。在低要求情况下，MICROMASTER系列也能满足动力和精度要求。

12．如何在已配置为DP从站的两个CPU模块间组态直接数据交换（节点间通信）？

两个CPU站配置为DP从站，而且由同一个DP主站操作，它们之间的通信通过配置交换模式为DX可以完成直接数据交换。

13．如何使用SFC65，SFC66，SFC67和SFC68进行通信？

通过SFC65（X_SEND），发送数据到本地S7站以外的通信伙伴。在通信伙伴上使用SFC66（X_RCV）接收数据。通过SFC67（X_GET），可以从本地S7站以外的通信伙伴中读取数据，在通信伙伴上不需要相应SFC与之对应。通过SFC68（X_PUT），将数据写入不在同一个本地S7站中的通信伙伴，在通信伙伴上同样不需要相应的SFC。

对于单向基本通信，使用系统功能SFC67 (X_GET)从一个被动站读取数据，使用系统功能SFC68(X_PUT)将数据写入一个被动站（服务器）。这些块只有在主动站中才调用。对于双向基本通信，调用系统功能SFC65 (X_SEND)，将数据发送到另一个主动站。在任意主站中将通过SFC66 (X_RCV)接收数据。

两种类型的基本通信中，每次块调用可以处理最多76B的用户数据。对于S7-300 CPU，数据传送的数据一致性是8B。如果连接到S7-200，必须考虑到S7-200只能用作一个被动站。

14．什么是自由分配I/O地址？

地址的自由分配意味着可对每种模块（SM/FM/CP）自由分配一个地址。地址分配在STEP 7里进行。先定义起始地址，该模块的其他地址以它为基准。

自由分配地址的优点：因为模块之间没有地址间隙，就可以优化使用可用的地址空间。分配地址过程中可以不考虑所涉及的S7-300的组态。

15．诊断缓冲器能够干什么？

更快地识别故障源，能够提高系统的可用性。评估 CPU 停机之前的最后事件，并寻找引起停机的原因。

诊断缓冲器是一个带有单个诊断条目的循环缓冲器，这些诊断条目显示在事件发生序列中；第一个条目显示的是最近发生的事件。如果缓冲器已满，最早发生的事件就会被新的条目所覆盖。根据不同的 CPU，诊断缓冲器的大小或者固定，或者可以通过 HW Config 中通过参数进行设置。

16．诊断缓冲器中的条目包括哪些？

诊断缓冲器中的条目包括：

① 故障事件；

② 操作模式转变以及其他对用户重要的操作事件；

③ 用户定义的诊断事件（用 SFC52 WR_USMSG）。

在操作模式 STOP 下，在诊断缓冲器中尽量少存储事件，以便用户能够很容易在缓冲器中找到引起 STOP 的原因。因此，只有当事件要求用户产生一个响应（如计划系统内存复位、电池需要充电）或必须注册重要信息（如固件更新、站故障）时，才将条目存储在诊断缓冲器中。

17．如何确定 MMC 的大小以便完整地存储 STEP 7 项目？

为了给项目选择合适的 MMC，需要了解整个项目的大小以及要加载块的大小。可以按照如下所述的方法来确定项目的大小：

1）首先归档 STEP 7 项目。然后在 Windows 资源管理器中打开已归档项目，并确定其大小（选中该项目并右击，可看到归档文件的大小）。

2）将块加载入 CPU。现在仍然需要选择“PLC→Module Information→Memory”。在此，在“Load memory RAM + EPROM”中，可以看到分配的加载内存的大小。

3）必须将该值和已经确定的归档项目的大小相加。这样就可以得出在一个 MMC 上保存整个项目所需的总内存的大小。

18．S7-300 CPU 全面复位后，哪些设置会保留下来？

复位 CPU 时，内存没有被完全删除。整个主内存被完全删除了，但加载内存中的数据，以及保存在 Flash-EPROM 存储卡（MC）或微存储卡（MMC）上的数据，则会全部保留下来。除了加载内存以外，计时器（CPU 312 IFM 除外）和诊断缓冲也被保留。具有 MPI 接口或一个组合 MPI/DP 接口的 CPU 只在全部复位之前保留接口所采用的当前地址和波特率。另一方面，另一个 PROFIBUS 地址也被完全删除，不能再访问。

重要事项：重新设置 PG/PC 之后，与 CPU 之间的通信只能通过 MPI 或 MPI/DP 接口来建立。

19．不能通过 MPI 在线访问 CPU 的问题，该如何解决？

如果在 CPU 上已经更改了 MPI 参数，请检查硬件配置。可以将这些值与在“Set PG/PC interface”下的参数进行比较，看是否一致。

或者可以这样做：打开一个新的项目，创建一个新的硬件组态。在 CPU 的 MPI 接口的属性中为地址和传送速度设置各自的值。将“空”项目写入存储卡中。把该存储卡插入到 CPU 然后重新打开 CPU 的电压，将位于存储卡上的设置传送到 CPU。如已经传送了 MPI 接口的当前设置，只要接口没有故障就可以建立连接。这个方法适用于所有具有存储卡接口的 S7-CPU。

20．错误处理组织块的用途是什么？

如果发生一个所描述的错误，则将调用并处理相应的错误处理组织块。如果没有加载该 OB，则 CPU 进入 STOP（例外：OB70，72，73 和 81）模式。

S7-CPU 可以识别两类错误：

1）同步错误：可以将这些错误分配给用户程序的特定部分。在特定指令执行期间发生错误。如果没有装载相应的同步错误 OB，则在出错时 CPU 切换到 STOP 模式。

2）异步错误：不能直接将这些错误分配给正在执行的用户程序。它们是优先级错误、可编程逻辑控制器故障（例如，故障模块）或冗余出错。如果没有装载相应的异步错误 OB，则在出错时 CPU 切换到 STOP 模式（例外：OB70，OB72，OB81，OB 87）。

21．在 DP 从站或 CPU315-2DP 型主站里应该编程哪些“故障 OB”？

在组态一个作为从站的 CPU315-2DP 站时，必须在 STEP 7 程序中编程下列 OB 以便评估分布式 I/O 类型的错误信息：

OB 82 诊断中断、OB 86 子机架故障和 OB 122 I/O 访问出错。

1）诊断 OB82：当具有诊断能力并启用诊断中断的模块检测到错误，以及消除错误时，CPU 操作系统调用 OB82（事件出现或消失时，调用该 OB）。

必须使用 STEP 7 在 S7 程序中将 OB82 创建为对象。在所生成的块中编写将要在 OB82 中执行的程序，然后将其作为用户程序的一部分下载到 CPU 中。

触发诊断中断时，发生故障的模块自动在诊断中断 OB 的启动信息以及诊断缓冲区中输入 4B 的诊断数据以及它们的启动地址。这可提供错误发生时间和错误所在模块的信息。

通过使用 OB82 中的合适程序，可以进一步评估模块的诊断数据（在哪个通道上发生错误，发生何种错误）。通过 SFC51 RDSYSST，可以读取模块诊断数据，并使用 SFC52 WRUSRMSG 在诊断缓冲区中输入该信息。还可以将用户定义的诊断信息发送到监控设备。

如果没有编程 OB82，那么触发诊断中断时，CPU 会变成 STOP 模式。

2）子机架故障 OB86：CPU 操作系统在检测到下列事件之一时，调用 OB86：

① 中央扩展机架（不适用于 S7-300）故障，如断线、机架上的分布式电源故障；

② 主站系统、从站（PROFIBUS DP）故障，或 I/O 系统、I/O 设备（PROFINET IO）故障；

③ 消除故障时也调用 OB86（事件出现和消失时都调用该 OB）。

必须使用 STEP 7 在 S7 程序中将 OB86 创建为对象。在所生成的块中编写将要在 OB86 中执行的程序，然后将其作为用户程序的一部分下载到 CPU 中。

例如，可以将 OB86 用于下列目的：

① 评估 OB86 的启动信息，并确定哪个机架处于故障状态或丢失；

② 通过系统功能 SFC 52 WRUSMSG 在诊断缓冲区中输入消息，并将该消息发送到监控设备；

③ 如果没有编程 OB86，那么当检测到机架故障时，CPU 变成 STOP 模式。

3）I/O 访问出错 OB122：当访问一个模块的数据时出错，该 CPU 的操作系统就调用 OB 122。例如，CPU 在存取一个单个模块的数据时识别出一个读错误，那么操作系统就调用 OB 122。该 OB 122 以与中断块有相同的优先级类别运行。如果没有编程 OB 122，那么

CPU 由“运行”模式改为“停止”模式。

22．为什么在某些情况下，保留区会被重写？

在 STEP 7 的硬件组态中，可以把几个操作数区定义为“保留区”。这样可以在掉电以后，即使没有备份电池，仍能保持这些区域中的内容。如果定义一个块为“保留块”，而它在 CPU 中不存在或只是临时安装过，那么这些区域的部分内容会被重写。在电源接通/断开之后，其他内容会在相关区里找到。

23．为何不能把闪存卡的内容加载入 S7-300 CPU？

如果你的项目在闪存卡上，现在要用它加载到 S7-300 的 CPU 中。但加载结束后发现 CPU 的 RAM 中仍是空的。出现此问题的原因是你的程序里有无法处理的“错误的”组织块（比如说，OB86 没有 DP 接口）。在重新设置和重新启动 CPU 后，RAM 仍是空的。诊断缓冲区对这个“无法加载”的块会提示一些信息。

24．当把 CPU 315-2DP 作为从站或主站时的诊断地址如何分配？

在组态一个 CPU 315-2DP 站时，使用 S7 工具“H/W CONFIG”来分配诊断地址。如果发生一个故障，这些诊断地址将被加入诊断 OB 的变量“OB82_MDL_ADDR”里。可在 OB82 里分析此变量，确定有故障的站并作出相应的反应。

下面是如何分配诊断地址的例子。

第 1 步：通过 CPU315-2DP 组态从站并赋予一个诊断地址，如 422。

第 2 步：通过 CPU315-2DP 组态主站。

第 3 步：把组态好的从站链接到主站并赋予一个诊断地址，如 1022。

25．为什么当使用 S7-300 CPU 的内部运行时间表时，没有任何返回值？

当对 CPU 312 IFM 或 316-2DP 进行系统功能块 SFC2、SFC3 和 SFC4 调用，并为一个运行时间表规定了一个大于"B#16#0"的标识符，那么系统将出错，并且所需的功能也无法使用。与此同时，将在块的" RETVAL"处输出标识符"8080h"。

说明：对于这些 CPU，只有一个计时器可用。因此应该只用标识符 "B#16#0"。 在一个周期块(OB1，OB35)里一定不能调用系统功能 SFC2 "SET_RTM"，而是应该在启动 OB(OB100)中调用它。也可以通过外部触发器来启动该块。否则，该块将总是复位运行计时表，永远完成不了计时。

26．变量是如何储存在临时局部数据中的？

L 堆栈永远以地址“0”开始。在 L 堆栈中，会为每个数据块保留相同个数的字节，作为存放每个块所拥有的静态或局部数据。

当某个块终止时，它的空间随之也被释放。指针总是指向当前打开块的第一个字节。

27．在 CPU 经过完全复位后，运行时间计数器是否也被复位？

使用 S7-300 时，带硬件时钟（内置的“实时时钟”）和带软件时钟的 CPU 之间有区别。对于那些无后备电池的软件时钟的 CPU，运行时间计数器在 CPU 完全复位后其最后值被删除。而对于那些有后备电池的硬件时钟的 CPU，运行时间计数器的最后值在 CPU 完全复位后保留下来。同样，CPU 318 和所有的 S7-400 CPU 的运行时间计数器在 CPU 完全复位后其最后值被保留。

28．如何把不在同一个项目里的一个 S7 CPU 组态为当前 S7 DP 主站模块的 DP 从站？

默认情况下，在 STEP 7 里只可以把一个 S7 CPU 组态为从站，如果在同一个项目中的话，该站会在“PROFIBUS-DP→已经组态的站”下的硬件目录里作为“CPU 31x-2 DP”出现。用这种途径，可以设置DP主站与DP从站间的连接。

也可把一个与主站不在同一个项目里的S7 CPU组态为从站。步骤如下：

① 按常规组态DP从站。

② 从网上下载要用作从站的S7-300 CPU的GSD文件。该文件位于客户支持网址的“PROFIBUS GSD 文件 / SIMATIC”下。

③ 打开SIMATIC Manager和硬件配置。

④ 打开“选项→安装新的GSD...”，把刚下载的GSD文件插入硬件目录（注意：此过程中在HW Config中无须打开任何窗口）。

⑤ 通过“选项→更新目录”来更新硬件目录。

⑥ 组态DP主站。将可以在“PROFIBUS-DP→更多现场设备→SPS”下发现作为从站的该S7-300 CPU。

注意：如果是手动连接该DP从站，要确保总线参数正确，该DP从站的PROFIBUS地址和它的I/O组态在两个项目里必须相同。

29．无备用电池情况下断电的影响与完全复位一样吗？

不一样。在CPU被完全复位的情况下，其硬件配置信息被删除（MPI地址除外），程序被删除，保持型存储器也被清零。

在无备用电池和存储卡的情况下关电，硬件配置信息（除了MPI地址）和程序被删除。但保持型存储器不受影响。如果在此情况下重新加载程序，则其工作时采用保持型存储器的旧值。例如，这些值通常来自前8个计数器。如果不把这一点考虑在内，会导致危险的系统状态。

建议：无备用电池和存储卡的情况下断电后，总是要做一下完全复位。

30．可以将二线制传感器连接到紧凑型CPU的模拟输入端吗？

两线制电流和四线制电流都只有两根信号线，它们之间的主要区别在于：两线制电流的两根信号线既要给传感器或者变送器供电，又要提供电流信号；而四线制电流的两根信号线只提供电流信号。因此，通常提供两线制电流信号的传感器或者变送器是无源的；而提供四线制电流信号的传感器或者变送器是有源的，因此，当PLC的模板输入通道设定为连接四线制传感器时，PLC只从模板通道的端子上采集模拟信号，而当PLC的模板输入通道设定为连接二线制传感器时，PLC的模拟输入模板的通道上还要向外输出一个直流24V的电源，以驱动两线制传感器工作。

二线制和四线制的传感器都可以连接到CPU 300C的模拟输入端。使用一个二线制传感器时，在硬件组态中将“2DMU”设置为测量类型，四线制传感器的设置为“4DMU”。

注意事项：请注意紧凑型CPU仅支持有源传感器（四线制传感器）。如果使用无源传感器（二线制传感器），必须使用外部电源。

警告：请注意所允许的最大输入电流。二线制传感器在出现短路时可能会超出最大允许电流。技术数据中规定的最大允许电流是50mA（破坏极限）。对于这种情况（例如，对二线制传感器加电流限制或与传感器串联一个PTC热敏电阻），应确保提供足够保护。

31．SM322-1HH01也能在负载电压为交流24V的情况下工作吗？

是的，也可以在负载电压为交流24V的情况下使用SM322-1HH01。

32．要确保 SM322-1HF01 接通，最小需要多大的负载电压和电流？

SM322-1HF01 继电器模块需要 17V 和 8mA 才能确保开闭正常。对于触点的寿命来说，这样的值比手册上提供的这个模块的值（10V 和 5mA）更好。手册的规定值应该认为是最低要求值。

33．在 ET200M 里是否也能使用 SM321 模块（DI16 x 24V）？

模块 SM321（MLFB 6ES7 321-7BH00-0AB0）也可在 ET200M 里使用。其中 CPU 31x-2DP 作为 DP 主站或通信处理器 CP342-5 作为 DP 主站。同样该模块可以通过 ET200M 和 S7-400 通信处理器 CP443-5 连接到一个 S7-400 CPU。

34．在 PLC 运行监控过程中出现“因 I/O 访问错误导致 STOP 模式”错误提示的原因有哪些？

可能导致该错误的原因如下：①模板所需的 DC 24V 电源未正确接入；②I/O 模块的前连接器未连接妥当；③总线连接器未连接好；④有硬件中断产生。

35．SM374 模块的作用是什么？

SM374 是 S7-300 的仿真模块，用于在启动和运行时调试程序，通过开关仿真传感器信号，通过 LED 显示输出状态可仿真 16 点输入/16 点输出，8 点输入/8 点输出可通过螺钉旋具直接在模块上调节功能。在启动和运行时，通过 SM 374 可以为用户提供便捷的程序调试。该模板的前面板包括：①输入状态开关。16 个开关用于仿真输入信号。②输出状态 LED 指示。16 个 LED 用于指示输出的信号状态。③模式选择开关。用户可以使用螺钉旋具设置下列任一模式：16 输入（只进行输入仿真），16 输出（只进行输出仿真），8 输入（输入和输出仿真）以及 8 输出（输入和输出仿真）。这些操作单元通过前面板保护。该模板卡装到导轨上并连接到 S7-300 背板总线上。通过背板总线供电。

该模块插入 S7-300 中以取代数字量输入或输出模块。这样，用户就可以通过设置输入状态来控制程序执行。CPU 读取仿真模块上的输入信号状态，并在应用程序中进行处理。所产生的输出信号状态被发送到仿真模块上，并通过 LED 显示输出信号状态，为用户提供程序执行信息。

36．当测量电流时，出现传感器短路的情况，模块 6ES7 331-1KF0.-0AB0 的模拟量输入 I+是否会被破坏？

不会。该模块具有内置的过流保护功能。模块中每个 50Ω的电阻器前面有一个 PTC 元件，用于防止模块的输入通道被破坏。

注意，输入电压允许的长期最大值为 12V，短暂（最多 1s）值为 30V。

37．用 S7-300 模拟量输入模块测量温度（华氏）时，可以使用模块说明文档中列出的绝对误差极限吗？

不可以直接使用指定的误差极限。基本误差和操作误差都以绝对温度和摄氏温度为单位。必须乘以系数 1.8 将其转换为华氏温度单位。

例：S7-300 AI 8 x RTD 指定的温度输入操作误差是+/−1.0 摄氏度。当以华氏温度测量时，可接受的最大误差是+/−1.8 华氏度。

38．为什么用商用数字万用表在模拟输入块上不能读出用于读取阻抗的恒定电流？

几乎所有的 S5/S7 模拟输入设备仍然以分时复用的方式工作，即，所有的通道都连接到仅有的一个 A/D 转换器上。该原理也适用于读取阻抗所必需的恒定电流。因此，要读的流过电阻的电流仅用于短期读数。对于有一个选定接口抑制“50Hz”和 8 个参数化通道的SM331-7KF02-0AB0，这意味着电流将会约每 180ms 流过一次，每次有 20ms 可读取阻抗。

39．为什么 S7-300 模拟输出组的电压输出超出容差？端子 S+和 S−作何用途？

S7-300 模拟输出（如模拟输出模块 SM 332 的端子 3 和 6）的电压输出，只是开环的输出，例如要输出 5V，模块只输出 5V。S+接 3 和 S−接 6 后，模块会通过 S+和 S−检测 3、6 之间的电压，然后根据测得的电压调整 3、6 输出来保证输出电压是 PQW 的值，形成一个闭环。所以，要想保证执行器得到的电压可靠，应该采用四线制的电压输出接法。

当使用模拟输出模块 SM 332 时，必须注意返回输入 S+和 S−的分配。它们起补偿性能阻抗的目的。当用独立的带有 S+和 S−的电线连接执行器的两个触点时，模拟输出会调节输出电压，以便使动作机构上实际存在的电压为所期望的电压。

如果想要获得补偿，那么执行器必须用 4 根电线连接。这意味着对于第一个通道，需要：输出电压通过针脚 3 和针脚 6 连接到执行器；分配执行器的针脚 4 和针脚 5。

如果不想获得补偿，只需在前面的开关上简单地跨接针脚 3、4 和针脚 5、6。

注意事项：因为打开的传感器端子（S+和 S−），输出电压被调节到最大值 140 mV（用于 10V）。g 对于此分配，无法保持 0.5 %的电压输出使用误差限制。

40．如何连接一个电位计到模拟量输入模块 SM331？

电位计的采样端和首端连接到 SM331 的 M+端，末端连接到 SM331 的 M−端，并且SM331 的 S−端和 M−端短接到一起。

注意：模块 SM331 可连接的最大的可变电阻是 6kΩ，如果电位计支持直接输出一个可变的电压，那么电位计的首端应该连接 V+，M 端连接 M−。

41．如何避免 SM335 模块中模拟输入的波动？

下列接线说明适用于订货号为 6ES7335-7HG00-0AB0、6ES7335-7HG01-0AB0 的模拟输入/输出模块。

SM335 模块的模拟输入波动应首先检查传感器是否接地。

安装在绝缘机架上的传感器要尽可能通过最短路径（可能的话，直接连接到前端的连接器）将接地端子 Mana（针 6）连接到测量通道 M0（针 10），M1（针 12），M2（针 14）和 M3（针 16）以及中央接地点（CGP）。

接地的传感器要确保传感器有良好的等电位连接。然后把从 M 到 Mana 和到中央接地点的连接隔离起来。请将屏蔽层置于两侧。

42．在 SIMATIC PCS 7 中使用 FM 355 或者 FM 355-2 要特别注意什么？

如果在一个冗余的 ET 200M 站中使用 FM 355 或者 FM 355-2，应注意以下事项。

有两个功能块可用于连接 FM 355。举个例子，如果需要使用“运行过程中更换模块”（热插拔）功能，可以使用订货号为 6ES7 153-2BA00-0XB0 的 IM 153-2 HF 接口模块的高级特性。在这种情况下，当使用“硬件配置”软件进行组态时，必须激活“运行过程中更换模块”（热插拔）功能。IM 153-2 和所有的 SM/FM/CP 都要插在激活的总线模块（订货号 6ES7 195-7Hxxx-0XA0）上。

43．在 FM 350-2 上如何通过访问 I/O 直接读取计数值和测量值？

FM 350-2 允许最多四个计数值或测量值直接显示在模块 I/O 上。可使用“指定通道”功能来定义哪个单个测量值要显示在 I/O 区。根据计数值或测量值的大小，必须在“用户类型”中将数据格式设置为“Word”或“Dword”。如果设置为“Dword”，每个“用户类型”只能有一个计数值或测量值。如果参数化为“Word”，可以读进两个值。在用户程序中，命令 LPIW 用于 Word 访问，LPID 用于 Dword 访问。

44．在 ET200M 里是否也能使用 SM321 模块（DI16 x 24V）?

模块 SM321（MLFB 6ES7 321-7BH00-0AB0）也可在 ET200M 里使用。其中 CPU 31x-2DP 作为 DP 主站或者是通信处理器 CP CP342-5 作为 DP 主站。同样该模块可以通过 ET200M 和 S7-400 通信处理器 CP443-5 连接到一个 S7-400 CPU。

45．SM323 数字卡所占用的地址是多少?

SM323 模块有 16 点输入/16 点输出（6ES7 323-1BL00-0AA0）和 8 点输入/8 点输出（6ES7 323-1BH00-0AA0）两种。对于 16 点输入/16 点输出的模块，输入和输出占用“X”和“X+1”两个字节地址。如果 SM323 的基地址为 4（即 X=4），那么输入就被赋址在地址第 4 和 5 字节，输出的地址同样也被赋址在地址 4 和 5 字节。在模块的接线视图中，输入字节“X”位于左边的顶部，输出字节“X”在右边的顶部。

对于 8 点输入/8 点输出的模块，输入和输出各占用一个字节，它们有相同的字节地址。若用固定的插槽赋址，如 SM323 起始地址为第 4 字节，那么输入地址为 I 4.0～I 4.7，输出地址为 Q 4.0～Q 4.7。

46．FM357－2 用绝对编码器时应注意什么?

FM357－2 的固件版本为 V3.2/V3.3 时在下列情况下绝对编码器的采样值可能会不正确，FM357－2 固件版本为 V3.4 时这些问题将被解决。

1）FM357－2 启动失败。例如，在启动窗口中定义的时间内掉电；

2）FM357－2 在运行中插拔编码器的电缆；

3）模拟的情况下，例如 FM357－2 在无驱动的情况下准备运行。

47．为什么在 FM350-1 中选 24V 编码器,启动以后,SF 灯常亮,FM350－1 不能工作?

首先要检查一下软件组态中是否选择编码器类型为 24V，如果是，再检查 FM350-1 侧面的跳线开关，因为默认的开关设置为 5V 编码器，一般用户没有设置，开机后，SF 灯就会常亮。另外，还可以看看在线硬件诊断，可以看看错误产生的原因，例如是否模板坏了。

48．FM350－1 的锁存功能是否能产生过程中断?

FM350－1 的锁存功能是不能产生过程中断的，但是可以产生过零中断。

FM350－1 的装载值必须为零，随着锁存功能的执行（DI 的上升沿开始），当前的计数值被储存到另一地址然后被置为初始值零，产生过零中断在 OB40 中可以读出中断和相应的锁存值。锁存值也可以从 FM350－1 的硬件组态地址的前 4 个字节中读出。

49．FM350-2 工作号的作用是什么?

工作号是 S7－300CPU 与 FM 进行通信的任务号，每次的交换数据只是部分数据交换，而非全部数据，这样可以减少 FM 的工作负载，工作号又分写工作号和读工作号，例如在 FM350－2 中指定 DB1 为通信数据块，如果把写工作号 12 写入到 DB1.DBB0 中，把 200 写入到 DB1.DBD52 中，再调用 FC3 写功能，这样第一个计数器的初始值为 200，这里工作号 10 的任务号是写第一个计数器的初始值，DB1.DBB0 为写工作号存入地址，DB1.DBD52 为第一个计数器装载地址区，同样读工作号 100 为读前 4 路，101 为读后 4 路计数器，读工作号存入地址为 DB1.DBB2。写任务不能循环写，只能分时写入。

50．对于4～20mA模拟量输入模块来说，小于4mA后转换的数字量是多少？

如果模拟量输入小于 4mA，那么输出将会是负值，例如：3.9995mA 对应的是-1，而1.185mA 对应的数值是-4864（10 进制）。而当模拟量输入小于 1.185mA 的时候，如果系统禁止断线检测，这个值是 8000（16 进制），如果有断线检测，会变成 7FFF（16 进制）。

51．怎样对模拟量进行标准化和非标准化？

模拟量输入模块提供模拟量信号（电流、电压、电阻或温度）的标准化的数值。这些数值一定要能体现测量的参数（例如，以升为单位的液位）。这一过程称为模拟量的标准化或标定。相对应的用户程序计算出过程值，过程值必须转换成一个数值，这一数值能使模拟量模块转换成模拟量信号，进而使得此模拟量信号能够驱动一个模拟量执行机构。这一转换过程称为去标准化。

可以使用以下功能块：

① 在块 FC164 中，x 和 y 都是整数；

② 在块 FC165 中，x 是整数，y 是实数；

③ 在块 FC166 中，x 是实数，y 是整数；

④ 在块 FC167 中，x 和 y 都是实数。

52．S7 系列 PLC 之间最经济的通信方式是什么？

MPI 通信是 S7 系列 PLC 之间最经济、数据量最小的一种通信，需要做连接配置的站通过 GD 通信，GD 通信适合于 S7-300 之间，S7-300、S7-400、MPI 之间一些固定数据的通信。不需要作连接配置的 MPI 通信适用于 S7-300 之间、S7-300 与 400 之间、S7-300/400 与 S7－200 系列 PLC 之间的通信，建议在 OB35（循环中断 100ms）中调用发送块，在 OB1（主循环组织块）中调用接收块。

53．整个系统掉电后，为什么 CPU 在电源恢复后仍保持在停止状态？

整个系统由一个 DP 主站 S7-300/400 以及从站组成。而从站通过一个主开关被切断了电源。由于内部的 CPU 电压缓冲器，CPU 仍继续运行大约 50ms 到 100ms。此阶段里 CPU 识别出所连接的从站的故障。如果没有编程 OB86 和 OB122 的话，CPU 就会因为这些有故障的从站而继续保留在停止状态。

54．当一个 DP 从站出现闪断故障，怎么处理？

使用时间较长的 DP 网络可能出现“闪断”的情况，即偶尔瞬间断开，很快又恢复正常。如果没有下载 OB86，闪断时 CPU 将会停机。现在普遍采用下载一个空的 OB86 来解决闪断造成停机的问题。但是这样做也有风险，即如果不是闪断，而是实实在在的网络故障或从站的故障的话，如果不停机，可能会引起灾难性的后果。为此可以采用下面的措施来判断是闪断还是持久性的从站故障。

① 在 OB86 中判断是哪个网络哪个从站的故障。如果是“进入的事件”（故障出现），将该从站专用的 M 位置位。如果该从站的故障是“离开的事件”（故障消失），将该从站专用的 M 位复位。

② 在 OB1 中，用该 M 位起动 200ms 的定时，定时时间到立即调用 SFC 46（STP），使 CPU 停机。如果是闪断（该 M 为 1 的时间不到 200ms），该定时器的定时中止，不会停机。

③ 用一个字来记录调用 OB86 的次数，用 HMI 显示调用 OB86 的次数。如果闪断的故障出现很频繁，则必须对硬件进行处理，例如更换 DP 连接器，解决接地、屏蔽、等电位连

接、抗干扰等方面的问题。

55．对 SM1231 TC 模块，如何处理未使用的通道？

对于 SM1231 TC 模块未使用通道，可以采用以下方法做处理：

方法一：对该通道短路。使用导线短接通道的正负两个端子，例如短接 0 通道的 0+和 0−端子；

方法二：禁用该通道。在模块的“属性-常规”，对测量类型选择“已禁用”。

56．哪些软件里含有 CP5511，CP5512，CP5611，RS232 PC-Adapter 的驱动？

如果安装的软件包含“Set PG/PC Interface ...”组件，那么这些软件都含有 CP5511，CP5512，CP5611，RS232 PC-Adapter 的驱动，只需执行“Set PG/PC Interface ...”→“Select...”，选择相应的驱动，然后安装即可。

具体的软件有 Step7，Step7 MicroWin，Simatic Net，WinCC，Protool，Flexible，PCS7。

57．当试图通过 TeleService 建立 PRODAVE MPI 通信时，为什么会出现出错消息 4501？

调制解调器没有响应，并产生了出错消息 4501。这说明工作站的规范不正确。在 TeleService 对话框中检查工作站的名称和工作站（standort）规范。此处可能有不正确的默认工作站名。删除“station”（“standort”）域中的默认名，或输入正确的工作站名，就可以使用调制解调器在 PRODAVE MPIY 和 TeleService 之间建立连接。

58．在通信任务中，在哪些 OB 中必须调用 SFB？

在启动型 OB（如用于 S7-300 的 OB100 和用于 S7-400 的 OB100 和 OB101）和 OB1 中，必须调用数据通信或程序管理（把 PLC 切换到 STOP 或 RUN）所需的所有 SFB。OB100 是启动型 OB，并在重新启动 CPU 时运行。例如，在该 OB 中，用标记 M1.0 和 M0.1 来释放第一个通信触发器。

59．STEP 7 以哪种格式存储 POINTER 参数类型？

STEP 7 以 6 个字节保存 POINTER 参数。POINTER 参数类型保存了下列信息：

① DB 号（如果 DB 中没有保存任何数据时为 0）。

② CPU 中的内存区域。

③ 数据的地址（按照 Byte.Bit 格式）。

如果将形式参数声明为 POINTER 参数类型，则只需要指定内存区域和地址。STEP 7 自动将输入项目的格式转换为指针格式。

60．首次调用 Alarm8P(SFB35)块，怎样避免 OB1 初始化过程花费太长时间?

激活（首次调用）报警块 Alarm(SFB33)、Alarm_8(SFB34)和 Alarm_8P(SFB35)比简单地执行检查需要多花费 2 到 3 倍的运行时间。由于首次调用报警块需要很长的运行时间，OB1 的运行时间也会显著增加。将警报块的首次调用移动到 OB 100/101/102，可以将较长的运行时间转换到启动过程，这样可以避免 OB1 初始化过程花费太长时间。

61．当不能卸载 STEP 7 时，该怎么办？

设法通过控制面板卸载 STEP 7。如果安装文件已损坏，卸载程序常会出错，并伴随出错信息。另外 STEP 7 CD 包含文件 Simatic STEP 7.msi。也可以通过这个文件卸载 STEP 7。

62．加密的 S7-300 PLC MMC 处理方法

如果忘记了在S7-300 CPU Protection属性中所设定的密码，那么只能采用西门子的编程器PG（订货号6ES7798-0BA00-0XA0）上的读卡槽或采用带USB接口的读卡器（订货号6ES7792-0AA00-0XA0），选择SIMATIC Manager界面下的菜单File选项删除MMC卡上原有的内容，这样MMC就可以作为一个未加密的空卡使用了，但无法对MMC卡进行解密，读取MMC卡中的程序或数据。

63．以314C为例计数时如何清计数器值？

有两种方法：

① 在参数设置中"Gate function"选"Cancel count"软件门为0，为1时，值将清零；

② 利用写"Job"的方式，写计数值的任务号为1。

64．CP342-5能否用于PROFIBUS FMS协议通信？

CP342-5支持PROFIBUS DP协议，但不能用于PROFIBUS FMS协议通信，同样CP343-5只支持PROFIBUS FMS协议，不能用于PROFIBUS DP协议通信，而CP342-5和CP343-5都支持PROFIBUS FDL的链接方式。

65．为什么CP342-5 FO无法建立通信？如何配置？

CP342-5 FO不支持3MB，6MB的通信速率，如果购买的是5.1版本的CP342-5，而STEP 7中没有V5.1版的CP342-5，则可以插入一个V5.0版的CP342-5模块，功能不受影响。CP342-5在S7-300系统中的安装位置与普通的S7-300 I/O模块一样，可以插在4～11这8个槽位中的任何一个。

66．CP342-5的3中工作方式有什么区别？

No DP方式下：可以用CP342-5通信口进行S7编程或PROFIBUS的FDL连接，连接人机界面。

DP Master方式下：CP342-5除了作为网络中的PROFIBUS主站之外，也可用于S7编程、FDL连接和连接人机界面，DP delay time参数一般不需设定，除非采用FDL连接时，要与DP的I、O点刷新时间一致，才根据PROFIBUS网络性能进行调整。

DP Slave方式下：CP342-5除了作为网络中的从站之外，如果选择了The module is an active node on the PROFIBUS subnet选择框，那么CP 342-5也可用于S7编程、FDL连接和连接人机界面，否则CP342-5只能作为从站使用。

67．CP342-5最多能完成多少数据交换？

一套S7-300系统中最多可以同时使用4个CP342-5模块，每个CP342-5能够支持16个S7连接，16个S5-Compatible连接。当CP342-5处在No DP模式下工作时，最多同时支持32个通信连接，而处在DP Slave或DP Master模式下时，最多同时支持28个通信连接。CP342-5作为PROFIBUS DP主站时，最多连接124个从站，和每个从站最多可以交换244个输入字节（Input）和244个输出字节（Output），与所有从站总共最多交换2160个输入字节和2160个输出字节。CP342-5作为从站时，与主站最多能够交换240个输入字节和240个输出字节。CP342-5可以最多连接16个操作面板（OP）以及最多创建16个S7连接。

68．如何实现在从站断电、通信失败或从站通信口损坏等现象出现时，主站能够不停机？

需要在STEP 7项目中插入相应组织块。插入这些组织块时，不需要编程内容，当从站断电、通信失败等现象出现时，主站只报总线故障，但不停机。这样，无论从站先上电，还是主站先上电，系统都能正常运行。

在 S7-300 中加入 OB82、OB86、OB122；在 S7-400 中加入 OB82～OB87、OB122。

69．CP342-5 连接上位机软件或操作面板时应该选择什么工作模式？

如果只是用 CP342-5 连接上位机软件或操作面板（OP），这时通信采用的是 S7 协议，那么建议选择 No DP 模式，并且不需要调用 FC1（DP_SEND）和 FC2（DP_RECV）功能块，它们只是在 PROFIBUS DP 通信时才使用。

70．为什么系统上电后，即使 CP342-5 开关已经拨至 RUN，仍始终处于 STOP 状态？

应当检查 STEP 7 程序和组态是否正确（删除程序，只下载硬件组态）、检查 CP342-5 连接的 24V 电源线是否正常、M 端是否与 CPU 的 M 端短接、通信电缆连接是否正确（确认通信电缆未内部短路），CP 的 firmware 是否正确。如果确认已经排除以上原因，那么可能是 CP342-5 已经损坏。

71．如何用 CP342-5 组态 PROFIBUS 从站？

1）在 STEP 7 中生成一个新的项目，并插入一个 S7-300 站。

2）在硬件组态窗口中选择一个 S7-300 的导轨以及相应的 CPU。

3）硬件组态窗口中，在路径“SIMATIC 300→CP 300→PROFIBUS→CP342-5”选中与订货号和版本号对应的 CP342-5，插入到 S7-300 站对应的槽位中，注意如果购买的是 Version 5.1，而组态中只能找到 Version 5.0，可以选用 Version 5.1 替代 Version 5.0。

4）在插入 CP342-5 的过程中，会弹出一个 PROFIBUS 属性窗口，单击“New...”按钮，创建一个 PROFIBUS 网络 PROFIBUS(1)，并设定 CP342-5 作为从站，站地址为 3。

5）双击 CP342-5，打开 CP342-5 的属性窗口，在“Operating Mode”标签页下选择“DP Slave”选项，此时会弹出一个警示窗口，告知如果要用 CP342-5 实现 CPU 和 PROFIBUS 从站的通信，必须调用 FC1(DP_SEND)和 FC2（DP_RECV）功能块，实现 CPU 与 CP342-5 之间的数据交换，而 CP342-5 与 PROFIBUS 的数据交换是自动完成的，不用编程。FC3 和 FC4 用于诊断和通信功能的控制，一般不用调用。

6）单击“OK”按钮，存盘编译。

72．如何用 CP342-5 组态 PROFIBUS 主站？

1）在 STEP 7 的 SIMATIC Manager 窗口中插入一个 S7 300 站。

2）重复以上组态从站步骤，注意插入 CP342-5 时，不能单击“New...”按钮，而直接用鼠标选中以上创建的 PROFIBUS(1)网络，单击“OK”按钮；在“Operating Mode”标签页中选择“DP Master”选项。

73．采用 CP342-5 的 DP 通信口与采用 CPU 集成的 DP 通信口进行通信有什么不同？这两种通信口功能有什么不同？

可以通过 CPU 集成的 DP 通信口或 CP443-5 模板的 DP 通信口，调用 Load/Transfer 指令（语句表编程）、Mov 指令（梯形图编程）或系统功能块 SFC14/15 访问从站上的 I/O 数据。

当使用 342-5 模块的 DP 通信口进行通信时，不能使用 Load/Transfer 指令（语句表编程）、Mov 指令（梯形图编程）直接访问 PROFIBUS 从站的 I/O 数据。采用 CP342 进行 PROFIBUS 通信包括两个步骤：

1）CPU 将数据传输到 CP 通信卡的数据寄存器当中。

2）数据从 CP342-5 的数据寄存器当中写到 PROFIBUS 从站的 Output 数据区（反过来就

是 CPU 读取从站 Input 数据的过程）；CP342-5 与从站的 Input/Output 数据区的通信过程是自动进行的，但还必须手动调用功能块 FC1（“SEND”）和 FC2（“RECV”），完成 CP342-5 与 CPU 之间的数据交换。

74．功能块“DP_SEND、DP_RECV”的返回值代表什么意思，如何理解？

功能块“DP_SEND”的功能是将数据传送到 PROFIBUS CP。“DP_SEND”功能块包括“DONE”“ERROR”和“STATUS”3 个参数，用来指示数据传输的状态及传输成功与否，当 Error＝False，STATUS＝0，DONE=True 时，说明传输成功。功能块“DP_RECV”的功能是通过 PROFIBUS 接收数据。“DP_RECV”功能块包括“NDR”“ERROR”“STATUS”和“DPSTATUS”4 个参数，用来指示数据传输的状态和成功与否。可以定义相应的数据地址区，存放这些返回值，分析返回的值的意思，当 Error＝False，STATUS＝0，NDR＝True 时，说明数据接受成功。

75．DP 从站，CP 模板以及 CPU 之间的数据通信过程是如何进行的？

使用 CP342-5 模块，无论调用“DP_SEND”功能块还是“DP_RECV”功能块，都不能直接读写某个 PROFIBUS 从站的 I/O 数据。CP342-5 模块有一个内部的 Input 和 Output 存储区，用来存放所有 PROFIBUS 从站的 I/O 数据，较新版本的 CP342-5 模板内部存储器的 Input 和 Output 区均为 2160B，Output 区的数据循环写到从站的输出通道上，循环读出从站输入通道的数值存放在 Input 区，整个过程是 CP342-5 与 PROFIBUS 从站之间自动协调完成的，不需用户编写程序。可以在 PLC 的用户程序中调用“DP_SEND”和“DP_RECV”功能块，读写 CP342-5 这个内部的存储器。

76．通过 CP342-5，如何实现对 PROFIBUS 网络和站点的诊断功能？

用功能块“DP_DIAG”（FC3）可以在程序中对 CP 模块进行诊断和分析，可以通过 job 类型如 DP 诊断列表，诊断单个 DP 状态，读取 DP 从站数据，读取 CP 或 CPU 的操作模式，读取从站状态等。

77．为什么当 CP342-5 模块作为 PROFIBUS DP 主站，而 ET200（如 IM151-1 或 IM153-2）作为从站时，CP342-5 上的 SF 等不停闪烁？

当 S7-300 系统中的 CP342-5 作为 DP 主站，下挂 IM153-2 模块时，IM153-2 只能作为 DP 主站，而不是 S7 从站运行。可以采取通过 GSD 文件将 ET200 从站组态进系统。随后 IM153 模块可作为 DP 标准从站运行。为此，必须将 GSD 文件安装到硬件目录中（通过菜单序列 Tools→“Install new GSD file”）。在更新了硬件目录后会在“PROFIBUS-DP→Additional Field Devices”中发现 DP 从站。

78．如果想通过上位机或触摸屏对 PLC 中 S5TIME 类型的参数进行设定，有什么方法？

1）从上位机写整型数 INT 或实数 REAL 到 PLC，首先该数值需包含以毫秒为单位的时间值，在写入 PLC 的数据存储区后，利用 ITD（Integer to Double Integer）或 RND（Real to Double Integer with Rounding Off）将该值转换为双整形，然后将该值写到类型为 TIME 的变量里，在程序中调用 FC40，将 TIME 转换成 S5TIME 即可。

2）从上位机写 WORD 类型数据到 PLC，首先该数值需包含以某时基为单位的时间值，在写入 PLC 的数据存储区后，用 WOR_W 指令将该值与其时基相或，再利用 MOVE 指令将得到的数值写入 S5TIME 类型的变量中。

3）如果使用 WinCC 作为上位机软件，或上位机软件支持 32 位带符号浮点数，可以从上位机写 32 位带符号浮点数到 PLC 中定义为 TIME 的变量，然后在程序中调用 FC40，将 TIME 转换成 S5TIME 即可。

79．STEP 7 中与时间处理和转换有关的功能块有哪些？

SFC 0“SET_CLK”设置 CPU 时钟；

SFC 1“READ_CLK”读出 CPU 时钟；

FC 3“D_TOD_DT”从 DATE_AND_TIME 中取出 DATE；

FC 6“DT_DATE”从 DATE_AND_TIME 中取出 the day of the week，即星期几；

FC 7“DT_DAY”从 DATE_AND_TIME 中取出时间；

FC 8“DT_TOD”；

FC33 用于 S5TIME 到 TIME 的转换；

FC40 用于 TIME 到 S5TIME 的转换。

80．如何实现带电拔出或插入模板，即热插拔功能？

硬件要求：使用普通的 S7-300 导轨和 U 型总线连接器是不能实现热插拔功能的，必须购买有源总线底板，才能实现该功能。另外，在配置时，必须使用 MLFB 6ES7 153-1AA02-0XB0 版本以上的接口模块，因为它支持 DP 协议的 DPV1 版本，而 MLFB IM153-1AA00-0XB0 模块是不支持该功能的。目前能够购买到的 IM153 接口模块都支持热插拔。

软件要求：必须在 STEP 7 5.1 版本以上进行配置。

如果采用 S7-400 CPU 或 S7-400 CP 作为 DP 主站，那么可以直接在 IM153 的属性窗口的“Operating Parameters”标签页里配置热插拔功能。按照以下步骤进行：

1）在 STEP 7 的硬件组态窗口的 PROFIBUS DP 目录中选择相应的 IM153 模块，可以看出该模块支持“module exchange in operation”（热插拔）；

2）将 IM153 模块拖到 PROFIBUS 总线上；

3）选择 I/O 模块，插入到 ET200M 站的各个槽位中；

4）双击 ET200M 站，打开属性窗口，选中“Replace modules during operation”（热插拔）选项；

5）属性窗口中提供了 ET200M 站热插拔功能所需的有源总线导轨的订货号；

6）属性窗口中提供了 IM153 模块，插入的 I/O 模块对应使用的有源总线底板的订货号；

除了以上的硬件组态之外，还要向 S7-400 中下载 OB82、OB83、OB84、OB85、OB86、OB87、OB121、OB122 等组织块。当 ET200M 从站上进行模块的热插拔时，中断组织块 OB83、OB85、OB122 被调用。

如果采用 S7-300 CPU 或 CP 342-5 作为 DP 主站，那么只能通过安装 GSD 文件的方式将 IM153 模块组态成 DP 从站，并双击 IM153，打开它的属性窗口，进行设置。否则在 STEP 7 的硬件组态窗口中直接将 PROFIBUS DP 目录 ET200M 文件夹下的 IM153 模块挂在 PROFIBUS 总线上。

81．CP34x 的通信连接电缆中，自己制作电缆应该注意哪些？

如果使用自己制作的电缆，那么必须使用带屏蔽外壳的 D 型接头，屏蔽线应当和接头的外壳连接，禁止将电缆的屏蔽层和 GND 连接，否则会造成通信接口的损坏。注意 RS232

不支持热插拔，所以一定要断电后插拔通信电缆。

82．在用 CP340、CP341 与第三方产品通信时（如 PC，用 VB,VC 读数据）怎样识别连线是否是好的？

在用 CP340，CP341 与 PC 通信时，常常读不出数据，这有两个方面原因。

其一，排查在 PLC 侧的程序是否正确。用上升沿触发 P_Send，若 TXD 灯闪，这样可以判断 PLC 侧程序没问题，否则就是 PLC 侧的程序有问题；

其二，排查 PC 侧 VB、VC 程序的问题及电缆线的连接好坏，如果连线没问题，就可以集中精力在 PC 侧找原因，判定连线是否接好，显得非常重要，有一个小方法可以测出：在 PLC 侧修改 CP340 用 ASCII 方式传送，在发送 DB 块中写几个字符形式的数据（chat 如'1','2','A'等）并间隔触发 P_Send 功能块。

在 PC 侧修改串口参数与 PLC 一致，如波特率、数据长度、停止位、奇偶校验、无握手信号等。在 Windows 中打开“Hyper Terminal”建立一个直接到串口的连接，这样就可以读到从 PLC 中发送的数据如‘12A’等。同样用“Send Text File”的功能，把一些字符送到 PLC。这样就可以简单地判断问题是出在哪里。

83．配置“CP 340 RS232C”打印工作应注意什么？

调用功能块 FB4“P_PRINT”打印字符信息。功能块“P_PRINT”传送信息给通信处理器 CP340，CP340 发送信息给打印机把信息打印出来。为了打印这些信息必须知道参数“P_PRINT”“Pointer DB”“Variables DB”和“Format String”的相对关系。

当 S7-300 系统中的 CP342-5 作为 DP 主站，下挂 IM153-2 模块时，IM153-2 只能作为 DP 主站，而不是 S7 从站运行。可以通过 GSD 文件将 ET200 从站组态进系统。随后 IM153 模块可作为 DP 标准从站运行。为此，必须将 GSD 文件安装到硬件目录中（通过菜单序列 Tools→“Install new GSD file”）。在更新了硬件目录后会在“PROFIBUS-DP→Additional Field Devices”中发现 DP 从站。

7.4 练习

1．简述 PLC 选型的基本原则。

2．若有 3 台可逆电动机，5 个双线圈电磁阀，6 个按钮，5 个信号灯，6 个行程开关，试计算 PLC 控制系统所需的 I/O 点数。

3．简述 PLC 系统中的主要干扰来源。

附　　录

附录 A　西门子 S7-300 PLC 常用指令一览表

指令助记符	说明
+	累加器 1 的内容与 16 位整数或 32 位双整数相加，运算结果放在累加器 1 中
=	赋值
+AR1	AR1 的内容加上累加器 1 中的地址偏移量，结果存放在 AR1 中
+AR2	AR2 的内容加上累加器 1 中的地址偏移量，结果存放在 AR2 中
+D	将累加器 1、2 中的双整数相加，运算结果放在累加器 1 中
-D	累加器 2 中的双整数减去累加器 1 中的双整数，运算结果放在累加器 1 中
*D	将累加器 1、2 中的双整数相乘，运算结果放在累加器 1 中
/D	累加器 2 中的双整数除以累加器 1 中的双整数，32 位商放在累加器 1 中，余数被丢掉
? D	比较累加器 2 和累加器 1 中的双整数是否==，<>，>，<，>=，<=，如果条件满足，RLO=1
+I	将累加器 1、2 低字中的整数相加，运算结果放在累加器 1 的低字中
-I	累加器 2 低字中的整数减去累加器 1 低字中的整数，运算结果放在累加器 1 的低字中
*I	将累加器 1、2 低字中的整数相乘，双整数运算结果存放在累加器 1 中
/I	累加器 2 低字中的整数除以累加器 1 低字中的整数，商存放在累加器 1 的低字中，余数存放在累加器 1 的高字中
? I	比较累加器 2 和累加器 1 低字中的整数是否==，<>，>，<，>=，<=，如果条件满足，RLO=1
+R	将累加器 1、2 中的浮点数相加，浮点数运算结果放在累加器 1 中
-R	累加器 2 中的浮点数减去累加器 1 中的浮点数，浮点数运算结果放在累加器 1 中
*R	将累加器 1、2 中的浮点数相乘，浮点数乘积放在累加器 1 中
/R	累加器 2 中的浮点数除以累加器 1 中的浮点数，浮点数商放在累加器 1 中，余数被丢掉
? R	比较累加器 2 和累加器 1 中的浮点数是否==，<>，>，<，>=，<=，如果条件满足，RLO=1
A	AND，逻辑与，电路或触点串联
ABS	求累加器 1 中浮点数的绝对值
ACOS	求累加器 1 中浮点数的反余弦函数
AD	将累加器 1 和累加器 2 中的双字的对应位相与，结果存放在累加器 1 中
AN	AND NOT，逻辑与非，常闭触点串联
ASIN	求累加器 1 中的浮点数的反正弦函数
ATAN	求累加器 1 中的浮点数的反正切函数
AW	将累加器 1 和累加器 2 中的低字的对应位相与，结果存放在累加器 1 的低字

（续）

指令助记符	说明
BE	块结束
BEC	块条件结束
BEU	块无条件结束
BTD	将累加器 1 中的 7 位 BCD 码转换成双整数
BTI	将累加器 1 中的 3 位 BCD 码转换成整数
CAD	交换累加器 1 中 4 个字节的顺序
CALL	调用功能（FC）、功能块（FB）、系统功能（SFC）或系统功能块（SFB）
CAR	交换地址寄存器 1 和地址寄存器 2 中的数据
CAW	交换累加器 1 低字中的两个字节的位置
CC	RLO=1 时条件调用
CD	减计数器
CDB	交换共享数据块与背景数据块
CLR	清除 RLO
COS	求累加器 1 中的浮点数的余弦函数
CU	加计数
DEC	累加器 1 的最低字节减 8 位常数
DTB	将累加器 1 中的双整数转换成 7 位 BCD 码
DTR	将累加器 1 中的双整数转换成浮点数
EXP	求累加器 1 中的浮点数的自然指数
FN	下降沿检测
FP	上升沿检测
FR	使能计数器或定时器，允许定时器再启动
INC	累加器 1 的最低字节加 8 位常数
INVD	求累加器 1 中双整数的反码
INVI	求累加器 1 低字中 16 位整数的反码
ITB	将累加器 1 中的整数转换成 3 位 BCD 码
ITD	将累加器 1 中的整数转换成双整数
JBI	BR=1 时，跳转
JC	RLO=1 时，跳转
JCB	RLO=1 时跳转，将 RLO 复制到 BR
JCN	RLO=0 时跳转
JL	多分支跳转，跳步目标号在累加器 1 的最低字节
JM	运算结果为负时跳转
JMZ	运算结果小于或等于 0 时跳转
JN	运算结构非 0 时跳转

（续）

指令助记符	说明
JNB	RLO=0 时跳转，将 RLO 复制到 BR
JNBI	BR=0 时跳转
JO	OV=1 时跳转
JOS	OS=1 时跳转
JP	运算结果为正时跳转
JPZ	运算结果大于或等于 0 时跳转
JU	无条件跳转
JUO	指令执行出错时跳转
JZ	运算结果为 0 时跳转
L<地址>	装入指令，将数据装入累加器 1，累加器 1 原有数据装入累加器 2 中
L STW	将状态字装入累加器 1 中
LAR1	将累加器 1 的内容（32 位指针常数）装入地址寄存器 1 中
LAR1<D>	将 32 位双字指针<D>装入地址寄存器 1 中
LAR1 AR2	将地址寄存器 2 的内容装入地址寄存器 1 中
LAR2	将累加器 1 的内容（32 位指针常数）装入地址寄存器 2 中
LAR2<D>	将 32 位双字指针<D>装入地址寄存器 2 中
LC	定时器或计数器的当前值以 BCD 码的格式装入累加器 1 中
LOOP	循环跳转
MCR（	打开主控继电器区
MCR）	关闭主控继电器区
MCRA	启动主控继电器功能
MCRD	取消主控继电器功能
MOD	累加器 2 中的双整数除以累加器 1 中的双整数，32 位余数放在累加器 1 中
NEGD	求累加器 1 中双整数的补码
NEGI	求累加器 1 低字中 16 位整数的补码
NEGR	将累加器 1 中浮点数的符号位取反
NOP 0	空操作指令，指令各位全为 0
NOP 1	空操作指令，指令各位全为 1
NOT	将 RLO 取反
O	OR，逻辑或，电路或触点并联
OD	将累加器 1 和累加器 2 中双字的对应位相或，结果存放在累加器 1 中
ON	逻辑或非，常闭触点并联
OPN	打开数据块
OW	将累加器 1 和累加器 2 中低字的对应位相或，结果存放在累加器 1 的低字中
POP	出栈

（续）

指令助记符	说明
PUSH	入栈
R	RESET，复位指定的位或定时器、计数器
RET	条件返回
RLD	累加器 1 中的双字循环左移
RLDA	累加器 1 中的双字通过 CC1 循环左移
RND	将浮点数转换为四舍五入的双整数
RND-	将浮点数转换为小于或等于它的最大双整数
RND+	将浮点数转换为大于或等于它的最大双整数
RRD	累加器 1 中的双字循环右移
RRDA	累加器 1 中的双字通过 CC1 循环右移
S	SET，将指定的位置位
SAVE	将状态字中的 RLO 位保存到 BR 位
SD	接通延时定时器
SE	扩展脉冲定时器
SET	将 RLO 位置 1
SF	断开延时定时器
SIN	求累加器 1 中浮点数的正弦函数
SP	脉冲定时器
SQR	求累加器 1 中浮点数的平方
SQRT	求累加器 1 中浮点数的平方根
SRD	将累加器 1 中的双字逐位右移指定的位数，空出的位添 0
SRW	将累加器 1 低字的 16 位逐位右移指定的位数，空出的位添 0
SS	保持型接通延时定时器
SSD	将累加器 1 中的有符号双整数逐位右移指定的位数，空出的位添上与符号位相同的数
SSI	将累加器 1 低字中的有符号整数逐位右移指定的位数，空出的位添上与符号位相同的数
T<地址>	传送指令，将累加器 1 的内容写入目的存储器，累加器 1 的内容不变
T STW	将累加器 1 中的内容传送到状态字
TAK	交换累加器 1、2 的内容
TAN	求累加器 1 中浮点数的正切函数
TRUNC	将浮点数转换为截位取整的双整数
UC	无条件调用
X	XOR，逻辑异或
XN	逻辑异或非
XOD	将累加器 1 和累加器 2 中双字的对应位相异或，结果存放在累加器 1 中
XOW	将累加器 1 和累加器 2 中低字对应位相异或，结果存放在累加器 1 的低字中

附录 B　组织块一览表

组织块	启动事件	优先级	说明
OB1	启动或上一次循环结束时执行	1	主程序循环
OB10～OB17	日期时间中断 0～7	2	在设置的日期和时间启动
OB20～OB23	延时中断 0～3	3～6	延时后启动
OB30～OB38	循环中断 0～8	7～15	以设定的时间为周期运行
OB40～OB47	硬件中断 0～7	16～23	检测到来自外部模块的中断请求时启动
OB55	状态中断	2	DPV1 中断（PROFIBUS-DP 中断）
OB56	刷新中断	2	
OB57	制造厂商特殊中断	2	
OB60	多处理器中断，调用 SFC35 时启动	25	多处理器中断的同步操作
OB61～OB64	同步循环中断 1～4	25	
OB65	技术功能同步中断	25	
OB70	I/O 冗余中断	25	冗余故障中断，值适用于 H 系列 CPU
OB72	CPU 冗余中断	28	冗余故障中断，值适用于 H 系列 CPU
OB73	通信冗余中断	25	冗余故障中断，值适用于 H 系列 CPU
OB80	时间错误		异步错误中断
OB81	电源故障		异步错误中断
OB82	诊断中断		异步错误中断
OB83	插入/拔出模块		异步错误中断
OB84	CPU 硬件故障		异步错误中断
OB85	优先级错误		异步错误中断
OB86	扩展机架或分布式 I/O 站故障		异步错误中断
OB87	通信故障		异步错误中断
OB88	过程中断		异步错误中断
OB90	背景组织块	29	背景循环
OB100	暖启动	27	启动
OB101	热启动	27	启动
OB102	冷启动	27	启动
OB121	编程错误		同步错误中断
OB122	I/O 访问错误		同步错误中断

附录 C　系统功能（SFC）一览表

SFC 编号	SFC 名称	功能说明
SFC0	SET_CLK	设置系统时钟
SFC1	READ_CLK	读取系统时钟
SFC2	SET_RTM	设置运行时间定时器
SFC3	CTRL_RTM	启动/停止运行时间定时器
SFC4	READ_RTM	读取运行时间定时器
SFC5	GADR_LGC	查询通道的逻辑地址
SFC6	RD_SINFO	读取 OB 的启动信息
SFC7	DP_PRAL	触发 DP 主站的硬件中断
SFC9	EN_MSG	激活与块相关、符号相关和组状态的信息
SFC10	DIS_MSG	禁止与块相关、符号相关和组状态的信息
SFC11	SYC_FR	同步或锁定 DP 从站组
SFC12	D_ACT_DP	激活或取消 DP 从站
SFC13	DPNRM_DG	读取 DP 从站的诊断信息（从站诊断）
SFC14	DPRD_DAT	读标准 DP 从站的一致性数据
SFC15	DPWR_DAT	写标准 DP 从站的一致性数据
SFC17	ALARM_SQ	生成可应答的与块相关的报文
SFC18	ALARM_S	生成永久性的可应答的与块相关的报文
SFC19	ALARM_SC	查询最后的 ALARM_SQ 状态报文的应答状态
SFC20	BLKMOV	复制多个变量
SFC21	FILL	初始化存储器
SFC22	CREAT_DB	生成一个数据块
SFC23	DEL_DB	删除一个数据块
SFC24	TEST_DB	测试一个数据块
SFC25	COMPRESS	压缩用户存储器
SFC26	UPDAT_PI	刷新过程映像输入表
SFC27	UPDAT_PO	刷新过程映像输出表
SFC28	SET_TINT	设置时钟中断
SFC29	CAN_TINT	取消时钟中断
SFC30	ACT_TINT	激活时钟中断
SFC31	QRY_TINT	查询时钟中断的状态

（续）

SFC 编号	SFC 名称	功能说明
SFC32	SRT_DINT	启动延迟中断
SFC33	CAN_DINT	取消延迟中断
SFC34	QRY_DINT	查询延迟中断
SFC35	MP_ALM	触发多 CPU 中断
SFC36	MSK_FLT	屏蔽同步错误
SFC37	DMSK_FLT	接触同步错误屏蔽
SFC38	READ__ERR	读错误寄存器
SFC39	DIS_IRT	禁止新的中断和异步错误处理
SFC40	EN_IRT	允许新的中断和异步错误处理
SFC41	DIS_AIRT	延迟高优先级的中断和异步错误处理
SFC42	EN_AIRT	允许高优先级的中断和异步错误处理
SFC43	RE_TRIGR	重新触发扫描时间监视
SFC44	REPL_VAL	将替换值传送到累加器 1
SFC46	STP	将 CPU 切换到 STOP 模式
SFC47	WAIT	延迟用户程序的执行
SFC48	SNC_RTCB	同步从站的实时时钟
SFC49	LGC_GADR	查询一个逻辑地址的插槽和机架
SFC50	RD_LGADR	查询模块所有的逻辑地址
SFC51	RDSYSST	读取系统状态表或局部系统状态表
SFC52	WR_USMSG	将用户定义的诊断事件写入诊断缓冲器
SFC54	RD_PARM	读定义的参数
SFC55	WR_PARM	写入动态参数
SFC56	WR_DPARM	写入默认的参数
SFC57	PARM_MOD	指定模块的参数
SFC58	WR_REC	写入一个数据记录
SFC59	RD_REC	读取一个数据记录
SFC60	GD_SND	发送 GD（全局数据）包
SFC61	GD_RCV	接收全局数据包
SFC63	AB_CALL	调用汇编代码块
SFC64	TIME_TCK	读取系统时间
SFC65	X_SEND	将数据发送到局域 S7 站外的一个通信伙伴
SFC66	X_RCV	接收局域 S7 站外的一个通信伙伴的数据

（续）

SFC 编号	SFC 名称	功能说明
SFC67	X_GET	读取局域 S7 站外的一个通信伙伴的数据
SFC68	X_PUT	将数据写入局域 S7 站外的一个通信伙伴
SFC69	X_ABORT	中止与局域 S7 站外的一个通信伙伴的连接
SFC72	I_GET	从局域 S7 站内的一个通信伙伴读取数据
SFC73	I_PUT	将数据写入局域 S7 站内的一个通信伙伴
SFC74	I_ABORT	中止与局域 S7 站内的一个通信伙伴的连接
SFC78	OB_RT	确定 OB 程序的运行时间
SFC79	SET	置位输出范围
SFC80	RESET	复位输出范围
SFC81	UBLKMOV	不间断的块移动
SFC82	CREA_DBL	生成装载存储器中的数据块
SFC83	READ_DBL	读取装载存储器中的一个数据块
SFC84	WRIT_DBL	写入装载存储器中的一个数据块
SFC87	C_DIAG	实际连接状态的诊断
SFC90	H_CTRL	H 系统（PLC 冗余系统）的操作控制
SFC100	SET_CLKS	设置日期时间和日期时间状态
SFC101	RTM	处理运行时间计时器
SFC102	RD_DPARA	重新定义参数
SFC103	DP_TOPOL	识别 DP 主系统中的总线拓扑
SFC104	CiR	控制 CiR
SFC105	READ_SI	读动态系统资源
SFC106	DEL_SI	删除动态系统资源
SFC107	ALARM_DQ	生产可应答的与块有关的报文
SFC108	ALARM_D	生产永久的可应答的与块有关的报文
SFC126	SYNC_PI	同步刷新过程映像输入表
SFC127	SYNC_PO	同步刷新过程映像输出表

附表D 系统功能块（SFB）一览表

SFB 编号	SFB 名称	功能说明
SFB 0	CTU	加计数
SFB 1	CTD	减计数
SFB 2	CTUD	加/减计数
SFB 3	TP	生成一个脉冲
SFB 4	TON	产生 ON 延迟
SFB 5	TOF	产生 OFF 延迟
SFB 8	USEND	不对等的数据发送
SFB 9	URCV	不对等的数据接收
SFB 12	DSEND	发送段数据
SFB 13	BRCV	接收段数据
SFB 14	GET	从远程 CPU 读数据
SFB 15	PUT	从远程 CPU 写数据
SFB 16	PRINT	发送数据到打印机
SFB 19	START	初始化远程装置的暖启动或冷启动
SFB 20	STOP	将远程装置切换到 STOP 状态
SFB 21	RESUME	初始化远程装置的热启动
SFB 22	STATUS	查询远程装置的状态
SFB 23	USTATUS	接收远程装置的状态
SFB 29	HS_COUNT	集成的高速计数器
SFB 30	FREQ_MES	集成的频率计
SFB 31	NOTIFY_8P	生成不带应答指示的与块相关的报文
SFB 32	DRUM	实现一个顺序控制器
SFB 33	ALARM	生成带应答指示的与块相关的报文
SFB 34	ALARM_8	生成与 8 个信号值无关的与块相关的报文
SFB 35	ALARM_8P	生成与 8 个信号值有关的与块相关的报文
SFB 36	NOTIFY	生成不带应答指示的与块相关的报文
SFB 37	AR_SEND	发送归档数据
SFB 38	HSC_A_B	集成的 A/B 相高速计数器
SFB 39	POS	集成的定位功能
SFB 41	CONT_C	连续 PID 控制
SFB 42	CONT_S	步进 PID 控制
SFB 43	PULSEGEN	脉冲发生器
SFB 44	ANALOG	使用模拟量输出的定位
SFB 46	DIGITAL	使用数字量输出的定位
SFB 47	COUNT	计数器控制
SFB 48	FREQUENC	频率测量控制
SFB 49	PULSE	脉冲宽度调制控制

（续）

SFB编号	SFB名称	功能说明
SFB 52	RDREC	从DP从站读数据记录
SFB 53	WRREC	向DP从站写数据记录
SFB 54	RALRM	从DP从站接收中断
SFB 60	SEND_PTP	发送数据（ASCII协议或3964（R）协议）
SFB 61	RCV_PTP	接收数据（ASCII协议或3964（R）协议）
SFB 62	RES_RCVB	删除接收缓冲区
SFB 63	SEND_RK	发送数据（RK512协议）
SFB 64	FETCH_RK	获取数据（RK512协议）
SFB 65	SERVE_RK	接收/提供数据（RK512协议）
SFB 75	SALRM	向DP主站发送中断

附表 E　IEC 功能一览表

IEC 功能名称		说明
		数据类型格式转换
FC3	D_TOD_DT	将 DATE 和 TIME_OF_DAY 数据类型的数据合并为 DT（日期时间）格式的数据
FC6	DT_DATE	从 DT 格式的数据中提取 DATE（日期）数据
FC7	DT_DAY	从 DT 格式的数据中提取星期值数据
FC8	DT_TOD	从 DT 格式的数据中提取 TIME_OF_DAY（实时时间）数据
FC33	S5TI_TIM	将数据类型 S5TIME（S5 格式的时间）转换为 TIME
FC40	TIM _ S5TI	将数据类型 TIME 转换为 S5TIME
FC16	I_STRNG	将数据类型 INT（整数）转换为 STRING（字符串）
FC5	DI_STRNG	将数据类型 DINT（双整数）转换为 STRING
FC30	R_STRNG	将数据类型 REAL（浮点数）转换为 STRING
FC38	STRNG_ I	将数据类型 STRING 转换为 INT
FC37	STRNG_D I	将数据类型 STRING 转换为 DINT
FC39	STRNG_ R	将数据类型 STRING 转换为 REAL
		比较 DT（日期和时间）
FC9	EQ_DT	DT 等于比较
FC12	GE_DT	DT 大于或等于比较
FC14	GT_DT	DT 大于比较
FC18	LE_DT	DT 小于或等于比较
FC23	LT_DT	DT 小于比较
FC28	NE_DT	DT 不等于比较
		字符串变量比较
FC10	EQ_STRNG	字符串等于比较
FC13	GE_STRNG	字符串大于或等于比较
FC15	GT_STRNG	字符串大于比较
FC19	LE_STRNG	字符串小于或等于比较
FC24	LT_STRNG	字符串小于比较
FC29	NE_STRNG	字符串不等于比较
		字符串变量编辑
FC21	LEN	求字符串变量的长度
FC20	LEFT	提供字符串左边的若干个字符
FC32	RIGHT	提供字符串右边的若干个字符
FC26	MID	提供字符串中间的若干个字符
FC2	CONCAT	将两个字符串合并为一个字符串
FC17	INSERT	在一个字符串中插入另一个字符串
FC4	DELETE	删除字符串中的若干个字符
FC31	REPLACE	用一个字符串替换另一个字符串中的若干个字符
FC11	FIND	求一个字符串在字符串中的位置

（续）

IEC 功能名称		说明
Time_of_Day 功能		
FC1	AD_DT_TM	将一个 TIME 格式的持续时间与 DT 格式的时间相加，产生一个 DT 格式的时间
FC35	SB_DT_TM	将一个 TIME 格式的持续时间与 DT 格式的时间相减，产生一个 DT 格式的时间
FC34	SB_DT_DT	将两个 DT 格式的时间相减，产生一个 TIME 格式的持续时间
数值编辑		
FC22	LIMIT	将变量的数值限制在指定的极限值内
FC25	MAX	在 3 个变量中选取最大值
FC27	MIN	在 3 个变量中选取最小值
FC36	SEL	根据选择开关的值在两个变量中选择

参考文献

[1] Siemens AG.STEP 7 V5.5 编程手册 [Z]. 2010.

[2] 西门子（中国）有限公司. S7-300 模块数据手册 [Z]. 2005.

[3] 西门子（中国）有限公司. S7-300 和 S7-400 的梯形图（LAD）编程参考手册 [Z]. 2006.

[4] 廖常初. S7-300/400 PLC 应用技术 [M]. 3 版. 北京：机械工业出版社，2011.

[5] 西门子（中国）自动化与驱动集团. 深入浅出西门子 S7-300 PLC [M]. 北京：北京航空航天大学出版社，2004.